U0182774

零基础学Python

——基于PyCharm IDE

蔡黎亚 刘正 唐志峰 编著

清华大学出版社
北京

内容简介

本书共7章，涵盖了Python语言的开发环境及工具的使用、程序基础、数据类型与基本操作、程序控制流程、函数与模块、面向对象编程以及Python语言在数据分析方面的案例应用，包含网络爬虫的编写、Python图形的绘制等内容。

本书内容丰富，以各种编程实例详细讲解函数和扩展库的用法，适用于学习Python语言的初级用户、中级用户，其丰富的各类函数、扩展库的使用说明也可以作为高级用户的使用参考。本书可作为各类院校计算机相关专业的基础课程教材，也可作为Python学习者的参考书。

同时，本书编著者作为参与并获得全国高职院校技能大赛——“大数据技术与应用”一等奖的指导教师，书中内容涵盖了当前“大数据技术与应用”方面关于Python语言的各项基本技能，因此本书也可以作为参赛学生和指导教师们的备赛参考工具书。

本书封面贴有清华大学出版社防伪标签，无标签者不得销售。
版权所有，侵权必究。举报：010-62782989，beiqinquan@tup.tsinghua.edu.cn。

图书在版编目(CIP)数据

零基础学Python：基于PyCharm IDE/蔡黎亚，刘正，唐志峰编著. —北京：清华大学出版社，2021.1(2025.1重印)

ISBN 978-7-302-56039-5

Ⅰ. ①零… Ⅱ. ①蔡… ②刘… ③唐… Ⅲ. ①软件工具－程序设计 Ⅳ. ①TP311.561

中国版本图书馆CIP数据核字(2020)第127047号

责任编辑：王剑乔
封面设计：刘　键
责任校对：袁　芳
责任印制：丛怀宇

出版发行：清华大学出版社
网　　址：https://www.tup.com.cn，https://www.wqxuetang.com
地　　址：北京清华大学学研大厦A座　　**邮　　编**：100084
社 总 机：010-83470000　　**邮　　购**：010-62786544
投稿与读者服务：010-62776969，c-service@tup.tsinghua.edu.cn
质量反馈：010-62772015，zhiliang@tup.tsinghua.edu.cn
印 装 者：三河市人民印务有限公司
经　　销：全国新华书店
开　　本：185mm×260mm　　**印　　张**：18.5　　**字　　数**：445千字
版　　次：2021年2月第1版　　**印　　次**：2025年1月第5次印刷
定　　价：59.00元

产品编号：079799-01

前言

随着大数据技术、人工智能技术的不断推进，Python语言越来越广为大众所熟知。作为一门功能强大、类库丰富而又入门简单的编程语言，Python已经成为计算机学科中最受人欢迎的程序设计语言之一。

本书编著者多次参与全国高等职业院校“大数据技术与应用”技能竞赛赛项，有感于“以赛促学”的职业教育理念能够有效地贯彻和执行，因此本书的主要内容一方面围绕着Python语言的程序设计基础讲解，采用实例与函数用法并行的讲解方式来增进读者在学习过程中的动手能力；另一方面本着计算机基础课程的教学要和企业、市场的需求相结合的理念，围绕Python语言中最具代表性的数据处理和分析内容，运用实例讲解了Python语言在这类应用中最具特点并应用广泛的扩展库——NumPy、Pandas、Matplotlib、jieba、Requests、Python-docx等的使用方法。

本书针对零基础学编程的读者，详细规划了章节内容和递进次序。例如，为了避免读者在数据分析领域的知识不足，本书详细讲解了NumPy、Pandas扩展库；为了避免读者对网页结构的认识不足而造成网络爬虫编写的困难，本书详细讲解了网页标记的获取方式等。

本书的特点如下。

1. 零基础学习

读者即便没有任何编程基础，也可以跟随本书掌握Python的各种基本使用语法和技巧，灵活运用知识实现相关的应用实例。

2. 基于便捷的编程环境(PyCharm)

Python有各种应用编程工具，最简单、最常见的就是使用IDLE。但这一工具无法便捷地使用Python的各类扩展库，并且输入、检索、代码标记等各类操作并不简便，也与当前企业所用到的工具存在差异。因此，本书在一开始就教授读者采用PyCharm集成环境的形式来使用Python，一方面是基于它与大多数的企业操作环境一致；另一方面是基于该工具是目前Python应用环境中最便捷、使用范围最广的一种编辑工具之一。

3. 语法讲解与实例应用相结合

围绕Python的各类语法和函数的讲解都用实例来说明。这样让读者学习时增加相应的动手能力——自己去实践和认知，把书本中的知识化为自己的技能。

4. 内容范围广泛(面向对象、库和包)

本书所讲述的Python语言的范围从程序基础、程序控制流程、函数与模块、面向对象编程到Python语言在数据分析方面的实际案例的应用,包含网络爬虫的编写、Python图形的绘制等内容。本书涵盖范围较广,不仅包含各类相关Python扩展库的使用,还包含面向对象的编程、模块和包的使用以及网页标记的获取方式等内容。

5. 完善的各种扩展库的讲解

Python的各类应用扩展库有十万多个并还在不断地增加中,这也是它广受大众欢迎的优点之一。但无论哪本书也无法对这些扩展库的全部内容进行详细介绍,因此本书就从Python应用最广泛的数据处理和分析的角度通过实例来讲解NumPy、Pandas、Matplotlib、jieba、Requests、Python-docx等扩展库的使用方法。

本书涉及的各类Python内置库和扩展库的实例索引对照表如下。

序号	内置库/扩展库	对应章节号
1	keyword	2.2.1
2	calendar	2.3.4
3	time	2.3.4
4	hashlib	3.1.2
5	operator	3.10
6	Python-docx	3.13.2
7	jieba	4.4.2
8	NumPy	5.5.1
9	Pandas	5.5.3
10	re	7.2.3
11	Requests	7.3.3
12	lxml	7.6.2
13	Matplotlib	7.9.1

本书涉及Python内置的函数、类、属性和方法的实例索引对照表如下。

章节号	章节名称	内置的函数、类、属性和方法实例
2.2.6	基本输入/输出	input(),eval(),int(),float(),print()
3.1	数据类型概述	hash(),id()
3.2	数值	conjugate(),real(),imag(),complex()
3.3	字符串	len(),replace(),find(),index(),upper(),lower(),capitalize(),title(),strip(),lstrip(),rstrip(),split(),join(),format()
3.4	字节	bytes()
3.5	列表	append(),insert(),del(),pop(),remove(),len(),max(),min()
3.6	元组	del()
3.7	字典	dict(),clear(),len(),items(),keys(),values()

续表

章节号	章节名称	内置的函数、类、属性和方法实例
3.8	集合	set(), add(), update(), remove(), discard(), pop(), clear(), frozenset(), difference(), difference_update(), intersection(), intersection_update(), symmetric_difference(), symmetric_difference_update(), issubset()和 issuperset()
3.9	数据类型转换	zip()
3.12.1	文件读取	open()
3.12.2	关闭文件	close()
4.2.5	lambda()函数	lambda()
4.3.5	iter()和 next()函数	iter(), next()
4.3.6	列表解析	tuple(), ord(), sorted(), map(), filter()
5.3	模块	__all__, __name__, __main__, __file__, __doc__, dir(), reload()
6.2.2	类对象和实例对象	__init__
6.3	属性和方法	__name__, __dict__, __module__(), __class__, __getattribute__, __del__, __str__, __repr__
6.4	继承	super(), Mixin
6.5.	重写	overriding
6.5.2	重载	overloading
6.5.3	运算符重载	__add__, __sub__, __mul__, __getattr__, __setattr__, __getitem__, __setitem__, __call__
6.6.3	内置装饰器	@property, @staticmethod, @classmethod

本书涉及的主要表格索引对照表如下。

续表

序号	表　名　称	所在章节
19	表 3-17　常用操作文件的函数表达式及其描述	3.12.4
20	表 5-1　NumPy 库多维数组创建语法	5.5.2
21	表 5-2　NumPy 数组的属性	5.5.2
22	表 5-3　NumPy 常用创建数组的函数	5.5.2
23	表 6-1　常用的运算符重载方法	6.5.3
24	表 7-1　正则表达式的常用操作符	7.2.2
25	表 7-2　常用正则表达式使用实例	7.2.2
26	表 7-3　re 库的常用函数	7.2.3
27	表 7-4　re 库内常用的 flags 标记符	7.2.3
28	表 7-5　re. match 匹配对象的方法	7.2.3
29	表 7-6　re. search 匹配对象的属性	7.2.3
30	表 7-7　网络爬虫中常用的 Request Headers 选项	7.3.2
31	表 7-8　xpath 常用通配符和路径表达式	7.6.3
32	表 7-9　水平直方图 barh()函数的常用参数	7.9.2

本书由苏州工业园区服务外包职业学院的蔡黎亚、刘正和来自人工智能和数据分析领域的企业专家唐志峰共同编写。

由于编著者水平有限，书中的不足之处在所难免，敬请各位读者批评、指正。

编著者

2020 年 11 月

本书勘误及配套资源更新

（扫描二维码可下载使用）

目录

第1章 初识Python

Python之所以越来越广为大众所熟知，并迅速成为编程语言的主力军之一，也许是因为其开源性的免费特征、便捷的易用性、简洁的语言风格或是其程序清晰易懂。当然现存已经有十万多种的配套插件库，也极大丰富了其开发工具而简化了程序员的开发过程。在以数据分析、人工智能为背景的当今社会，Python语言所能发挥出的诸多优势让它迅速发展成为目前最受欢迎的开发语言之一。

学习要点

- 计算机程序设计。
- Python的发展。
- Python的优点。
- Python 3版本的特点。
- Python的下载和安装。
- PyCharm的下载和安装。
- Python编程实例。

1.1 计算机程序设计

Tips：计算机程序是指一个能完整、准确和规则地表达人们的意图，并用以指挥或控制计算机工作的"符号系统"。因此，计算机程序设计就是指通过一组指示计算机或者具有信息处理能力的动作指令，类似于某种程序设计语言编写的程序运行于某种目标体系的结构上。

1.1.1 计算机程序的概念

计算机程序通常称为"计算机软件"。它是指通过指令顺序，使计算机能按其要求的功能运行的逻辑执行方法。计算机本身是硬件，是一种实实在在可以摸得到的设备，而计算机程序则是一种数学逻辑方法。出于对此类创造性产品的版权保护，美国于1980年12月12日修订的专利法将计算机程序列为版权的保护对象，我国也于1991年6月4日发布了《计算机软件保护条例》。该条例指出，计算机软件是指计算机程序及有关文档。受保护的软件必须由开发者独立开发，即必须具备原创性，同时，必须是已固定在某种有形物体上而非存在于开发者的头脑中，新条例自 2002 年 1 月 1 日起施行，其后又进行了多次修订。

1.1.2 计算机程序语言

计算机程序语言通常也称为编程语言，是指按照一定规则去组织计算机指令来完成既定目标的运算处理方法。计算机程序设计语言通常分为三类，即机器语言、汇编语言和高级语言。

1. 机器语言

机器语言是用二进制代码表示的(图 1-1)。类似 10010101，它能够被计算机直接识别和执行，因此效率较高、速度也快，是一种机器指令的集合。但是要使用机器语言编程，程序员就必须先熟记计算机的全部指令代码和代码的含义，还得记住每条指令的存储分配空间、输入/输出状态等。其编写过程非常烦琐，目前除非特殊行业或者涉密行业的必要性，绝大多数的程序员都不再学习机器语言。

图 1-1 机器语言

2. 汇编语言

汇编语言之所以称为汇编，是因为在汇编语言交付计算机执行程序之前需要被翻译成目标代码程序，这个翻译的过程就叫作汇编。它也被称为符号语言，为了克服机器语言难读、难写等特点，它使用与代码指令含义相近的助记符、英文缩写词等来取代机器语言中的指令代码，如用 ADD 表示运算符号“+”，这样可以帮助程序员提高编程效率。汇编语言的特点是用各类助记符取代机器的指令代码。但把汇编语言程序输入计算机中后计算机并不能直接识别和执行，必须通过汇编程序的编译才能被计算机重新识别为二进制代码程序进行下一步的处理，如图 1-2 所示。

虽然汇编语言指令不同于二进制的机器语言，但由于它们都是直接作用于计算机硬件上的语言，因此都称为低级语言。

虽然是低级语言，但汇编语言用来编制系统软件和过程控制软件，有着速度快、占用内存少的优点，因此在现今的系统软件、控制软件和微控制应用程序设计中，汇编语言依然有着不可替代的作用，如能够支持 Inter 80×86 的汇编程序有 ASM、MASM 和 TASM 等。

3. 高级语言

相对于低级语言来说，高级语言是一种更接近人类自然语言的一种程序设计语言，它更容易描述清楚问题所在。其语意确定、规则明确、自然直观等特点让高级语言程序更易被大众所接受，且学习门槛较低，应用更为广泛。高级语言的特征之一就是代码仅与编程语言自身有关，与计算机硬件结构无关。比如，执行数字 5 乘以 6，在高级语言中仅需要写为 a=5*6。这个代码仅与编程语言有关，与其计算机硬件结构无关，因此同一种高级编程语言在不同的计算机上表达方式都是一样的。

高级语言是面向用户的语言，无论何种计算机只要配备了相应的高级语言编译器，则使

```
管理员: C:\Windows\system32\CMD.exe - DEBUG
-d 13fb:0100
13FB:0100  B8 20 4E 05 16 14 BB 00-20 01 D8 89 C3 01 D8 B8
13FB:0110  1A 00 BB 26 00 00 D8 00-FC 00 C7 B4 00 00 D8 04
13FB:0120  9C 00 00 00 00 00 00 00-00 00 00 00 00 00 00 00
13FB:0130  00 00 00 00 00 00 00 00-00 00 00 00 00 00 00 00
13FB:0140  00 00 00 00 00 00 00 00-00 00 00 00 00 00 00 00
13FB:0150  00 00 00 00 00 00 00 00-00 00 00 00 00 00 00 00
13FB:0160  00 00 00 00 00 00 00 00-00 00 00 00 00 00 00 00
13FB:0170  00 00 00 00 00 00 00 00-00 00 00 00 00 00 00 00
-u 13fb:0100
13FB:0100 B8204E        MOV     AX,4E20
13FB:0103 051614        ADD     AX,1416
13FB:0106 BB0020        MOV     BX,2000
13FB:0109 01D8          ADD     AX,BX
13FB:010B 89C3          MOV     BX,AX
13FB:010D 01D8          ADD     AX,BX
13FB:010F B81A00        MOV     AX,001A
13FB:0112 BB2600        MOV     BX,0026
13FB:0115 00D8          ADD     AL,BL
13FB:0117 00FC          ADD     AH,BH
13FB:0119 00C7          ADD     BH,AL
13FB:011B B400          MOV     AH,00
13FB:011D 00D8          ADD     AL,BL
13FB:011F 049C          ADD     AL,9C
```

图 1-2　汇编语言

用该高级语言编写的程序都是可以通用的。因此，在代码效率和实时性要求不太高的情况下，高级语言程序设计才是较便捷的选择。当然很多情况下也可以采用高级语言和汇编语言的混合编码设计。

目前应用最广泛且历史最悠久的高级语言当属 1972 年诞生的 C 语言了。C 语言既有高级语言的特征，也有低级语言的功能，被广泛用于系统软件、嵌入式软件中。此外，Python 语言也是一种通用编程语言，可以被用于各种类型的应用软件编写。由于其开源性、易用性的特征，且可嵌入的开发工具插件达到数十万多种，Python 语言这些强大的资源扩展库也给予了其旺盛的生命力，虽然仅仅经过 20 多年的发展，却已经超越 C 语言，发展到 2017 年已经占据编程语言排名第一的交椅，在 2020 年的排名中依然稳居第一。此外，通用高级编程语言还有 C++、C＃、Java 和 Go 等，如图 1-3 所示。

排名	语言名称	类型	分数
1	Python		100.0
2	Java		95.3
3	C		94.6
4	C++		87.0
5	JavaScript		79.5
6	R		78.6
7	Arduino		73.2
8	Go		73.1
9	Swift		70.5
10	Matlab		68.4

图 1-3　*IEEE Spectrum*“2020 年度最佳编程语言”排名

1.1.3 程序语言的编码发展史

在计算机发展的早期,以美国为代表的英语系国家就主导了整个计算机产业的发展。西方世界是以 26 个英文字母组成了多样的英语单词、语句和文章。因此,最早的字符编码规范是 ASCII 码。它是一种 8 位(1 字节)的编码规范,这样的规范基本可以涵盖整个英语系语言的编码所需。

而编码的过程就是把人类可识别的各种字符转换成二进制 0 和 1 的形式,以便让这些由 0、1 组成的编码信号在计算机硬件之间进行传输。

众所周知,计算机各类软件的运行脱离不了计算机硬件的基础架构,计算机的各类软件的运算速度都会受制于其硬件的配置。那么要了解计算机的编码为何最终需要以二进制 0 和 1 的方式来解析控制,就必须了解计算机硬件的运算处理模式。

大家一定都看过谍战片,在很多影片中都有发报机的身影。这些发报机能把电信号转换成一种"哔、哔哔"的电信号,通过广播发送出去。这些电信号的频率和高低都有所不同,而正是这些长短不一、高低不同的电信号,通过它们各自既定的编码程序进行发射和还原,可以构成一组有实际意义的信息,而在战争年代这些信息的传递都发挥了极大的作用。这就是信息通过电信号处理的一种早期形态。

其实与这些发报机的运行原理类似,现今传输计算机信息的硬件也是通过电信号的发射频率和电信号高低来控制。计算机硬件上的"模拟数字转换器"就可以把电路上的电信号转换为由 0 和 1 组成的数字信号,以便于硬件与软件进行数据的传输和通信;同样通过计算机硬件上的"数字模拟转换器"接口,也可以把软件所输出的数字信号 0 和 1 转换为电路可理解的电子信号,以便硬件运算执行。因此,当下计算机的底层机器语言都是由 0 和 1 组成的二进制世界。

为了让这些由 0 和 1 组成的数据对人类是可读的,就出现了字符编码。它类似于一种翻译机(或者称为解释器),可以把电信号组成的二进制机器语言,翻译成可以理解的数据和文字。而翻译过程的规则就称为编码规范。当然对于一般用户而言,并不需要深入了解这个过程,但作为学习软件编程的读者,应该了解这个编码发展的进程和计算机基本的运行机理。

以早期的 ASCII 编码规范为例,它就规定了 1 字节(byte)即 8 个比特(bit)位代表 1 个字符的编码。也就是说,一个字节有 00000000(8 个零)这么宽,计算机是以一个一个字节的方式去解释翻译。比如,01000001 就是表示大写字母 A,这时用二进制转换成人类熟悉的十进制数据 65 来表示 A 在 ASCII 中的编码。因此,一个字节含有 8 个比特位可以最多表示没有重复的 2 个不同类型的数据,也就是说一个字节可以表示最多 256 个不同字符。这些以一个字节为单位的 ASCII 编码对于西方以 26 个字母来表示文字的世界是够用了。

但随着计算机使用的全球普及化,其他国家的文字也需要在计算机内被正常地解析和使用,而 ASCII 编码格式所能容纳的 256 位不重复字符,却远远不够全球所需。因此,国际标准组织又制定了名为 Unicode 的"万国通用码"作为可以容纳全球文字的一种编码规范。它规定了任何一个国家的字符都必须以两个字节或两个字节以上的长度来表示。其中,英文字符采用 2 字节,而比如中国所使用的汉字则采用了 3 字节来表示。这种编码规范虽然很全面地满足了各个国家的需求，但它并不兼容早期的 ASCII 编码，而且使用它还会占用较多的空间和内存，这样其编码执行的效率也会受到影响。

随着计算机技术的发展和推进，目前各国都以 UTF-8 编码规范作为主流，这是在 Unicode 万国通用码基础上的一种改良版本。UTF-8 编码规范规定了英文字符采用 1 字节来表示，汉字使用 3 字节来表示，并且兼容了早期的 ASCII 编码规范。这样它不仅兼容性强，而且不会像 Unicode 那样占用过多的空间和内存，因此一经推出就受到各国的欢迎，也成为到目前为止最受跨国组织欢迎的一种软件编码形式。

1.2 Python 的发展

Tips：Python 语言在设计上清晰、明确、简单，日益成为最受用户欢迎并且用途广泛的一门通用语言。

Python 的创始人为 Guido van Rossum（吉多·范罗苏姆）。1989 年圣诞节期间，在阿姆斯特丹，Guido 为了打发圣诞节的无趣，决心开发一个新的脚本解释程序。之所以选中 Python（大蟒蛇的意思）作为该编程语言的名字，是因为他是一个叫 Monty Python 的喜剧团体的爱好者。那时，他还在荷兰的 CWI（国家数学和计算机科学研究院）工作。1991 年年初，Python 发布了第一个公开发行版。Guido 原居荷兰，1995 年移居到美国，从 2005 年开始就职于 Google 公司，其中有一半时间是花在 Python 上，现在 Guido 在为 Dropbox 工作，如图 1-4 所示。

图 1-4　Python 的创始人 Guido van Rossum（吉多·范罗苏姆）

自 2004 年以后，Python 语言的使用率就呈线性增长。也许 Python 语言的诞生只是一个偶然事件，但现今的发展已然使其成为计算机技术发展进程中的一座丰碑。

Python 在设计上坚持了清晰划一的风格，这使得 Python 成为一门易读、易维护且被大量用户所欢迎的、用途广泛的语言。设计者开发时总的指导思想是：对于一个特定的问题，只要有一种最好的方法来解决就好了。这在由 Tim Peters 写的 Python 格言（称为 The Zen of Python）里面表述为："There should be one—and preferably only one—obvious way to do it."

Python 的作者 Guido 有意去设计限制性很强的语法，使得一些不好的编程习惯都不能通过编译，其中很重要的一项就是 Python 的缩进规则。Python 语言和其他大多数语言（如 C 语言）的一个最大区别就是，模块的界限完全是由每行的首字符在这一行的位置来决定的，这一点曾经引起过争议。因为自从 C 语言诞生后，语言的语法含义与字符的排列方式分离开来，曾经被认为是一种程序语言的进步。不可否认的是，通过强制编程缩进（包括 if、 for 和函数定义等所有需要使用模块的地方),Python 确实使程序更加清晰和美观。

由于 Python 语言的简洁性、易读性及可扩展性,在国外用 Python 做科学计算的研究机构日益增多,一些知名大学已经采用 Python 来教授程序设计课程,如卡耐基·梅隆大学的编程基础、麻省理工学院的计算机科学及编程导论就使用 Python 语言讲授。众多开源的科学计算软件包都提供了 Python 的调用接口,如著名的计算机视觉库 OpenCV、三维可视化库 VTK、医学图像处理库 ITK。而 Python 专用的科学计算扩展库就更多了,如 NumPy、SciPy 和 Matplotlib 就是十分经典的科学计算扩展库,它们分别为 Python 提供了快速数组处理、数值运算及绘图功能。因此,Python 语言及其众多的扩展库所构成的开发环境十分适合工程技术、科研人员处理试验数据、制作图表,甚至开发科学计算应用程序。

虽然 Python 可能被粗略地分类为“脚本语言”(script language),但实际上一些大规模软件开发计划如 Zope、Mnet 及 BitTorrent,Google 也广泛地使用它。Python 的支持者习惯称它为一种高级动态编程语言,原因是“脚本语言”泛指仅作简单程序设计任务的语言,如 Shellscript、VBScript 等只能处理简单任务,并不能与 Python 相提并论。

在 Google 内部的很多项目,例如 Google Engine 使用 C++ 编写性能要求极高的部分,然后用 Python 或 Java/Go 调用相应的模块。《Python 技术手册》的作者马特利(Alex Martelli)说:“这很难讲,不过,2004 年,Python 已在 Google 内部使用,Google 招募许多 Python 高手,但在这之前就已决定使用 Python,他们的目的是‘Python where we can, C++ where we must’(Python 用在可以的地方,C++用在必需的地方),在操控硬件的场合使用 C++,在快速开发时使用 Python。”

1.3 Python 的优点

> *Tips*:Python 语言的最大特点就是比其他语言更简单、易学,并且功能强大。

1. 语法简单

由于 Python 语言设计理念就是简单、清晰、易维护,实现同样的软件功能,Python 语言的代码往往只有其他编程语言的 1/5 或者更少。

2. 应用广泛

Python 可以被应用到网络开发、图形界面开发、Web 开发、游戏开发、手机开发、数据库开发等诸多领域。比如,在网络开发领域,Python 提供了大量的网络编程模块可供调用;在 GUI 开发领域,Python 语言既有标准的 GUI 库(Tkinter),又有诸多强大的第三方 GUI 库,如 wxPython;而在 Web 开发和游戏开发领域,Python 也有举足轻重的地位,很多网络游戏脚本,如账号注册系统、物品交换系统、场地转换系统和攻击防御系统,都是用 Python 编写的,与 C++相比,Python 更加轻便。

3. 跨平台性

Python 程序可以运行在任何安装解释器的计算机中,无关乎所使用的平台软件,Python 语言所编写的程序都可以实现跨平台运行。解释器是代码与计算机硬件之间的软件逻辑层,读者可以到 Python 的官方网站(http://www.Python.org)下载 Python,通常包括解释器、库文件及简单的编码环境(IDLE)。

4. 可扩展性强

Python 本身被设计为可扩充的,并非所有的特性和功能都集成到语言核心。Python 提供了丰富的 API 和工具,以便程序员能够轻松地使用 C 语言、C++、Cython 来编写扩充模块。Python 编译器本身也可以被集成到其他需要脚本语言的程序内。因此,很多人还把 Python 作为一种"胶水语言"(glue language)使用,使 Python 与其他语言的程序集成和封装。

5. 类库丰富

仅 Python 解释器内部就提供了几百个内置类和函数库,此外世界各地的程序员通过开源社区为 Python 语言提供了十几万个第三方库,这些函数库几乎涵盖了计算机技术的各个领域。编写 Python 程序可以利用这些已有的函数库,大大提高了编程效率和适用领域。

1.4 Python 3 版本的特点

Tips:Python 2 和 Python 3 之间有诸多语法差异,并不完全向下兼容。

1.4.1 Python 版本的发展概述

在描述 Python 2 和 Python 3 这两种程序的关键差异性之前,首先来看看 Python 主要版本的诞生背景。

Python 2 最早发布于 2000 年年底,这意味着较之先前版本,这是一种更加清晰和更具包容性的语言开发过程。此外,Python 2 还包括更多的程序性功能,增加了对 Unicode 的支持以实现字符的标准化等。

相对于 Python 2 版本,Python 3 的诞生是一个较为重大的升级。Python 3 于 2008 年年末发布,以解决和修正以前语言版本的内在设计缺陷。Python 3 开发的重点是清理代码库并删除冗余,清晰地表明只能用一种方式来执行给定的任务。

为了不给后续版本的发展带入过多的负担,Python 3 在设计时没有考虑向下兼容,因此许多针对早期 Python 版本所设计的程序都无法在 Python 3 上正常运行。为了照顾现有程序运行环境,Python 2.6 作为一个过渡版本,基本使用了 Python 2.x 的语法和库,同时考虑了向 Python 3 的迁移,允许使用部分 Python 3 的语法与函数,这些基于早期 Python 版本而能正常运行于 Python 2.6 并无警告。同时 Python 2.x 程序可以通过一个转换工具进行无缝迁移到 Python 3 版本。

起初,Python 3 的应用推广进程很缓慢。因为该语言不能向下兼容 Python 2,另外当时许多封装库只适用于 Python 2,这就需要人们去决定该使用哪个版本的语言。因此,2008 年 Python 3.0 发布之后,Python 2.7 于 2010 年 7 月 3 日发布,并计划作为 2.x 版本的最后一版。发布 Python 2.7 的目的在于,通过提供一些测量两者之间兼容性的措施,使 Python 2.x 的用户更容易将功能移植到 Python 3 上。这种兼容性支持包括 2.7 版本的增强模块,如支持测试自动化的 unittest、用于解析命令行选项的 argparse 以及更方便的集合类。

由于 Python 2.7 具有 Python 2 和 Python 3 之间的早期迭代版本的独特位置,并且它对许多具有鲁棒性的库具有兼容性,所以对于当时的程序员而言一直是非常好的选择。今天讨论的 Python 2 通常指的是 Python 2.7 版本,因为它是最常用的 Python 2.x 版本。

然而,Python 2.7 被认为是一种遗留语言,且它的后续开发,包括现在最主要的 bug 修复,在 2020 年完全停止。这些措施都促使更多的库被移植到 Python 3 版本上来。

1.4.2　Python 3.x 与 Python 2.x 的主要差异

1. print()函数替代了 print 语句

在 Python 2.x 中,print 被视为一个语句而不是一个函数。因此,如果要输出语句"我想输出数据",可以写成:

```
>>> print"我想输出数据"
我想输出数据
```

而在使用 Python 3.x 版本时,print 会被视为一个函数,因此必须使用 print()来完成同样的输出。比如还要输出以上字符串,其语句要写成:

```
>>> print("我想输出数据")
我想输出数据
```

这种改变使得 Python 的语法更加一致,并且在不同的 print 函数之间进行切换也更加容易。

2. Python 3.x 支持 Unicode

Python 2.x 默认使用 ASCII 字母表。因此,当输入"Hello,world!"时,Python 2.x 将以 ASCII 格式处理字符串。但使用 ASCII 进行字符编码并运用到非英文类字符时并不方便灵活。

在 Python 3.x 中默认使用 UTF-8 编码,因为该编码格式支持更强大、多样的语言字符以及表情符号(emoji)的显示,所以将它作为默认字符编码来使用,能确保全球的移动设备在同一个开发项目中都能得到支持。因此,在 Python 3.x 中可以使用汉字作为变量名来使用,这样做的好处是使中文开发者编写的程序读起来更加清晰明了。

```
>>> 圆的半径 = 4
>>> 圆的面积 = 3.14 * 圆的半径的平方
>>> print(圆的面积)
50.24
```

而 Python 2. x 则不能使用汉字作为变量名：

```
>>> 圆的半径 = 4
SyntaxError: invalid syntax
```

3. 数据类型全面升级为类

在 Python 3. x 中，各种数据类型全面升级为类 class。比如在 Python 2. x 中，用以下语句获取数据类型，可以得到：

```
>>> a = 0
>>> b = 0.0
>>> c = "str"
>>> print(type(a),type(c),type(c))
(< type 'int'>, < type 'str'>, < type 'str'>)
```

而用同样的语句在 Python 3. x 中可以获取到其数据类型变化为 class，结果如下。

```
>>> a = 0
>>> b = 0.0
>>> c = "str"
>>> print(type(a),type(b),type(c))
< class 'int'> < class 'float'> < class 'str'>
```

4. 整数的除法

在 Python 3. x 中输入的任何不带小数的整数，将被视为整数的编程类型。而在 Python 2. x 中，整数是强类型的，并且不会变成带小数位的浮点数类型。因此，当处理 5 除以 3 这样的整数除法运算时，Python 2. x 得到的商会是整数。

```
>>> a = 5/3
>>> print(a)
1
```

如果希望得到的商是浮点数，则需要在 Python 2. x 的输入中改变数据类型。

```
>>> a = 5.0/3.0
>>> print(a)
1.66666666667
```

而在 Python 3. x 中则可以直接使用整数类型变量，而获得的商可为带小数位的浮点数类型。

```
>>> a = 5/3
>>> print(a)
1.6666666666666667
```

在 Python 3. x 中的这种修改使得整数除法结果更为直观。但有时希望获取整数商作为下一步分类的结果。那么可以在 Python 3.x 中使用“//”来获取整数商。

```
>>> a = 5//3
>>> print(a)
1
```

5. 字符串的改变

Python 2.x 中的字符串默认为 8 位单字节，字符串的类型分为 str 和 unicode 两种。带前缀 u 和 U 的字符串为 unicode 类型，其他字符串为 str 类型。

```
>>> a = "我是字符串"
>>> print type(a),type(u'a'),type(U'a')
< type 'str'> < type 'unicode'> < type 'unicode'>
```

而在 Python 3.x 中，字符串默认为 16 位双字节的 unicode 字符。字符串的类型分为 str 和 byte 两种。带前缀 u 和 U 的字符串依然是 unicode 类型，但其他字符串，如前缀为 b、B、r 和 R 的字符串为 byte 类型。

```
>>> a = "我是字符串"
>>> print (type(a),type(b'a'),type(B'a'))
< class 'str'> < class 'bytes'> < class 'bytes'>
```

在 Python 3.x 中，str 对象和 bytes 对象可以使用 encode()函数把 str 字符转换成 bytes 字符，或者使用 decode()函数把 bytes 字符转换为 str 字符。

```
>>> a = b'str'
>>> type(a)
< class 'bytes'>
>>> c = a.decode()
>>> c
'str'
>>> d = c.encode()
>>> d
b'str'
```

6. range()替代 xrange()

在 Python 2.x 中，xrange()用在 for 循环或者列表、字典推导中是很常见的。但在 Python 3.x 中，xrange()函数统一被 range()函数取代。如果继续使用 xrange()，那么会反馈命名异常。

```
>>> a = 5
>>> for i in xrange(a):
            print(i)


Traceback (most recent call last):
  File "< pyshell # 3 >", line 1, in < module >
    for i in xrange(a):
NameError: name 'xrange' is not defined
```

7. 整数类型的改变

在 Python 3.x 中，整数取消了 long 类型，固定为仅有 int 类型，并且不再限制整数大小。同时不再支持以数字 0 开始的八进制常量，而改成以 0o 前缀表示。

8. 不等式运算符的改变

在 Python 3.x 中去掉了原有的语法<>，只有“!=”一种语法来替代不等式。同时在“==”和“!=”中，不兼容的数据类型被视为不相等。

9. repr 表达式的改变

在 Python 2.x 中，反引号“`”相当于 repr 函数的作用，而在 Python 3.x 中去掉了“`”这种写法，只允许使用 repr 函数。这样做的目的是让代码看上去更加清晰明了。

10. Python 3.x 语法的其他主要变化

(1) 增加了常量 True、False 和 None。

(2) 删除了 exec 语句，改用 exec()函数。

(3) 删除了 raw_input()函数，使用 input()函数替代。

(4) 增加了二进制变量，如 bin()函数可以返回整数的二进制字符串。

(5) 面向对象引入了抽象基类，而类的方法 next()用_next_()代替，同时增加了内置函数 next()，用来调用_next_()方法。

1.5 Python 下载和安装

Tips：Python 3 支持多个操作系统的安装，本书仅以 Windows 10(64 位)操作系统为主要平台来讲解 Python 3.7.0 版本的安装以及 PyCharm 软件的下载和安装。除了对 Python 编程非常友好、便捷的 PyCharm 集成工具环境外，Python 3 的其他编程工具还有很多，如读者可以直接使用 Windows 记事本、TextPad，或者利用其他集成开发工具，如 IDLE 等。

由于 Python 是开源软件，读者可以自行从 Python 官方网站或者其他安全路径下载 Python 的安装程序。本章以 Windows 10 操作系统为例来讲解 Python 的具体下载和安装步骤。

1.5.1 Python 的下载

从 Python 的官方网站就可以下载其安装程序。Python 的官方网址为 https://www.Python.org/download/windows/。

本章以 64 位 Windows 10 操作系统为例，因此所对应下载的 Python 版本是 Windows x64 executable installer，下载后的文件为 python-3.7.0-amd64.exe，如图 1-5 所示。由于 Python 是开源软件，除了官方网站外，国内还有很多网站提供各种 Python 版本的软件，读者可以通过百度、谷歌等引擎自行搜索下载。

双击已下载的文件 python-3.7.0-amd64.exe，便可开始 Python 3.7.0 的安装。

名称	修改日期	类型	大小
python-3.7.0	2018/6/28 14:18	应用程序	24,910 KB
python-3.7.0-amd64	2018/6/28 14:18	应用程序	25,647 KB

图 1-5　已下载的基于 Windows 10 安装的 Python 3.7.0 程序文件(64 位)

1.5.2　Python 的安装

单击已下载的 Python 3.7.0 安装程序后，会出现图 1-6 所示的安装向导对话框。

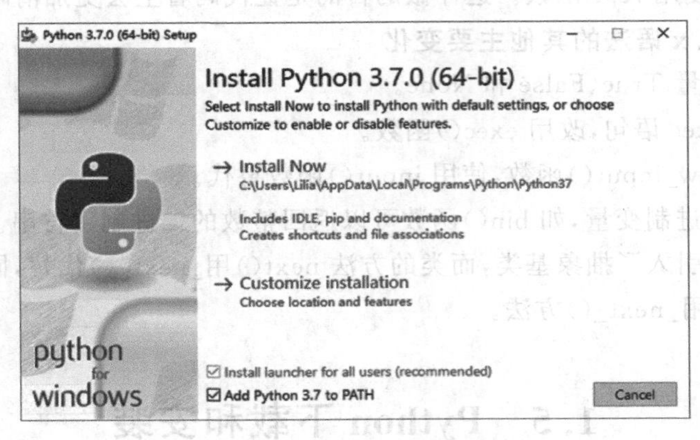

图 1-6　Python 安装向导

在图 1-6 中显示出了两种安装方式：Install Now 选项是指立即安装，也属于默认安装选项；Customize installation 是自定义安装。虽然是初学者，但 Python 的类库和插件工具是它的优势之一，因此建议读者选择 Install Now 选项，也就是默认安装所有插件工具。

另外需要注意的是，在安装向导的底端有 Add Python 3.7 to PATH 复选框，该复选框如果被勾选，则可将 Python 的安装目录增加到系统的环境变量内，这样就可以在 Windows 系统的命令行内运行 Python 文件了。建议读者勾选此复选框，然后单击 Install Now 选项进入下一安装环节，如图 1-7 所示。

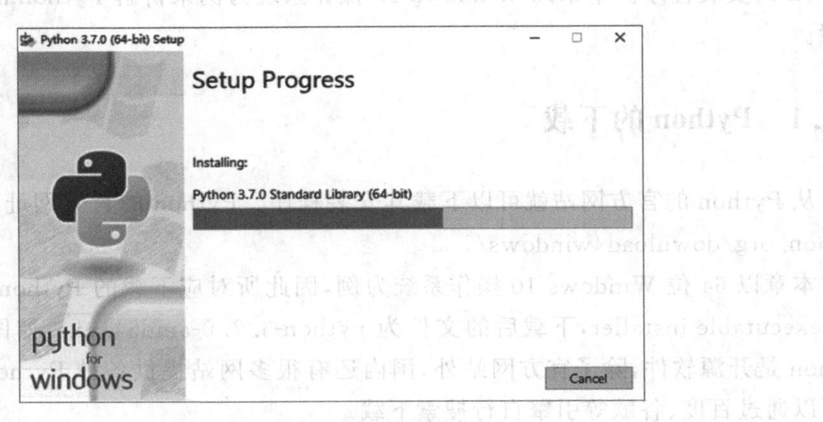

图 1-7　Python 3.7 安装过程

在完成安装后，会出现图 1-8 所示的对话框，可单击 Close 按钮来完成安装。

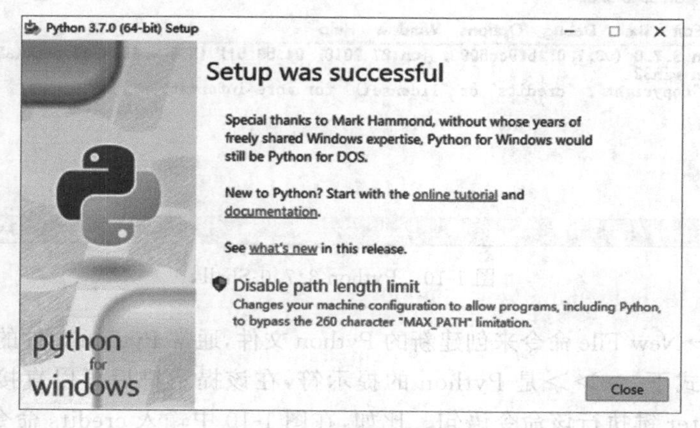

图 1-8　Python 3.7 安装完成

在 Python 3.7 安装完成后，读者可以在 Windows 系统的“开始”菜单中看到已经安装好的 Python 程序，如图 1-9 所示。

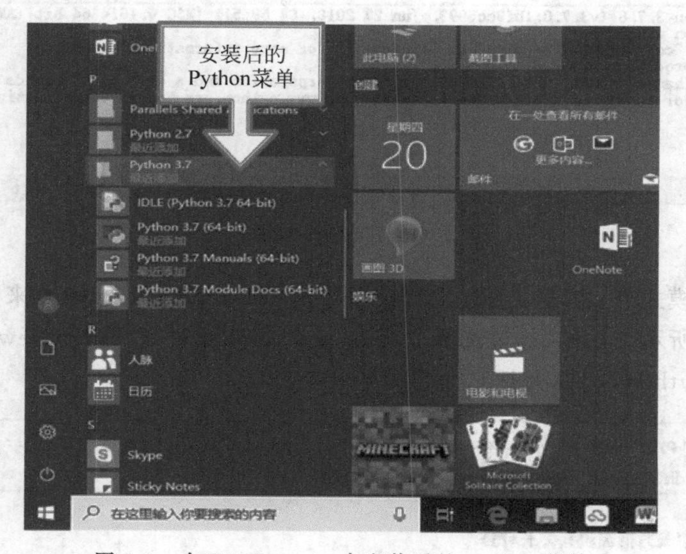

图 1-9　在 Windows 10 中安装后的 Python 菜单

1.5.3　Python 的运行目录介绍

在 Windows 10 的“开始”菜单目录中，Python 3.7.0 所安装的菜单项共有 4 种，即 IDLE、Python 3.7、Python 3.7 Manuals 和 Python 3.7 Module Docs。

1. IDLE(Python 3.7 64 位)

IDLE 是一种用于打开 Python 文件的集成开发环境。当单击该菜单命令后，就启动了 IDLE 的解释器工具 Python 3.7.0 Shell，可以看到图 1-10 所示界面。

用户就可以直接在 Python 3.7.0 Shell 中输入或者执行某些 Python 程序，也可以通过选

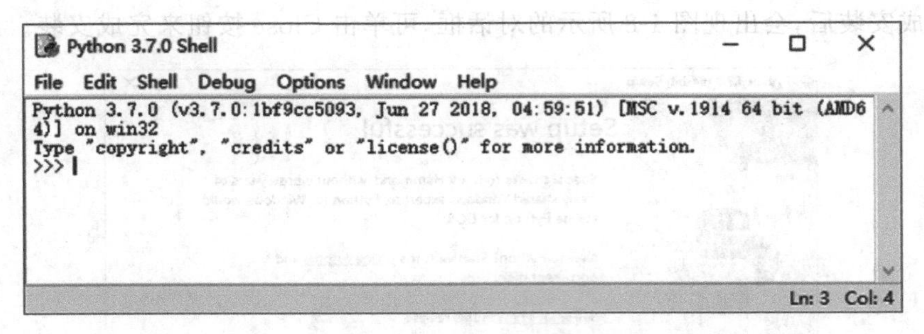

图 1-10　Python 3.7.0 Shell

择菜单中的 File→New File 命令来创建新的 Python 文件，通常 Python 文件的后缀名为“.py”。

在 IDLE 模式下，＞＞＞是 Python 的提示符，在该提示符后可以直接输入 Python 命令，然后可按 Enter 键执行该命令语句。比如，在图 1-10 中输入 credits 命令，该命令是显示 Python 的感谢信息，如图 1-11 所示。

```
Python 3.7.0 Shell
File Edit Shell Debug Options Window Help
Python 3.7.0 (v3.7.0:1bf9cc5093, Jun 27 2018, 04:59:51) [MSC v.1914 64 bit (AMD6
4)] on win32
Type "copyright", "credits" or "license()" for more information.
>>> credits
    Thanks to CWI, CNRI, BeOpen.com, Zope Corporation and a cast of thousands
    for supporting Python development.  See www.python.org for more information.
>>>
Ln: 6 Col: 4
```

图 1-11　IDLE 解释器执行

除了 IDLE 模式外，也可以通过选择菜单中的 File→New File 命令来创建一段 Python 程序，如图 1-12 所示。比如，通过选择 Python 3.7.0 Shell 中的 File→New File 菜单命令来创建一个新的 Python 文件，并把它命名为 test.py。

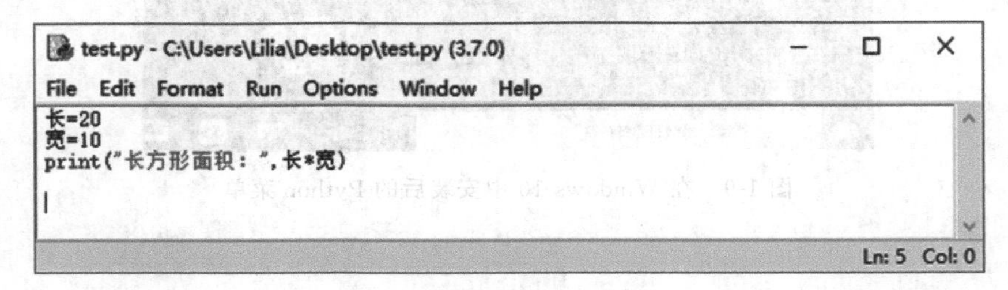

图 1-12　创建 Python 文件 test.py

当创建 Python 程序完毕，选择菜单中的 Run→Run Module F5 命令或者直接按 F5 键即可直接运行该程序。这时通过 Python 3.7.0 Shell 解释器可以直接获取计算结果，如图 1-13 所示。

2. Python 3.7(64 位)

Python 3.7(64 位)是 Python 安装在 Windows 10 中的 Python 控制台，也是 Python 语言的编辑执行工具，其使用方法类似 IDLE，如图 1-14 所示。

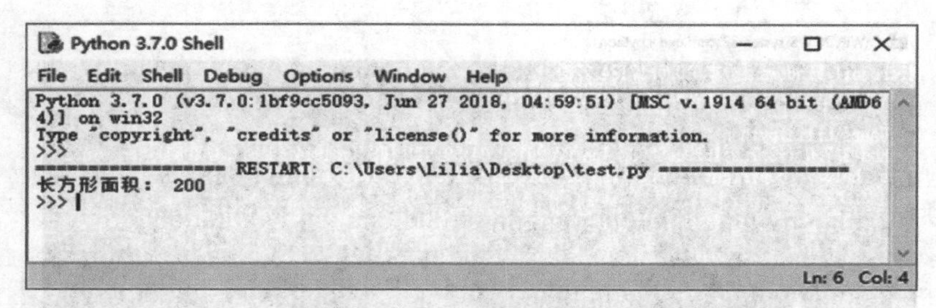

图 1-13 Python 3.7.0 Shell 解释器获取结果

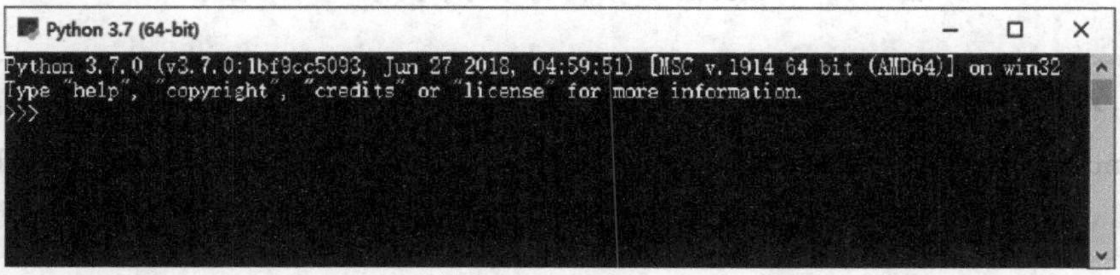

```
Python 3.7 (64-bit)
Python 3.7.0 (v3.7.0:1bf9cc5093, Jun 27 2018, 04:59:51) [MSC v.1914 64 bit (AMD64)] on win32
Type "help", "copyright", "credits" or "license" for more information.
>>>
```

图 1-14 Python 3.7(64 位)控制台

此外，由于安装时选中了 Add Python 3.7 to PATH 复选框，这是将 Python 的安装目录增加到系统的环境变量内，因此还可以在 Windows 系统的命令行内运行 Python 文件。比如，可以通过选择“开始”→“运行”命令或者按 Win＋R 组合键来打开 Windows 10 的 cmd 命令行(见图 1-15)。

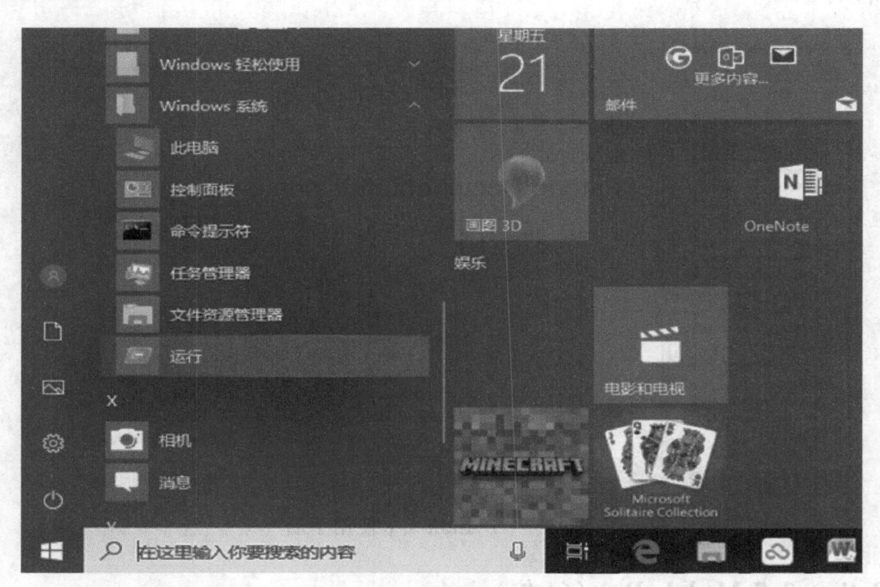

图 1-15 选择“开始”→“运行”命令并输入 cmd 命令启动 Windows 10 命令行

然后在命令行中输入 Python 命令，按 Enter 键后可以看到图 1-16 所示的信息。

这说明 Python 被有效地加入了 Windows 10 系统的全局变量内。这样除了 Python 3.7 自带的控制台外，读者也可以通过 Windows 系统的 cmd 命令行来操控 Python 编程。

```
C:\WINDOWS\system32\cmd.exe - python
Microsoft Windows [版本 10.0.17134.228]
(c) 2018 Microsoft Corporation。保留所有权利。

C:\Users\Lilia>python
Python 3.7.0 (v3.7.0:1bf9cc5093, Jun 27 2018, 04:59:51) [MSC v.1914 64 bit (AMD64)] on win32
Type "help", "copyright", "credits" or "license" for more information.
>>>
```

图 1-16　Windows 10 cmd 命令行中执行 Python 程序

> **Tips**：在这几种系统自带的编程工具中，IDLE 是图形界面的形式，而 Python 的控制台和 Windows 的命令行都属于命令提示符输入的形式。虽然它们都属于 Python 语言的解释器，但相对而言，IDLE 由于其界面化、易使用的特质更易为初学者所接受。

3. Python 3.7 Manuals（64 位）

Python 3.7 Manuals 是 Python 软件的使用手册，主要是对 Python 语言的使用和版本更新等内容做了详细的说明，是非常有用的使用帮助文件。直至目前 Python 3.7 版本，Python 使用手册的语言已经由英文扩充为英语、法语、韩语和日语 4 种。但由于还未支持中文，因此在中文 Windows 10 系统内的 Python 英文使用手册，部分内容显示为乱码，如图 1-17 所示。

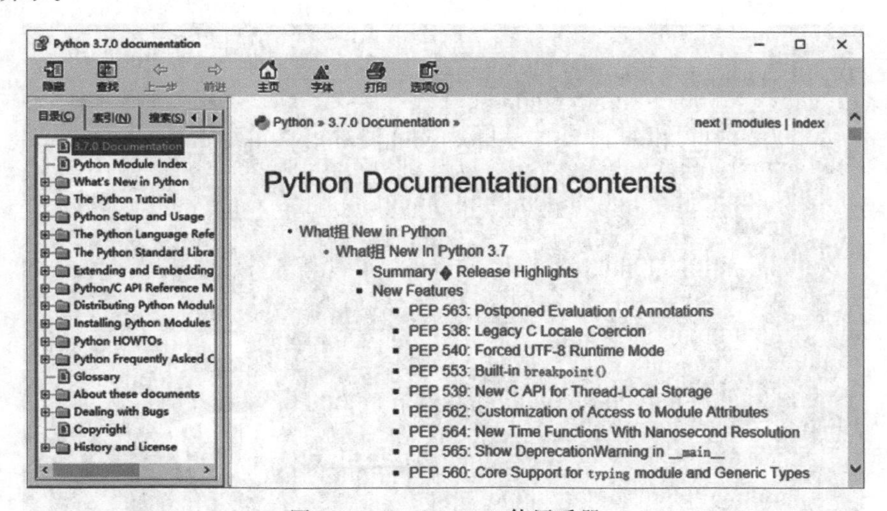

图 1-17　Python 3.7 使用手册

4. Python 3.7 Module Docs（64 位）

Python 3.7 Module Docs 如果从字面上直译，就是 Python 语言的模块使用手册/说明书，如图 1-18 所示。

它在启动时会自动启动 Web Server，Web Server 就启动了浏览器来展示模块使用的帮助说明文件。用户可以非常方便地通过浏览器来查询自己所需的模块资料，同时也给用户间模块的交互性使用提供了接口和注释。

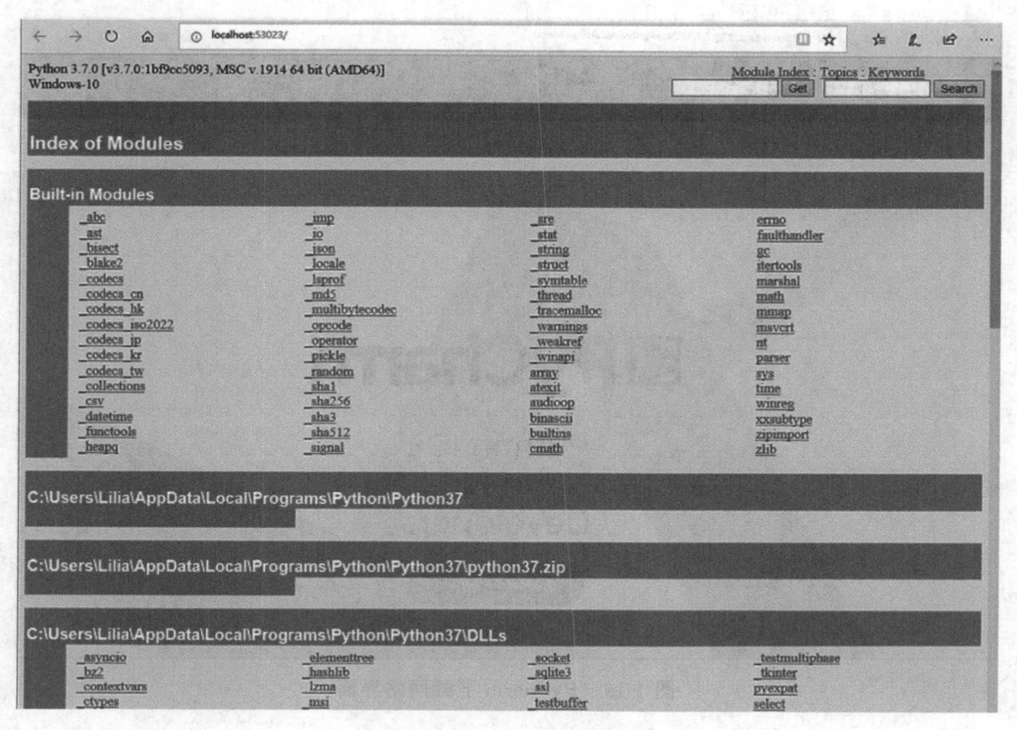

图 1-18 Python 3.7 的模块使用手册

1.6 集成环境 PyCharm 安装与配置

> **Tips**：PyCharm 可以极大地提高 Python 的输入、编程效率，并且有诸多图形化界面来管理第三方插件和插件版本，是日常完成 Python 项目的很好助力。

PyCharm 是目前 Python 语言使用中最流行的集成开发环境之一。虽然 Python 自带的 IDLE 也是集成开发环境，但与 PyCharm 相比还是有不少使用不便的地方。比如，PyCharm 带有一整套可以帮助用户在使用 Python 语言开发时提高其效率的工具，如调试、语法高亮、Project 管理、代码跳转、智能提示、自动完成、单元测试、版本控制等。此外，PyCharm 还提供了一些高级功能，如用于支持 Django 框架下的专业 Web 开发等。

1.6.1 PyCharm 的下载

打开 PyCharm 的网址 https://www.jetbrains.com/PyCharm/，可看到图 1-19 所示的界面。

单击 Download 按钮就可进入下载页面的选择，如图 1-20 所示。

PyCharm 的所属公司 JetBrains 针对个人用户和企业用户提供不同的授权方式。由于

图 1-19 PyCharm 下载网站界面

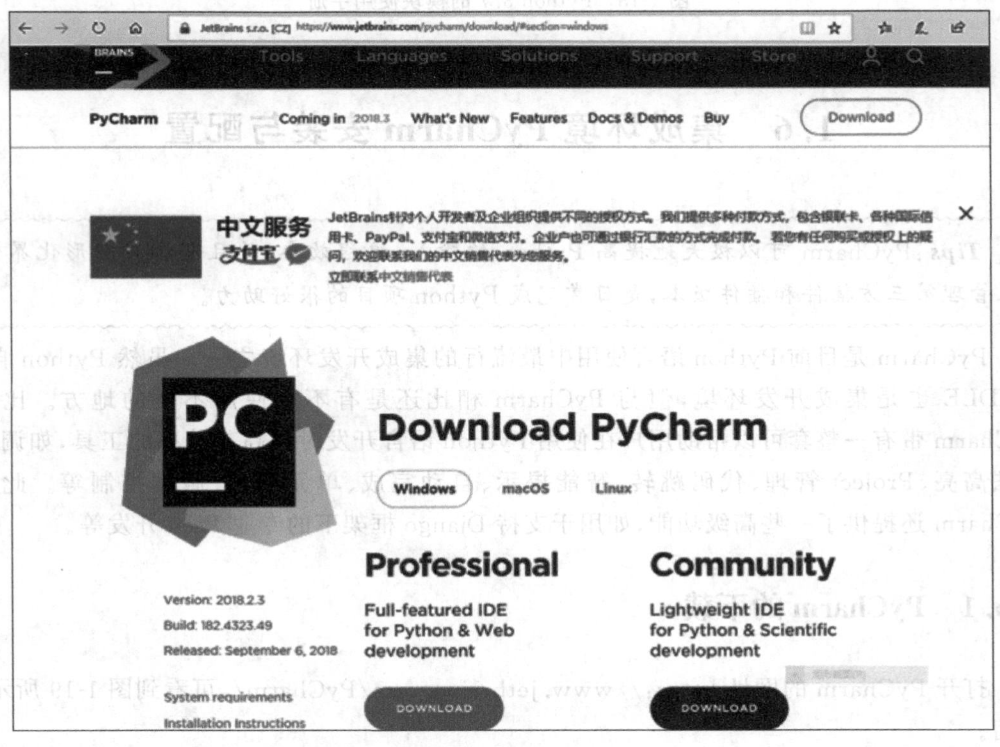

图 1-20 PyCharm 的下载版本

这里仅属于示例讲解阶段，可以下载免费、开源的 Community 版本以供学习使用。

在单击 Community 下的 DOWNLOAD 按钮后，系统会自行下载最新的 PyCharm 软件的 Community 版本。笔者下载的是 PyCharm-Community-2018.2.2.exe 版本（PyCharm 社区版近期的版本都差异性不大，安装和使用过程都是类似的）。

1.6.2 PyCharm 的安装

双击已下载的社区版 PyCharm 安装软件，进入 PyCharm 的安装向导界面，如图 1-21 所示。

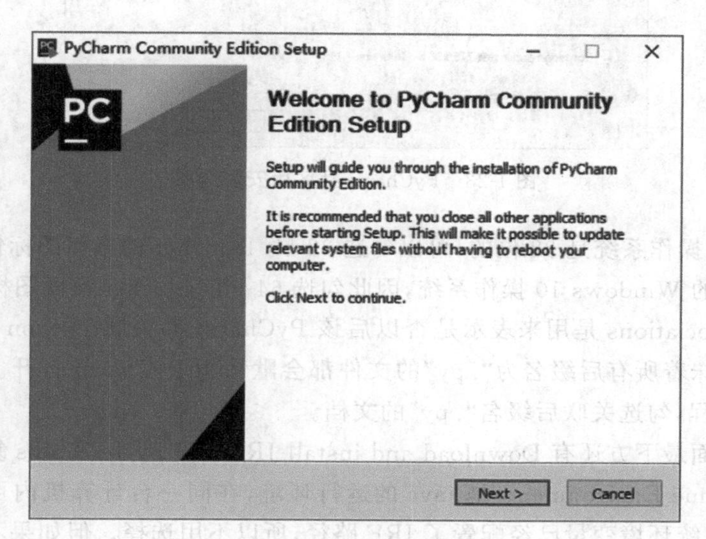

图 1-21 PyCharm 社区版安装向导

单击 Next 按钮，会显示出默认的安装地址。如果不想安装在默认磁盘地址，可以通过单击 Browse 按钮或者直接在地址栏中输入相应目标安装地址进行修改，如图 1-22 所示。

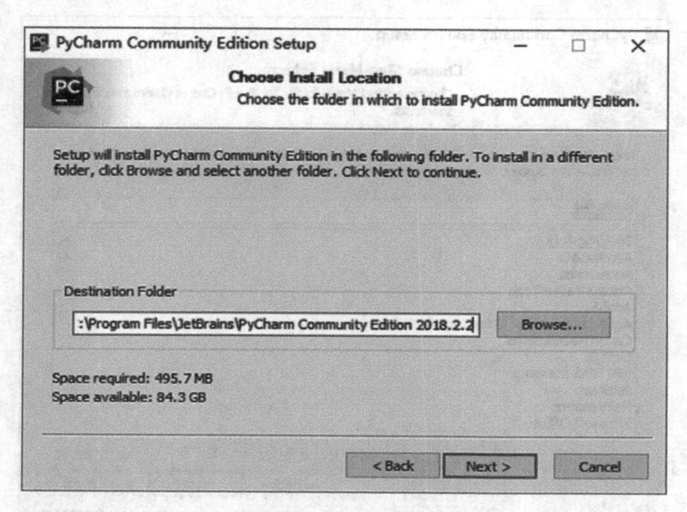

图 1-22 PyCharm 社区版安装——选择安装地址

紧接着单击 Next 按钮进入下一个安装选项界面,如图 1-23 所示。

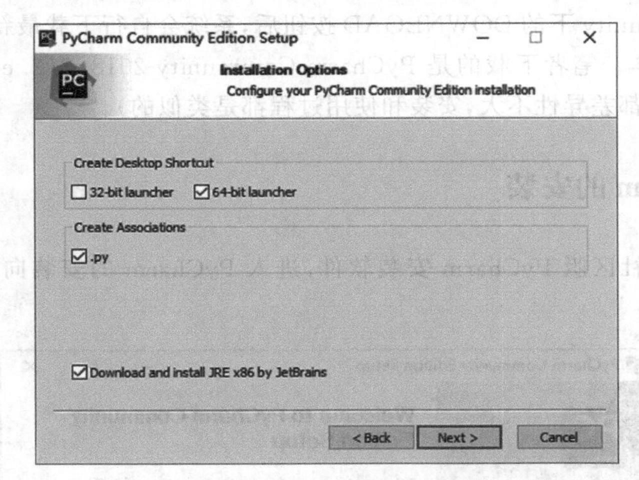

图 1-23　PyCharm 社区版安装选项

如果读者的操作系统是 32 位的,可以勾选 32-bit launcher 的桌面图标快捷方式。笔者使用的是 64 位的 Windows 10 操作系统,因此勾选 64-bit launcher 桌面图标快捷方式。

Create Associations 是用来表示是否以后该 PyCharm 都关联 Python 文档,如果勾选此复选框,则意味着所有后缀名为". py"的文件都会默认用 PyCharm 打开。笔者这里为了方便 Python 编程,勾选关联后缀名". py"的文档。

另外,在界面最下方还有 Download and install JRE x86 by JetBrains 复选框。JRE 全称是 Java Runtime Environment,是 Java 的运行环境,在同一台计算机内可以有多套 JRE 并存。笔者的系统环境变量已经配置了 JRE 路径,所以不用选择。但如果不确定系统是否安装了 JRE 环境,建议勾选此复选框。

单击 Next 按钮进入下一个界面,该界面是选择安装到开始菜单栏的文件夹选项,如图 1-24 所示。

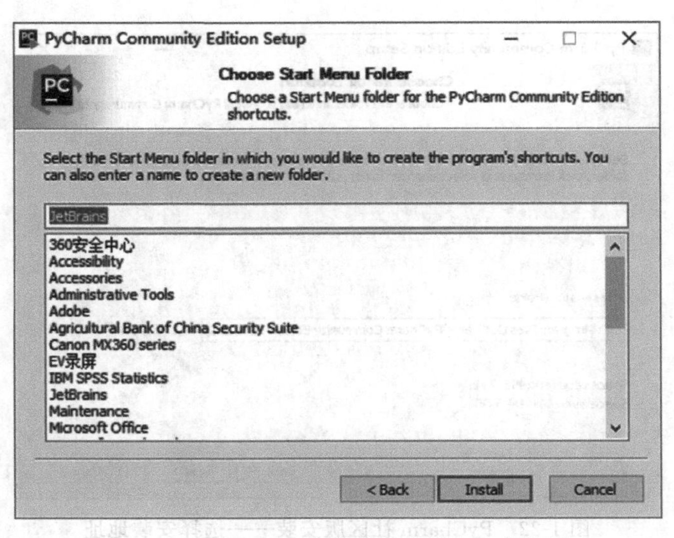

图 1-24　PyCharm 安装的菜单栏文件夹选项

通常在这个界面中不需要改变默认选项 JetBrains，直接单击 Install 按钮进行安装即可。

安装完毕，可以通过勾选 Run PyCharm Community Edition 复选框再单击 Finish 按钮去运行 PyCharm 社区版程序，如图 1-25 所示。

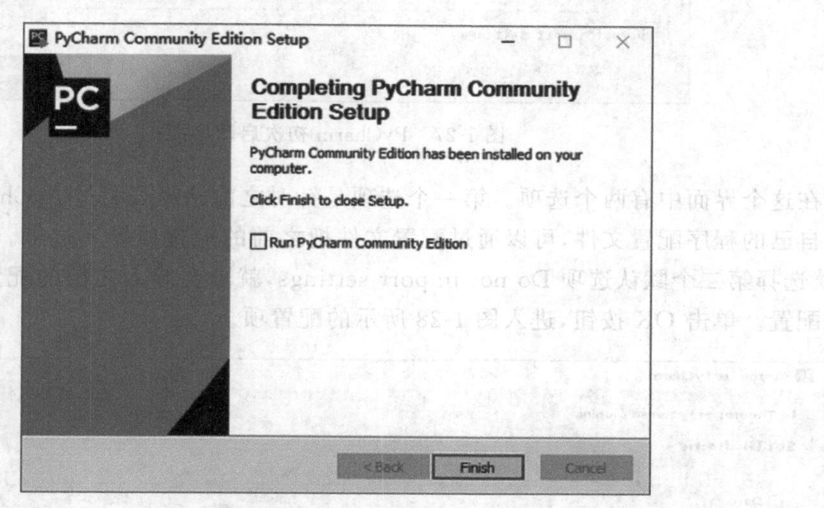

图 1-25　PyCharm 社区版完成安装

也可以直接单击 Finish 按钮结束安装，然后自行通过 Windows“开始”菜单栏 JetBrains 文件夹下的 JetBrains PyCharm Community Edition 文件去启动 PyCharm 程序，如图 1-26 所示。

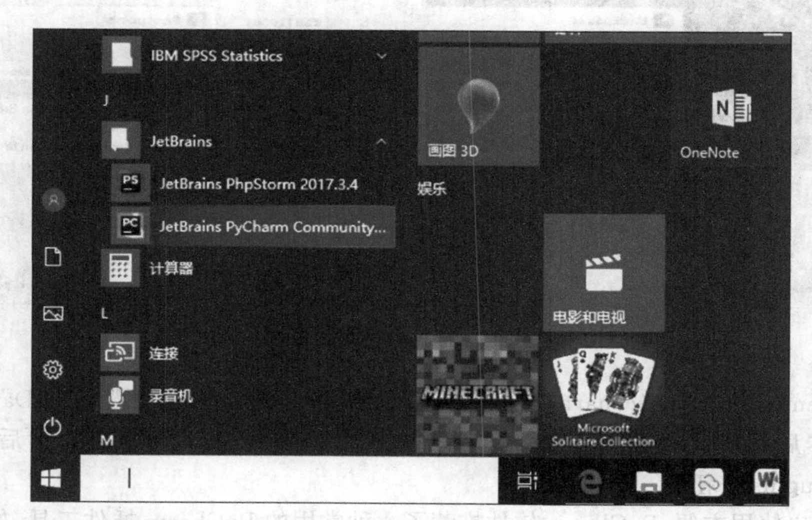

图 1-26　Windows“开始”菜单栏 JetBrains 文件夹下的 PyCharm 程序启动选项

1.6.3 PyCharm 的配置

在启动 PyCharm 程序后，会出现图 1-27 所示界面。

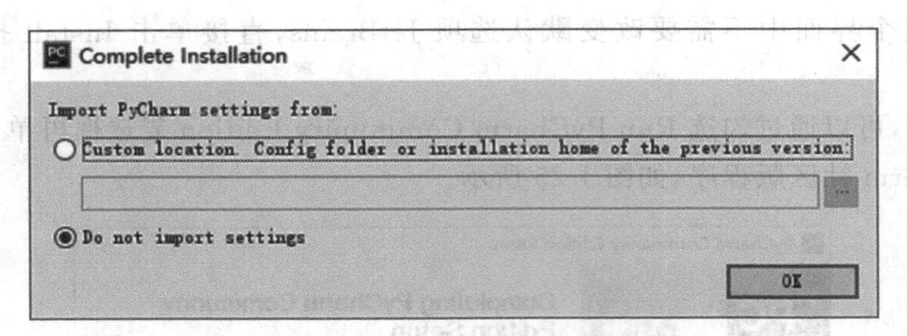

图 1-27 PyCharm 初次启动界面

在这个界面中有两个选项。第一个选项是针对之前已经安装过 PyCharm 程序的读者，若有自己的程序配置文件，可以通过配置文件把之前的配置项导入过来。如果是第一次安装，就选择第二个默认选项 Do not import settings，就不会导入之前的配置，让系统初始化自行配置。单击 OK 按钮，进入图 1-28 所示的配置项。

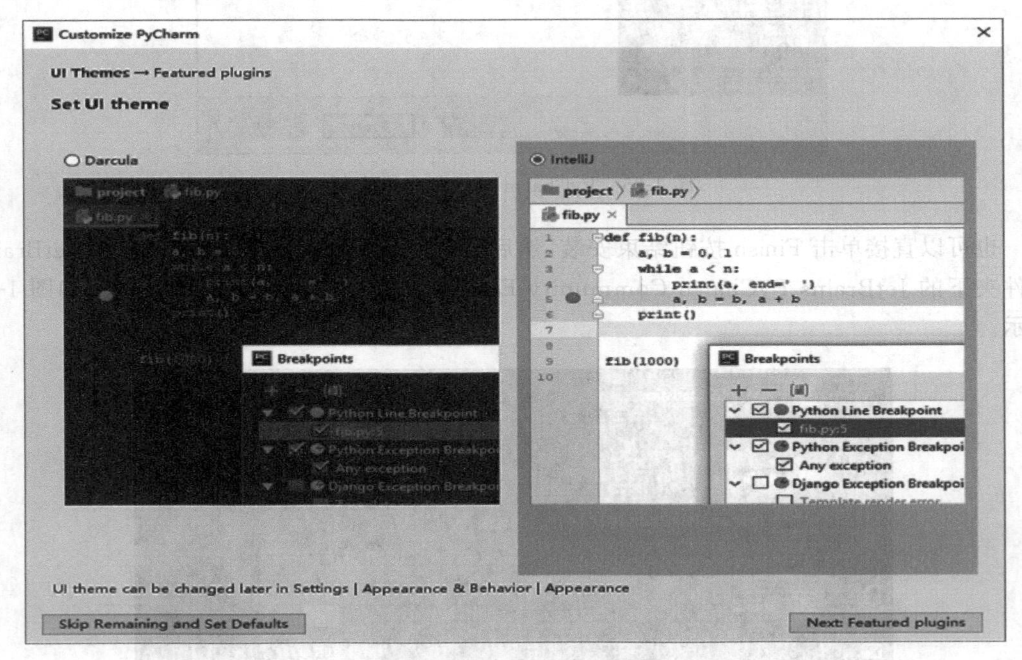

图 1-28 选择程序界面风格

UI Themes 是选择 PyCharm 程序的界面风格，默认是以黑色为背景的 Darcula 风格。为了使书本后续的界面清晰易懂，笔者选择了白色界面 Intellij 风格。然后单击 Next Featured plugins 按钮。

为了用户使用方便，PyCharm 软件推荐了 4 种常用的 PyCharm 插件工具，如图 1-29 所示。如果读者有兴趣可以自行下载使用。而本书的目的是为了学习 PyCharm 软件以及如何应用 PyCharm 软件进行数据分析，因此会在以后的章节选择安装其他相关数据分析的扩展库。这里建议读者直接单击右下方的 Start using PyCharm 按钮来启动 PyCharm 程序，如图 1-30 所示。

为了能够在 PyCharm 环境中正常使用之前安装的 Python 3.7 版本，还必须先把

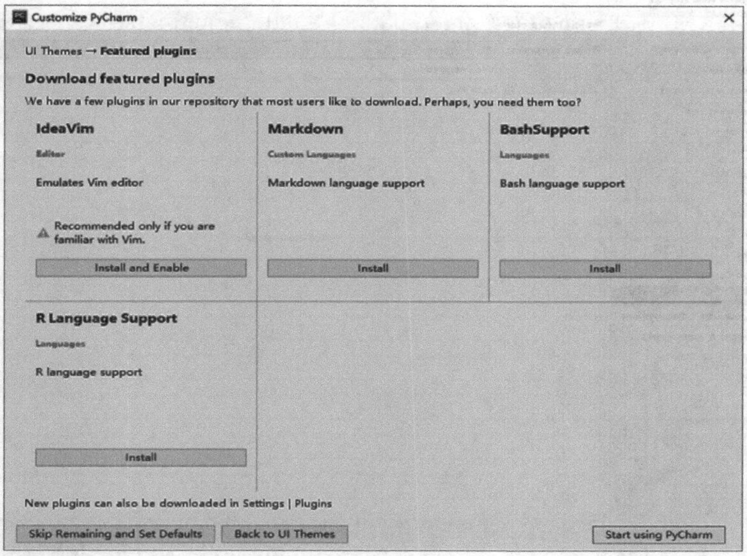

图 1-29 PyCharm 插件

Python 3.7 配置为 PyCharm 软件环境的解释器。单击界面右下角的 Configure 按钮，会弹出下拉菜单，如图 1-30 所示。选择 Settings 命令，就会进入 Settings 的设置界面，如图 1-31 所示。

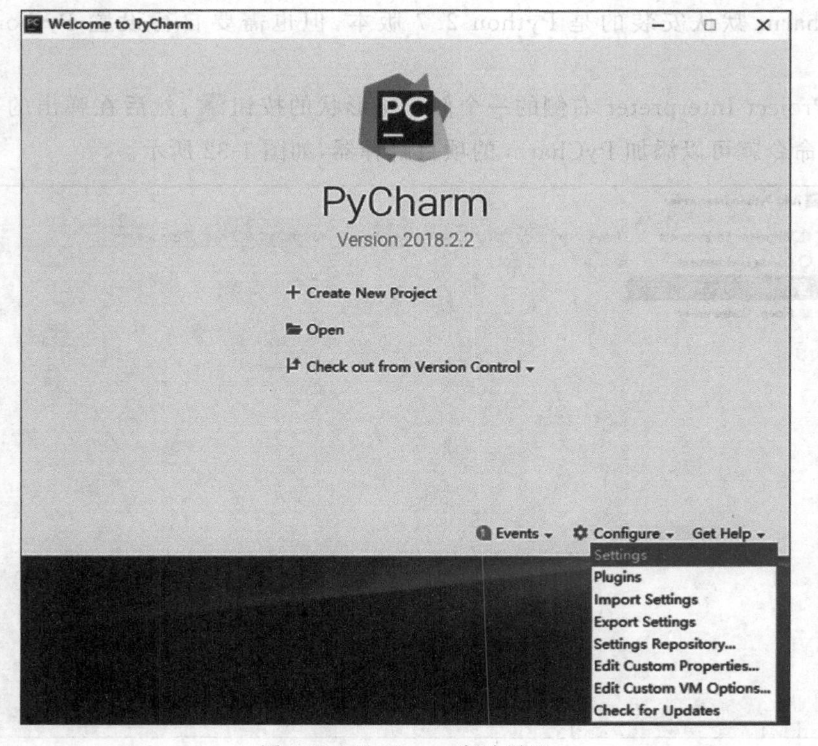

图 1-30 PyCharm 启动界面

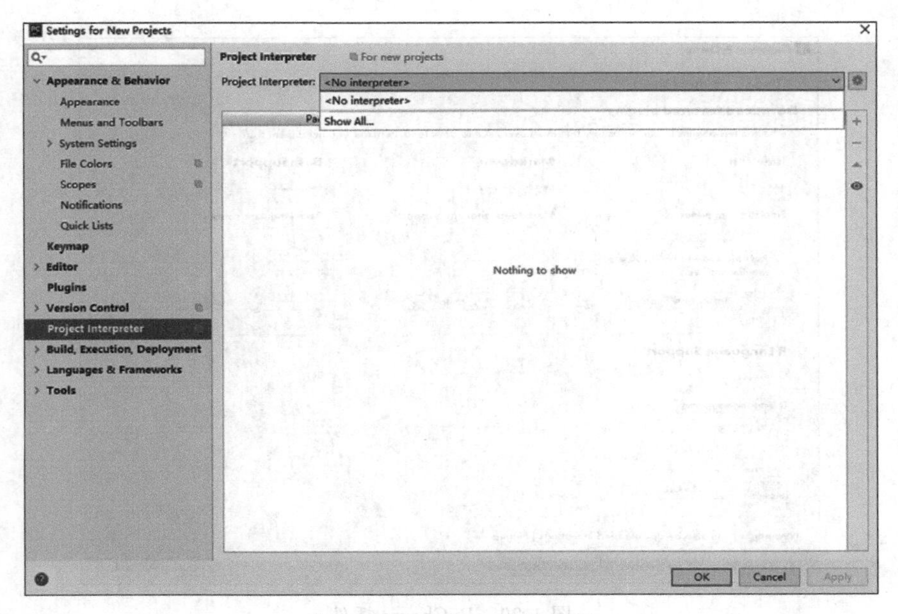

图 1-31　Settings 设置界面

单击图 1-31 左侧的 Project Interpreter 选项，在界面的右侧就会出现项目解释器选项。目前的项目解释器 Project Interpreter 中的下拉列表框是空的，还需要把之前所安装的 Python 3.7 程序导入 PyCharm 中才可以通过 Python 3.7 来解析运行 PyCharm 内的程序(目前 PyCharm 默认安装的是 Python 2.7 版本，但也需要自行设置 Python 的项目解析器)。

单击 Project Interpreter 右侧的一个似车轮形状的按钮 ⚙，然后在弹出的下拉菜单中选择 ADD 命令就可以添加 PyCharm 的项目解释器，如图 1-32 所示。

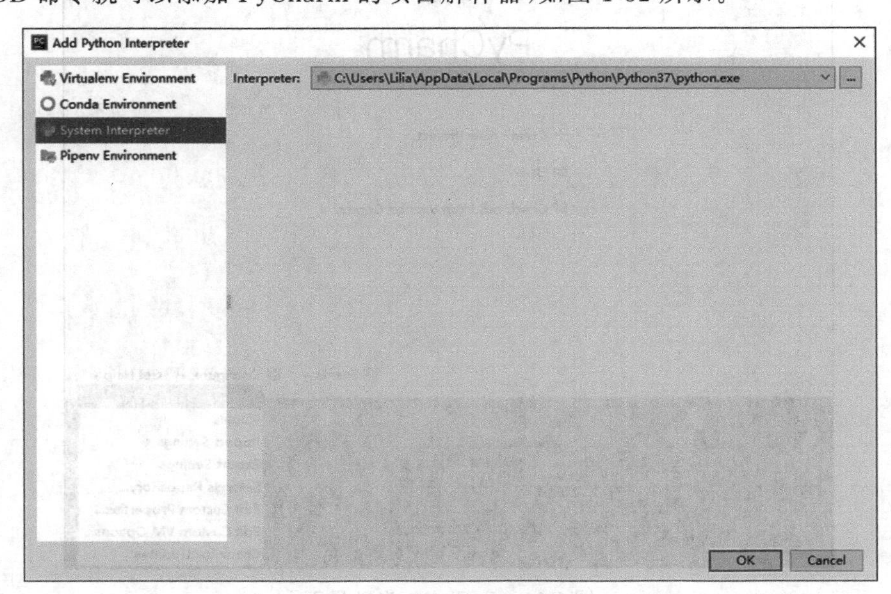

图 1-32　添加 PyCharm 的项目解释器

在 Add Python Interpreter 界面中，选择 System Interpreter 系统解释器。这时在右方的界面会显示系统解释器路径。因为之前已经安装了 Python 3.7，所以系统会默认显示 Python 3.7 的安装路径。如果 Python 3.x 是在 PyCharm 后安装的，则需要手动定位到 Python 3.x 的安装地址。

Tips：如果读者安装了多个版本的 Python，还可以选择其他版本的 Python 软件路径作为项目解释器路径。

选择 PyCharm 运行所适用的 Python 解释器版本后，单击右下角的 OK 按钮，会看到图 1-33 所示界面。

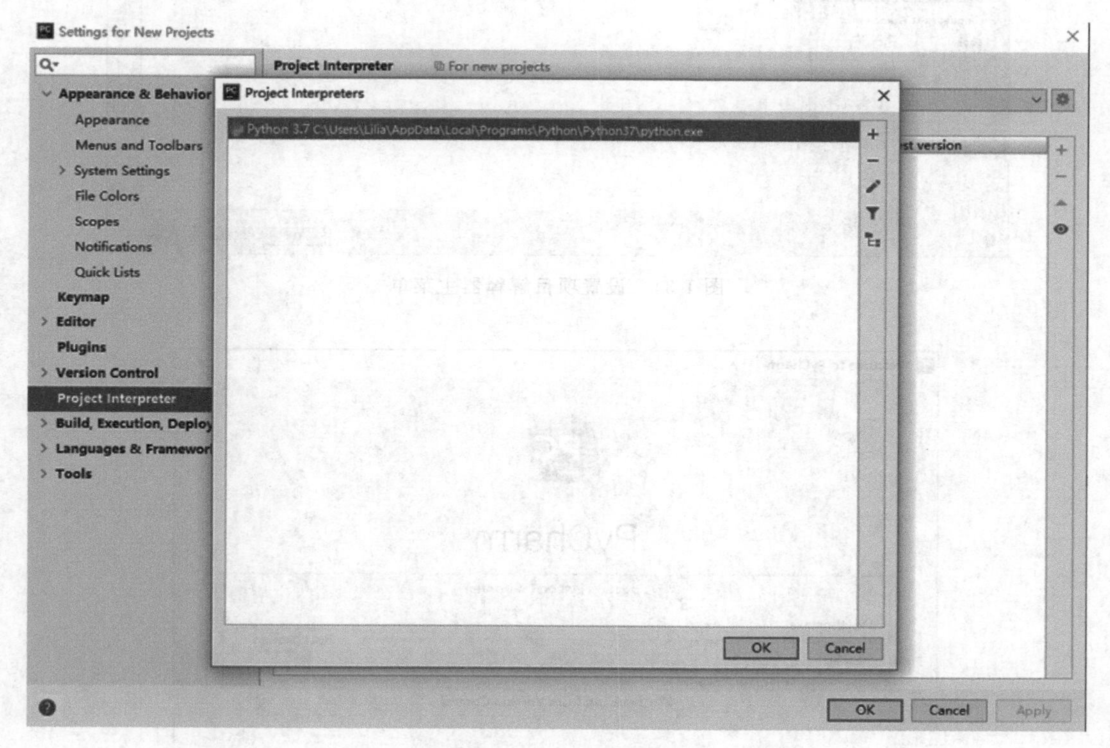

图 1-33　确定 Python 3.7 为系统解释器

确认信息无误后，再次单击界面右下角的 OK 按钮，就会回到设置项目解释器的主菜单，如图 1-34 所示。

这时的项目解释器内不再显示为空，而是把 Python 3.7 作为 PyCharm 项目的解释器了。同时，细心的读者还会发现，在界面右侧已经显示系统自行安装了 pip 和 setuptools 两个 Python 软件工具包/扩展库，这两个工具包是安装很多第三方插件/扩展库的基础。

单击右下方的 OK 按钮后 PyCharm 的基本配置就完成了。等系统自行完成各类配置后 PyCharm 就可以用来作为主要编程工具进行后续的 Python 项目了，如图 1-35 所示。

由于 PyCharm 集成工具环境的便利性，接下来章节内的多数案例将在 PyCharm 的环境内运行并操作。

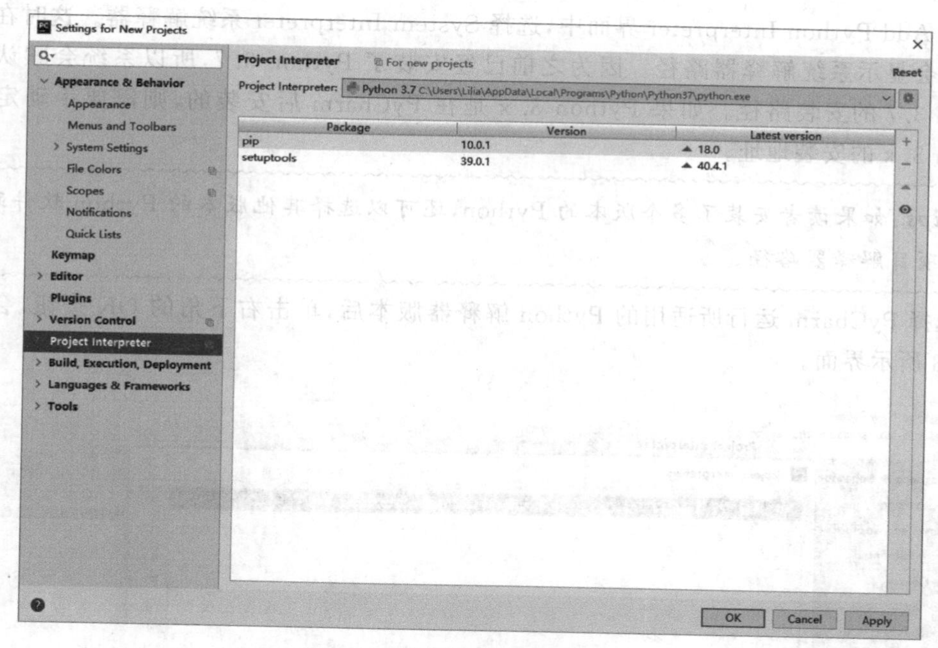

图 1-34　设置项目解释器主菜单

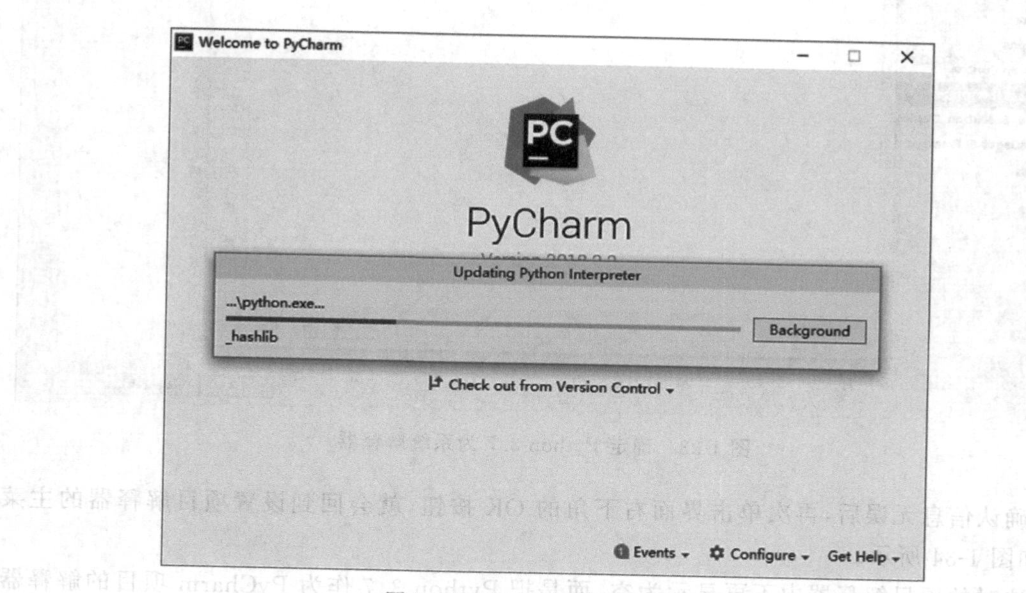

图 1-35　PyCharm 安装配置项

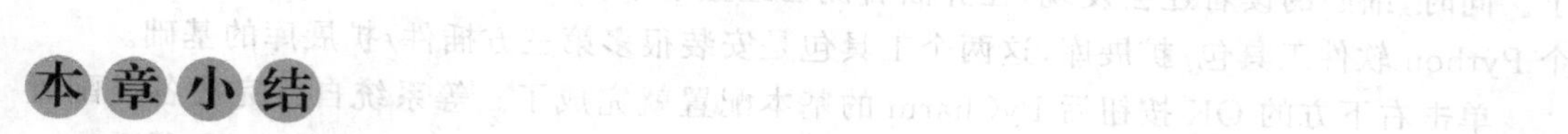

本章小结

作为开篇的第 1 章内容，本章先围绕计算机程序设计的概念、编程语言的分类和程序语言的编码发展史进行讲解，希望读者对计算机程序设计和应用有一个初步的了解；然后围绕 Python 语言的发展、优点及版本特点的讲述来增进读者对 Python 语言的了解。通过安装过程的讲解来教授 Python、PyCharm 的安装及配置方法，告诉读者如何在 IDLE 和 PyCharm 环境中运用 Python 语言进行编程和运行。

习题

1-1 计算机程序设计语言分为哪三类？

1-2 请说出 Python 3.x 版本的几个优点和适用领域。

1-3 安装 PyCharm 后就可以直接在其环境内运行 Python 程序吗？

1-4 PyCharm 是 Python 语言的 IDLE，除此之外，还有哪些方式可以运行 Python 程序代码？

1-5 计算机中常用的中文编码有哪些格式？

第2章 Python程序基础

Python 程序的语法简单、清晰、易掌握。本章的主要内容是讲解 Python 语言的基础编程知识,包括 Python 程序的基本结构和语法,如代码格式、变量与对象、注释、赋值语句、函数及定义规则、基本输入/输出方法等。Python 语言的特点正在于其变量赋值的灵活性,深入理解变量与对象之间的引用关系,会有助于更好地理解该语言的编程特色。

学习要点

- Python 程序结构。
- Python 基本语法。
- Python 变量与对象。
- 注释与赋值语句。
- 函数定义规则与基本输入/输出函数。

2.1 Python 程序结构

Python 语言之所以发展势头如此迅猛,相信与它强大的第三方开发工具的不断推陈出新有密切关系。有了这些开发工具插件,即使是初学编程的人员也可以快速入门。

一般来说,基本的 Python 程序由图 2-1 所示的几个部分组成。

程序范例	结构说明
`#! /usr/bin/env Python`	注释语句
`#coding = utf - 8`	
`import sys`	模块导入
`ro = True`	定义变量
`class Eat(object):`	定义类和函数
`    def __init__(self,food):`	
`        self.food = food`	
`    def show(self):`	
`        print('我的午餐是' + self.food)`	
`if__name__ = = '__main__':`	主程序
`    e = Eat('米饭')`	
`    e.show()`	

图 2-1　程序结构

2.2 Python 基本语法

Python 的基本程序构成涉及代码格式、注释、关键字和英文字母大小写等内容。

2.2.1 代码格式

代码格式是一种编程语言的基本规范。在 Python 中的代码缩进是其独有的一种语法书写结构，此外，本节还介绍语句换行符、语句分隔符以及关键字与命名的规范。

1. 代码缩进

C、Java 语言采用花括号“{}”来表示成组的代码语句模块，这样的规则在编程语句中使用了多年，似乎已经成为各类编程语言的标志性规则。而 Python 语言却打破了这样的规则格式。在 Python 中，是采用代码语句的缩进来表示代码块的构成。示例代码如下。

```
n = int(input("请输入数字"))
if n >= 10:
    x = n ** 2 + 1
else: x = -1
print(x)
```

在此例中，if 语句的末尾用“：”来表示判定语句代码块的开始。而“x=n ** 2+1”语句则采用了缩进的格式来表示它属于该判定语句 if 代码块的内容。

通常来说，编程人员多数都使用 Tab 键来表示缩进。也可以按 4 次空格键来表示缩进格式。

Tips：虽然 Tab 键的使用也是四格缩进，与按 4 次空格键在空间上是等同的，但如果在同一个程序内既使用了 Tab 键，又混用了 4 次空格键，系统可能会出现报错信息：

IndentationError: unindent does not match any outer indentation level

因此为了减少系统报错的概率，增强可维护性，建议读者不要混用这两种缩进方式，而统一使用 Tab 键来进行缩进。

2. 语句换行符

与其他许多编程语言不同的是，在 Python 的语法中，通常是一条语句为一行，语句结尾并没有任何符号。这样也是为了保持 Python 语言所倡导的简洁性。但遇到较长的语句时，Python 语法也有应对之策。在 Python 语句中可以使用“\”符号来表示分行。但需要注意的是，在“\”符号后不能再有任何其他符号（包括空格和注释语句）。示例代码如下。

```
x = int(input("请输入成绩"))
if x < 100 and \
        x > 90:
    y = "A"
print("您的成绩是",y)
```

除了可以用"\"符号来表示换行外,还可以用3个单引号"'''"和3个双引号"""""""来表示换行。使用方法与"\"类似,示例代码如下。

```
x = int(input("请输入成绩"))
if """x < 100 and
       x > 90""":
    y = "A"
print("您的成绩是",y)
```

另外,在使用各类括号(包括"()""[]""{}")时,该括号中的内容也会自动被判为允许多行书写的格式。在括号中的空格、换行符及注释都会被忽略,示例代码如下。

```
x = int(input("请输入成绩"))
if (x < 100 and    #这是 Python 分行书写的注释,注释语句会被忽略
       x > 90):
    y = "A"
print("您的成绩是",y)
```

3. 语句分隔符

有时为了减少行数,可以将多条简单的 Python 语句写在同一行。这时就可以用分号";"把语句分隔开来,示例代码如下。

```
x = 1;y = 0
print(x,y)
```

另外,如果语句模块内只有一条子语句,则可以将该子语句写在冒号":"后面。

```
x = int(input("请输入成绩"))
if (x < 100 and x > 90):y = "A";print("您的成绩是",y)
```

4. 关键字与命名规范

一般来说,每种编程语言都有自身特定的关键字。这些关键字属于系统预先保留的、带有特定含义的标识符。Python 语言也是如此,可以通过 Python 自带的 keyword 模块来得到 Python 的关键字。

```
import keyword
print(keyword.kwlist,len(keyword.kwlist)) #统计关键字及其总数
```

输出:

```
['False', 'None', 'True', 'and', 'as', 'assert', 'async', 'await', 'break', 'class', 'continue', 'def',
'del', 'elif', 'else', 'except', 'finally', 'for', 'from', 'global', 'if', 'import', 'in', 'is',
'lambda', 'nonlocal', 'not', 'or', 'pass', 'raise', 'return', 'try', 'while', 'with', 'yield'] 35
```

由上例可知,目前系统的关键字有35个。除了False、None和True外,其他的系统关键字都以小写形式存在。在Python语言中,关键字以及自定义的变量名、函数名等都是区分大小写的。也就是说,使用这些关键字、变量名时一定要注意书写方式,如while不能写

成 While,Xyz 和 xyz 也都是不同的函数或者变量名。

Python 语言允许使用大写字母、小写字母、数字、下画线及汉字等多种组合给变量、函数命名,但所有命名的首字母不能是数字,所有的字符中间不能有空格。同时,自定义的变量名称、函数名称等不能与 Python 的关键字相同。

2.2.2 变量与对象

变量是计算机语言中能存储计算结果或能表示值的一种抽象概念。在多数编程语言中,使用变量前必须声明变量的数据类型,而在 Python 语言中并不需要这样做。

在 Python 中,变量就是变量,它并没有类型。变量的"数据类型"是指变量所指向的内存中对应对象的数据类型。

等号"="用来给变量赋值。

运算符等号"="的左边是一个变量名称,而等号"="右边是指向存储在变量中对象的值。示例代码如下。

```
a = 0.0
b = 'abc'
c = [1,2,3,4]
d = {a:1,b:2}
print(a,type(a))
print(b,type(b))
print(c,type(c))
print(d,type(d))
```

输出:

```
0.0 <class 'float'>
abc <class 'str'>
[1, 2, 3, 4] <class 'list'>
{0.0: 1, 'abc': 2} <class 'dict'>
```

在该示例中,变量 a 被赋值为 0.0,则系统默认该类型是浮点型数据;而 b 被赋值为 'abc',引号默认为内容是字符串格式,因此 b 的数据类型就为字符串格式;同理,c 根据其指向的对象值属性而成为列表(list)数据类型;d 则是字典(dict)数据类型。

1. 对象和变量的引用关系

在 Python 中的命名并不需要提前声明变量的数据类型,而是根据对象的内容自动判定其数据类型。因此 Python 属于动态数据类型的编程语言,其处理数据类型的方式与其他编程语言是有所区别的。

在 Python 语言中的所有数据都是以对象的方式存储的。因此,要理解 Python 语言的变量赋值特点,就必须先了解变量和对象之间的关系。例如,x=2 是指 x 变量的值为 2,那么 2 就是 x 的对象。也就是说,在 Python 语言中,对象和变量之间是引用的关系。

在 Python 执行 x=2 这个命令语句时,实际上包含了以下几个步骤。

(1) 系统创建 2 这个对象。

(2) 检查系统是否已经存在 x 变量(如果不存在则创建它)。

(3) 建立变量 x 到对象 2 之间的引用关系。

因此,在 Python 中并没有事先定义数据类型的概念,Python 中的数据类型都属于其对象。另外,根据这样的处理模式也可以得知变量在第一次赋值时即被创建,当再次出现时则可以直接引用该变量的对象值。示例代码如下。

```
x = 2          #初次使用时创建对象 2,然后创建变量 x,并确定 x 和 2 之间的引用关系
print(x + 1)   #执行语句时变量 x 被其对象值 2 替代,执行 2 + 1 的运算
```

输出:

```
3
```

在 Python 语言中,当变量所创建的对象没有被任何引用时,其占据的空间就会被系统自动回收。因为在 Python 语言中会为每个对象创建一个计数器来记录对象的引用次数,当计数器为 0 时,则创建的对象就会被删除,以此来节约对象所占用的内存空间。

```
x = 2   #创建对象 2 后创建变量 x,并把对象 2 引用给变量 x
print(x,type(x))
x = 'abc'
#创建字符串对象 abc 后,变量 x 引用了对象 abc,则变量 x 原来的对象 2 被回收
print(x,type(x))
```

输出:

```
2 <class 'int'>
abc <class 'str'>
```

如上例所示,在变量引用了新对象后,原有的对象会被系统删除。因此,在使用 Python 语言进行编码时,并不需要用户考虑所建对象的回收问题,这也是 Python 语言简洁、明确的优点之一。

2. 对象赋值的差异(is VS ==)

在 Python 语言中,经常会执行对两个对象之间的比较,如判断 if a == b 或者 while a is b。在多数情况下两者是可以混用的,也就是说执行结果都是相同的。但在某些情况下,用 is 和 == 所得到的结果是不同的,这时就需要了解 is 和 == 之间本质的差异是什么。

前面已经介绍了 Python 语言的特征是以对象的形式来存储数据的,而 is 与 == 的差异性也正是因为其存储数据方式的不同。

is 是比较变量在内存中的对象,而 == 则是比较变量值的内容。也就是说,使用 is 来比较变量,就是比较其内存地址的不同和其存储对象值的不同;而使用 == 则是仅仅比较其存储对象值的不同。

例如,当比较双方数据元素的内存地址是相同的时,使用 == 和使用 is 的结果是相同的。

```
x = (1,2,3)                     #创建元组 x
y = (1,2,3)                     #创建元组 y,其值与元组 x 相同
print('id(x) ->',id(x))         #输出元组 x 的内存地址
print('id(y) ->',id(y))         #输出元组 y 的内存地址(与元组 x 的内存地址相同)
```

```
print('y== x ->',y== x)      # 比较元组 x 和 y,如果相同则输出为 True
print('y is x ->',y is x)    # 比较元组 x 和 y,如果相同则输出为 True
```

输出：

```
id(x) -> 2058822702712
id(y) -> 2058822702712
y== x -> True
y is x -> True
```

在此例中创建了元组类型数据 x 和 y，x 和 y 的赋值都为(1,2,3)，并且其对应的内存地址也都是相同的。在使用 y==x 和 y is x 语句进行比较时，两者的执行结果都是 True。如果使用列表数据类型进行比较呢？示例代码如下。

```
x=[1,2,3]                      # 创建列表 x
y=[1,2,3]                      # 创建列表 y,其值与列表 x 相同
print('id(x) ->',id(x))        # 输出元组 x 的内存地址
print('id(y) ->',id(y))        # 输出元组 y 的内存地址(与列表 x 的内存地址不同)
print('y== x ->',y== x)        # 比较列表 x 和 y,如果相同则输出为 True
print('y is x ->',y is x)      # 比较列表 x 和 y,如果不同则输出为 False
```

输出：

```
id(x) -> 2454851170568
id(y) -> 2454850435592
y== x -> True
y is x -> False
```

在上例中创建了两个列表类型数据 x 和 y，并分别赋值为[1,2,3]。这时可发现两者所对应的内存地址是不同的。因此，使用 y==x 进行比较时，作为元素值的比较，两者是相同的，等式 y==x 返回 True。但由于两者元素对象所对应内存地址的不同，使用 y is x 语句的输出为 False。

这两个例子不仅说明了 is 与==使用内涵的差异性，也间接说明了可变数据类型与非可变数据类型的对象在内存中存储方式的差异性。第一个例子所创建的元组类型数据属于不可变数据类型(在 3.1 节有更详细的介绍)。所有不可变数据类型如数值、字符串、元组等，利用赋值符号“=”所创建相同的元素对象，其引用的内存地址是相同的；而对于不可变数据类型如列表、字典、集合来说，即便创建了相同的元素对象，其对象所引用的内存地址也是随机的。

但上例的说法也不是一成不变的，这就是作为动态语言 Python 的灵活之处。比如在下例中，通过对象赋值方式上的改变，也可以让列表类型的数据产生相同的内存地址。

```
x=[1,2,3,4]                 # 创建列表 x,其引用对象为[1,2,3,4]
y=x                         # 把列表 x 的引用对象赋值给列表 y(这时列表 y 和 x 的引用内存
                            # 地址相同)
print('id(x) ->',id(x))     # 输出列表 x 的内存地址
print('id(y) ->',id(y))     # 输出列表 y 的内存地址
```

```
print('y == x ->',y == x)         # 比较列表 x 和 y,如果相同则输出为 True
print('y is x ->',y is x)         # 比较列表 x 和 y,如果相同则输出 True
```

输出:

```
id(x) -> 1787459861704
id(y) -> 1787459861704
y == x -> True
y is x -> True
```

在创建列表 x 后,把列表 x 的引用对象直接赋值给 y,这时列表 y 和列表 x 就拥有了相同的内存地址。因此,无论是使用==还是 is,其比较结果都是相同的。

但如果是对列表 y 的赋值方式再稍作改变呢?

比如,通过下例的切片赋值方式,两者的输出结果又会发生怎样的变化呢?

```
x = [1,2,3,4]
y = x[:]                          # 把 x[:]赋值给列表 y
print('y->',y)                    # 通过 x[:]赋值的结果与列表 x 的值相同
print('id(x) ->',id(x))           # 输出列表 x 的内存地址
print('id(y) ->',id(y))           # 输出列表 y 的内存地址(通过[:]切片后的内存地址已不同)
print('y == x ->',y == x)         # 比较列表 x 和 y,如果相同则输出为 True
print('y is x ->',y is x)         # 比较列表 x 和 y,如果不同则输出为 False
```

输出:

```
y-> [1, 2, 3, 4]
id(x) -> 1787459861000
id(y) -> 1787459875144
y == x -> True
y is x -> False
```

由上例可以看出,当对列表 x 进行切片操作后,虽然其值并未有任何变化,但实际对应的内存地址却发生了改变。当把 x[:]赋值给 y 时,y 的引用内存地址也就相应地发生了改变。这就导致最终执行==和 is 的结果又变得不同了。

以上一些例子正是体现了 Python 语言作为一种动态编程语言的基础特色及灵活性。

> ***Tips***:当然 Python 语言也存在缓存体系,当对较小数据使用了缓存方式存取时,也可能导致使用 is 和==的结果是相同的。但本节所呈现的例子是为了向读者展示 Python 作为出色的动态编程语言,其独特的变量赋值方式所呈现结果的差异性。也希望读者可以通过以上介绍,更加深入地了解其动态赋值的基本工作原理。

3. 变量命名规范

与其他编程语言类似的是,Python 的变量命名也遵循着类似的规则。

(1) 以下画线或字母开头。

(2) 字符中间不能有空格。

(3) 字母区分大小写。

(4) 不能用关键字作变量名。

Python 语言的变量名要求如必须以下画线或字母开头,由于 Python 3.x 默认是 UTF-8 的编码格式,因此变量名也允许出现中文、日文等非英文字符。同时 Python 是区分大小写的,因此 ABC 和 Abc 是两个不同的变量。另外,在 Python 中有些关键字是具有特殊含义的。因此,不能将关键字作为变量名使用,这会导致语法错误。

此外,Python 语言在编写习惯上还有一些约定俗成的规则。

(1) 变量前带一个下画线_的变量,是用来"标明"这是一个受保护的变量。只用于标明,外部对象还是可以访问到该变量的,如_tel. 受保护的变量是不能使用 import 语句导入的,对程序防止外部未授权的访问起到了保护作用。

(2) 变量前后分别有两个下画线__是指系统的内置变量或私有属性,如__name__、__main__、__abc__。与受保护的变量类似,这些内置变量和类的私有属性也无法通过 import 语句导入使用。不仅如此,还限制外部对象的直接访问。

(3) 变量使用全大写并在单词之间加下画线的是指不会发生改变的全局变量,如 USER_CONSTANT。

(4) 以两个下画线开始且末尾无下画线的为类的本地变量,如__xyz。

2.2.3 注释

注释是用来解释和说明 Python 语句的,便于提高代码的可读性。一般来说,注释语句都是辅助性的文字,并不会被计算机执行。Python 语句通常有两种注释方法:一种是单行注释,使用符号"#"开头;另一种是多行注释语句,在注释语句的开始和结尾处使用 3 个单引号"'''"或者是 3 个双引号"""""""作为标识。示例代码如下。

```
'''
下面的代码是求解整数序列和
本例是为了说明多行注释语句的使用
'''
a = input("请输入一个正整数 N——>")   # input()是字符串形式
x = 0
for i in range(int(a)):              # 遍历输入整数 a,a 需要用 int()转换成整式
    x += i + 1                       # 每次遍历结果都与上次结果相加,一直加到 N 值
print("1 到 N 的求和结果是:",x)
```

2.2.4 赋值语句

通常,编程语言的赋值方法并不复杂。但要真的深入理解 Python 语言的赋值规范及其通过变量对象赋值的内涵,还是需要下一番功夫的。

1. 常用 Python 赋值方法

总的来说,Python 的赋值语句有表 2-1 所列的几种常用形式。

表 2-1　Python 常用赋值方法

赋值语句	类　型	赋值结果	数据类型
a=10	基本形式	把 10 赋值给 a 变量	a 是整型
a,b = 10,20	元组赋值	a=10 b=20	a 和 b 是整型
[a,b] = [10,20]	列表赋值	a=10 b=20	a 和 b 是整型
a,b = 'AB'	序列赋值	a=A b=B	a 和 b 是字符串型
a,b = [10,20]	序列赋值	a=10 b=20	a 和 b 是整型
a, * b = 'hello'	扩展的序列解包（Python 3 中特有）	a=h b=['e', 'l', 'l', 'o']	a 是字符串型 b 是列表型
a = b = c = 10	多目标赋值	a=10 b=10 c=10	a、b、c 都是整型
a +=1	增强赋值	当 a 为不可变数据类型，等式类似于 a=a+1	a 是整型、元组、字符串或其他不可变形式

增量赋值符除了“+=”外，还有许多类型，如“-=”“*=”“/=”“%=”“**=”“<<=”“>>=”“&=”“^=”和“|=”。但与 C 语言等编程语言不同的是，Python 语言不支持“x++”或“--x”这样的前置或者后置自增、自减的运算符号。

2. 不可变与可变类型的对象赋值差异

当利用增量赋值符号进行赋值时，使用类似“a+=b”的增强型赋值语句，其结果是根据使用变量的数据类型的不同而有所变化。

Python 的数据类型可以分为可变类型和不可变类型两种（这两种数据类型在第 3 章会有更详细的介绍）。由于 Python 中的参数传递规则属于“引用（内存地址）传递”而不是“值”传递。因此，对于可变数据类型的变量来说，运算结果可能会更改传入参数的变量。而对于不可变数据类型的变量传递机制来说，变量本身就不能被修改，因此运算结果并不会影响到变量自身。

例如，如果采用不可变的 int 整型数据类型来运算，示例代码如下。

```
a = 1
b = 6
a = a + b
print(a,b)
```

输出：

```
7 6
```

输出结果 a 值为 7，b 值为 6。如果用“a+=b”替换上例的运算公式“a=a+b”，其运算结果不变。示例代码如下。

```
a = 1
b = 6
a += b
print(a,b)
```

输出：

```
7 6
```

但如果按照下例的方法使用可变的 list 列表数据类型来运算，则下例中的 x 值和 y 值用公式“a+=b”和“a=a+b”来运算，其输出的运算结果并不相同。示例代码如下。

```
x = y = [1,2]
x += [6]
print(x,y)
x = x + [9]
print(x,y)
```

输出：

```
[1, 2, 6] [1, 2, 6]
[1, 2, 6, 9] [1, 2, 6]
```

为何结果会有差异呢？简单来说，就是公式“a+=b”是指原地修改 a 的值为“a+b”，而“a=a+b”公式则可能会创建一个新对象来表示 a 与 b 的和再赋值给 a。

对于 Python 中的不可变数据类型，变量值是不会发生变化的，因此内存中只有一个对应的对象。而对于可变数据类型来说，它是允许变量的值发生变化的。如果改变变量的值则系统可能会创建一个新对象，这就导致两个公式的结果在某些情况下不同。

扩展：使用增强型赋值语句的效率会比普通赋值语句的效率高。这是因为在 Python 源代码中，增强赋值比普通赋值多实现了“写回”(原地址修改)的功能。也就是说，增强赋值在条件符合的情况下(如操作一个可变类型对象)会以追加的方式进行处理。而普通赋值则会以新建的方式进行处理。这一特点导致增强赋值语句中的变量对象始终只有一个，用 Python 来解析该语句时不会额外创建出新的内存对象。

2.2.5 函数

在多数程序语言内都会使用各类函数。函数是指一些有组织、可重复使用并能用来实现某种功能的代码块。

Python 内提供了许多内置函数，如 print()、input()、int()、eval() 函数等。这些函数是被定义好的，可以直接使用，如表 2-2 所示。

表 2-2 Python 常用内置函数

abs()	chr()	enumerate()	getattr()	isinstance()
all()	classmethod()	eval()	globals()	int()
any()	compile()	execfile()	hasattr()	issubclass()
basestring()	complex()	file()	hash()	iter()
bin()	delattr()	filter()	help()	len()
bool()	dict()	float()	hex()	list()
bytearray()	dir()	format()	id()	locals()
callable()	divmod()	frozenset()	input()	long()

续表

map()	ord()	repr()	str()	xrange()
max()	pow()	reverse()	sum()	zip()
memoryview()	print()	round()	super()	__import__()
min()	property()	set()	tuple()	exec()
next()	range()	setattr()	type()	
object()	raw_input()	slice()	unichr()	
oct()	reduce()	sorted()	unicode()	
open()	reload()	staticmethod()	vars()	

除了内置函数外，用户也可以自建函数，称为自定义函数。通常定义一个函数会有一些规则，在 Python 语言中也是一样。下面罗列了一些简单的函数定义规则。

(1) 函数的代码块要以 def 关键字开始，并在其后写入函数的名称以及圆括号()。

(2) 任何传入参数和自变量都要放在圆括号内。

(3) 在圆括号之间可以放入自定义参数。

(4) 函数内容代码要以冒号开始，并且采用缩进格式(按 Tab 键或者按 4 个空格键)。

(5) 通常用 return 语句表示函数的结束。可以利用 return 表达式内的参数来返回值。如果 return 语句不含有任何参数，则表示返回值为空(None)。

(6) 默认情况下，参数值和参数名称是按函数声明中定义的顺序匹配的。

2.2.6 基本输入和输出

在 Python 语言中常用的输入输出语句一般使用 input()和 print()函数实现。它们都属于 Python 语言的常用内置函数。

1. 输入函数 input()

前面的案例中已经给读者呈现了 input()函数的使用方法。在 Python 3.x 中的 input()函数接收一个标准输入数据，返回为 string 字符串数据类型。示例代码如下。

```
a = input("请输入您想对我说的一句话: ->")    # 设置变量 a 为输入某些字符串
print("您要说的是: ",a)                      # 输出字符串"您要说的是:"和变量 a
print(type(a))                               # 输出变量 a 的数据类型
```

输出：

```
请输入您想对我说的一句话: ->你要认真学习哦!
您要说的是: 你要认真学习哦!
<class 'str'>
```

采用 input()函数输入可以返回字符串类型，但有时需要对输入内容进行解析和计算，这时仅用 input()函数是无法发挥其运算解析功能的，这时往往配合 eval()、int()、float()函数等一起使用。

2. 字符串解析函数 eval()

Python 语言中内置的 eval()函数是常用的针对字符串解析的函数。它能够解析字符串内容并加以运算执行。在eval()函数括号内表达式的参数只能是string字符串、byte字节或者code object代码对象数据类型。示例代码如下。

```
b = input("请输入一个整数 ->")      #b变量的值是string字符串类型
c = eval(b * 2)                    #eval()函数处理b变量.由于b是字符串,因此b*2属于
                                   #字符串相乘
print("您输入数值的倍数是: ",c)     #c变量的输出属于字符串相乘的结果
d = 6                              #d变量赋值为整型数6
e = eval('d * 2')                  #虽然d为整型,但eval()函数是处理字符串类型的函数,因此
                                   #表达式要加引号
print(e)                           #e变量的输出是按照整型数据相乘的结果
```

输出:

```
请输入一个整数 -> 2
您输入数值的倍数是: 22
12
```

上例特意采用了整型数据b为例,但由于input()返回字符串类型,因此即便输入的是数值类型的数据,依然会被看作字符串类型数据处理。

3. 字符串转换为整型函数int()

int()也是Python程序的内置函数。但与eval()函数不同的是,int()函数是Python常用来针对字符串数据解析为整型数据类型的函数。示例代码如下。

```
f = input("请输入一个整数 ->")
g = int(f) * 3
print(g)
```

输出:

```
请输入一个整数 -> 3
9
```

当然,上例也可以改为以下书写方式。

```
f = int(input("请输入一个整数 ->"))
g = f * 3
print(g)
```

输出:

```
请输入一个整数 -> 3
9
```

4. 字符串转换为浮点型函数float()

与int()使用方法相同,float()也是Python的常用内置函数。唯一不同的是,float()函

数是将整数和字符串转换为浮点数据类型。示例代码如下。

```
x = 5
y = float(x * 3)
print(y)
n = float(input("请输入一个整数 ->"))
m = n * 3
print(m)
```

输出：

```
15.0
请输入一个整数 -> 5
15.0
```

5. 输出函数 print()

Python 语言中最重要的内置函数当属 print()函数，它负责完成基本的输出操作。它可以输出各种类型的数据。示例代码如下。

```
a = "我爱 Python!"
print(a)                                 # 输出变量 a
print(123456)                            # 输出数字
print('Good good study,day day up!')     # 输出字符串
b = [1,'abc',[1,2]]
print(b)                                 # 输出列表 list
c = (8,9,0)
print(c)                                 # 输出元组 tuple
d = {'姓名:':'盖地虎','电话:':18036099012}
print(d)                                 # 输出字典 dict
```

输出：

```
我爱 Python!
123456
Good good study,day day up!
[1, 'abc', [1, 2]]
(8, 9, 0)
{'姓名:': '盖地虎', '电话:': 18036099012}
```

除了可以输出变量内容和各种数据外，print()函数还支持输出指定的分隔符和结尾符号。通常要指定输出的分隔符，需要用到 sep 参数。

```
print('abc',345,'tel',sep = ' *o* ')
```

输出：

```
abc *o* 345 *o* tel
```

函数 print()默认结束会换行，也就是说，默认以回车换行符号为结尾符号。但有时为了特定目的需要指定结尾符号时，则可以用到 end 参数。示例代码如下。

```
print('节约时间',end = '-->')
print('珍惜生命!')
```

输出：

```
节约时间-->珍惜生命!
```

2.3 Python 编程实例

2.3.1 hello,world!

"hello,world!"是 Brian Kernighan 在 1978 年的经典著作《C 语言程序设计》的第一个例子，本书的第一个编程实例也选择"hello,world"作为开篇，以此表示对他的敬意！

打开 PyCharm 环境，单击 Create New Project 按钮来创建新项目，如图 2-2 所示。

图 2-2 用 PyCharm 创建新项目

在新项目的项目地址栏中默认会写入 untitled1 作为系统名下的新项目名称。读者可以自行修改项目所在的地址和名称，这里笔者仅把项目名称改为 chapter1，然后单击 Create 按钮，如图 2-3 所示。

在创建项目名称后，PyCharm 显示欢迎界面，如图 2-4 所示。

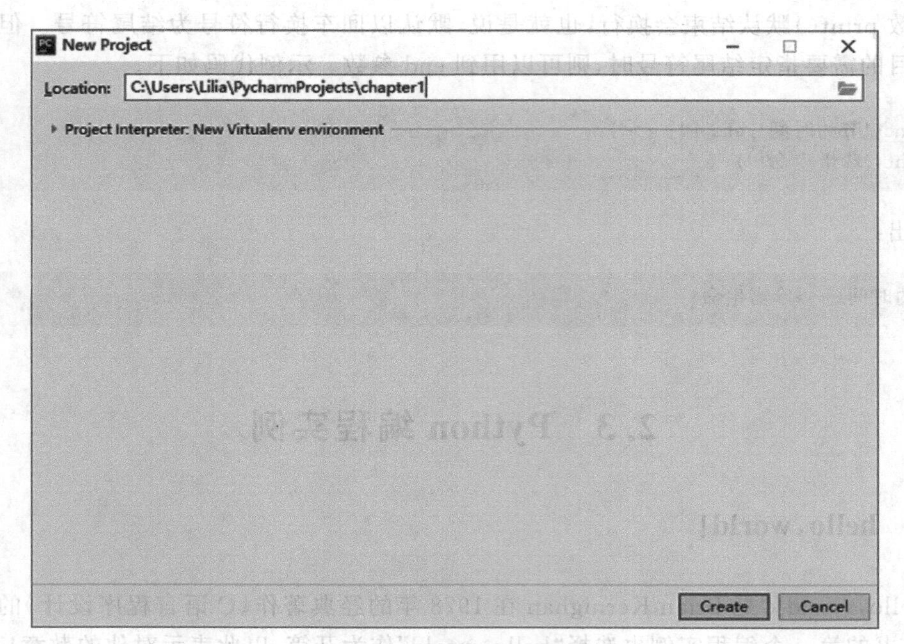

图 2-3　新项目保存地址

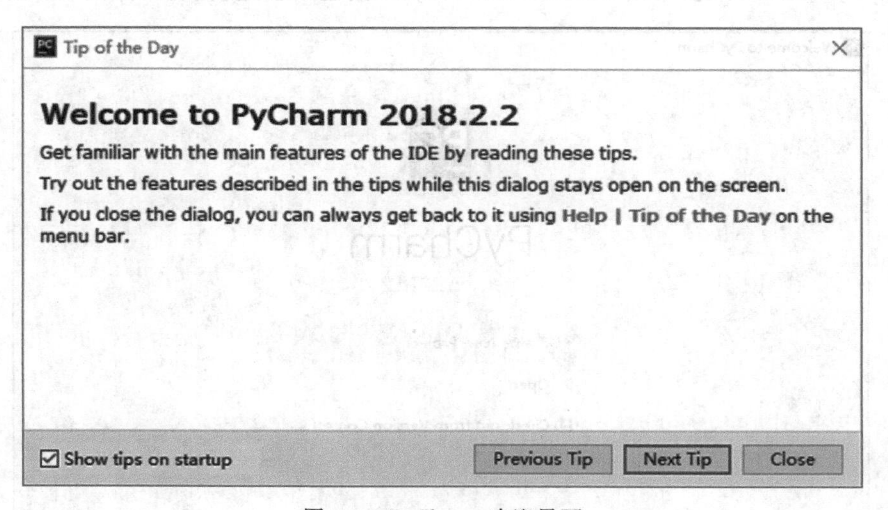

图 2-4　PyCharm 欢迎界面

这个欢迎界面会呈现许多 PyCharm 的使用技巧。可以单击 Next Tip 或者 Previous Tip 按钮来浏览这些使用技巧的内容，也可以单击 Close 按钮来关闭这些使用技巧。

当然为了使用方便，也可以通过取消勾选 Show tips on startup 复选框，不再显示这些使用技巧。但在初期使用时，建议读者多看一看这些使用技巧，对熟悉 PyCharm 环境会很有帮助。

关闭了欢迎界面后，读者可以发现在 PyCharm 左侧的下拉菜单中出现了已经创建好的 chapter1 项目，如图 2-5 所示。单击 chapter1 下拉菜单后会发现里面有一个 venv 次级菜单。venv 是一个虚拟环境，它与其他项目的虚拟环境是隔离的，用来保证不同项目之间的运行不会相互干扰。单击 venv 菜单进一步展开它，会看到这个虚拟环境由四部分构成，即 Include、Lib、Scripts 和 Pynenv. cfg。由于本书主要围绕 Python 编程展开，因此关于 PyCharm 框架的目录结构这里不再深究。

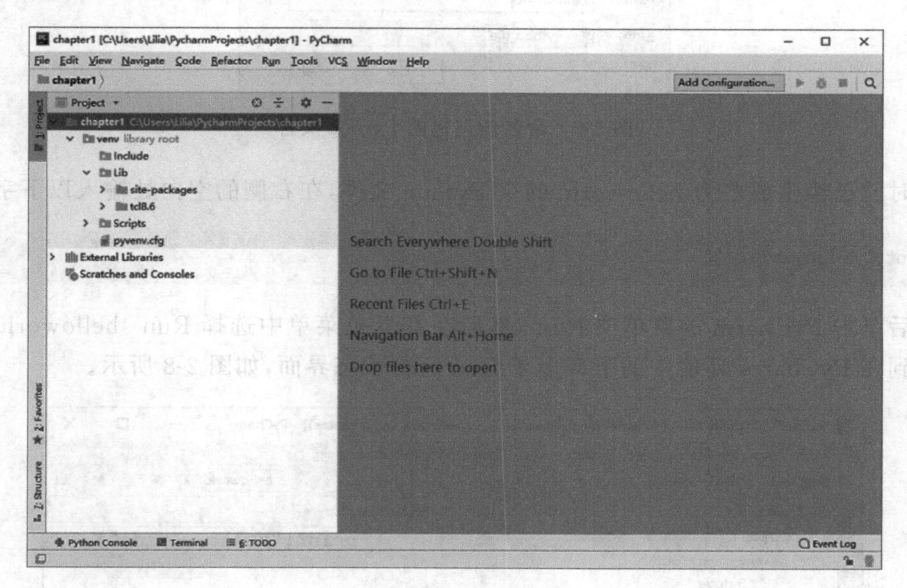

图 2-5　PyCharm 项目界面

右击 chapter1，选择快捷菜单中的 New→Python File 命令创建一个新 Python 文档，如图 2-6 所示。

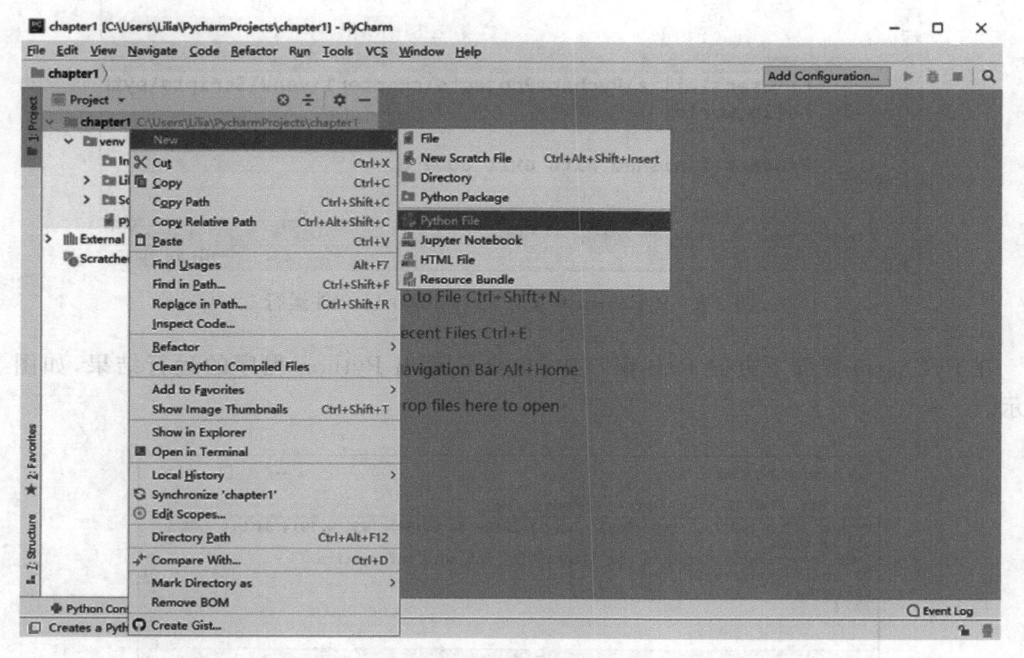

图 2-6　在 chapter1 项目内创建 Python 文件

把创建的文档命名为 helloworld，然后单击 OK 按钮确认，如图 2-7 所示。

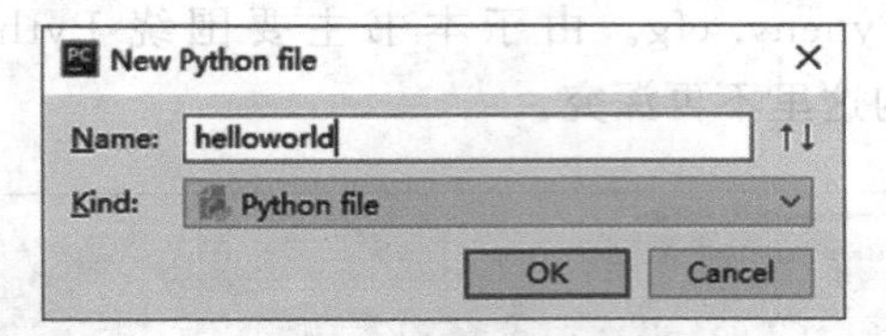

图 2-7　命名新创建的 Python 文件

这时就已经生成名为 helloworld 的空 Python 文件，在右侧的空白处输入以下字符。

```
print("hello,world!")
```

然后单击 PyCharm 的菜单项 Run ，然后在其下拉菜单中选择 Run 'helloworld'命令，可以看到在 PyCharm 环境中的下部多了 Run 运行状态界面，如图 2-8 所示。

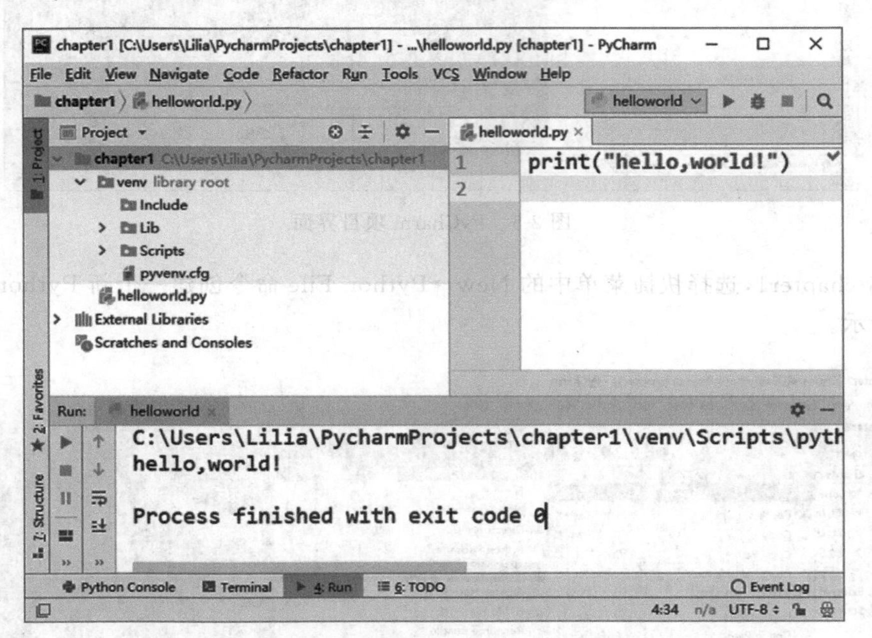

图 2-8　PyCharm 环境中的 helloworld 文件运行

在 PyCharm 界面下方的 Run 窗口中，也会显示出 Python 程序的运行结果，如图 2-9 所示。

```
Python 3.7.0 Shell
File Edit Shell Debug Options Window Help
Python 3.7.0 (v3.7.0:1bf9cc5093, Jun 27 2018, 04:59:51) [MSC v.1914 64 bit (AMD6
4)] on win32
Type "copyright", "credits" or "license()" for more information.
>>> print('hello,world!')
hello,world!
>>>
Ln: 5 Col: 4
```

图 2-9　IDLE 环境中 helloworld 语句的执行

读者还可以打开 IDLE 环境输入该语句，按 Enter 键后也会显示该命令语句的执行结果。

> **Tips**：通常在 Python 脚本语言的第一行会写入 #！/usr/bin/Python 3 语句，是指此程序会调用哪种解释器运行脚本以及解释器所在的位置。
>
> 另外还有一种写法是 #！/usr/bin/env Python 3，是指在执行此首行语句时会首先到 env 环境中查找 Python 3 的安装路径，再调用对应路径下的解释器执行程序，这种写法的目的是为了防止用户在安装时，没有将 Python 3 安装在系统默认的/usr/bin 路径中，如图 2-10 所示。
>
> 那么为何之前在 PyCharm 内不加这句话也能顺利被 Python 解释器解析呢？
>
> 因为以 #！开头的注释在 Linux 系统中有特别释义，它标识出 Python 解释器的目录位置。而在笔者所使用的 Windows 系统中没有这些功能，仅仅作为普通注释而已。由于开发环境的不同，一个开发小组内有多个成员可能会使用不同的操作系统进行开发，因此写入这个注释在某些环境下还是很有必要的。

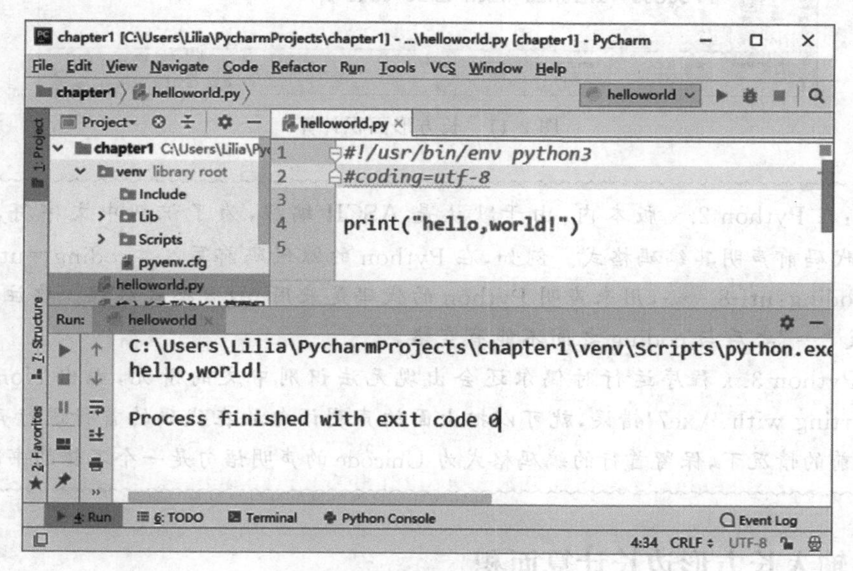

图 2-10　写入注释后的 helloworld 代码

2.3.2　长方形面积计算

在 Python 中进行长方形面积的计算也很容易，以下是长方形面积计算的 Python 程序。

```
#coding = utf - 8
长 = 8
宽 = 6
长方形面积 = 长 * 宽
print('长方形面积：',长方形面积)
```

在右侧方框内写入 Python 代码，单击 Run 按钮运行该文件，就可以在下方的窗口内获取运行结果，如图 2-11 所示。

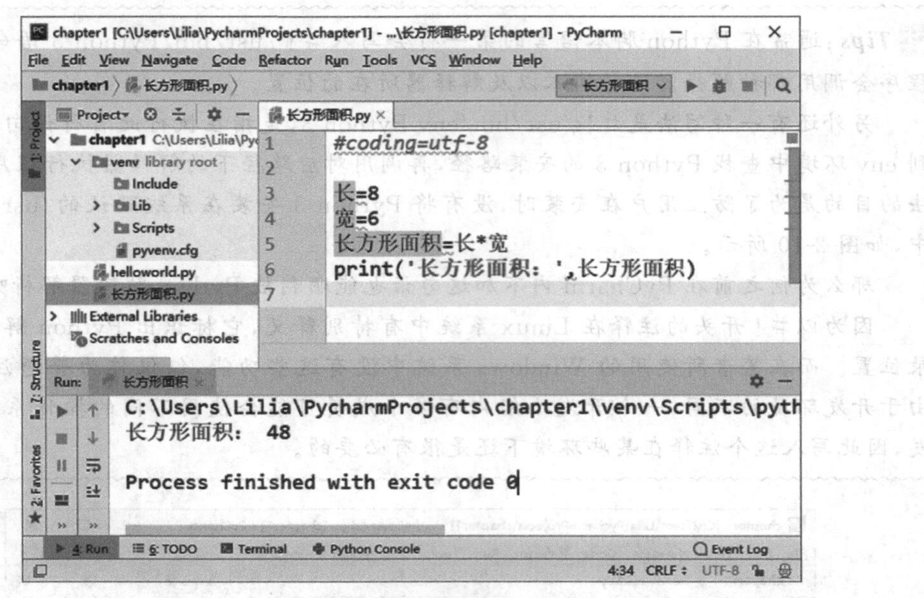

图 2-11　长方形面积计算

Tips：在 Python 2.x 版本内，由于默认是 ASCII 编程，为了识别中文字符，必须在 Python 代码前声明其编码格式。例如，在 Python 的源代码前写入#coding=utf-8 或者#-*-coding:utf-8-*-，用来声明 Python 的代码是采用 utf-8 格式编程。要注意的是，在“:”或“=”之后与 coding 之间不能有空格。

在 Python 3.x 程序运行时偶尔还会出现无法识别中文的情况，抛出 Non-UTF-8 code starting with '\xe7'错误，就可以把上面的声明语句放在代码的首行进行声明。因此，在目前的情况下，保留首行的编码格式为 Unicode 的声明语句是一个不错的书写习惯。

2.3.3　输入长方形边长计算面积

如果希望进一步完善该面积计算，如自行输入长、宽来进行面积计算，则在 Python 中可以使用 input()函数。下面是 Python 程序代码。

```
#coding = utf - 8

#int()函数可将字符串类型转换为整型
#input()函数可接收标准输入,返回字符串类型
长 = int(input('请输入长方形边长：'))   #把 input 的字符串类型转换为整型便于运算
宽 = int(input('请输入长方形边长：'))
长方形面积 = 长 * 宽
print('长方形面积：',长方形面积)
```

在 PyCharm 软件中运行该程序后，会在下方的运行查看结果框内看到输入提示："请输入长方形边长："，读者可以自行写入数字，然后按 Enter 键，再次输入长方形的另一条边长后按 Enter 键会看到执行结果，如图 2-12 和图 2-13 所示。

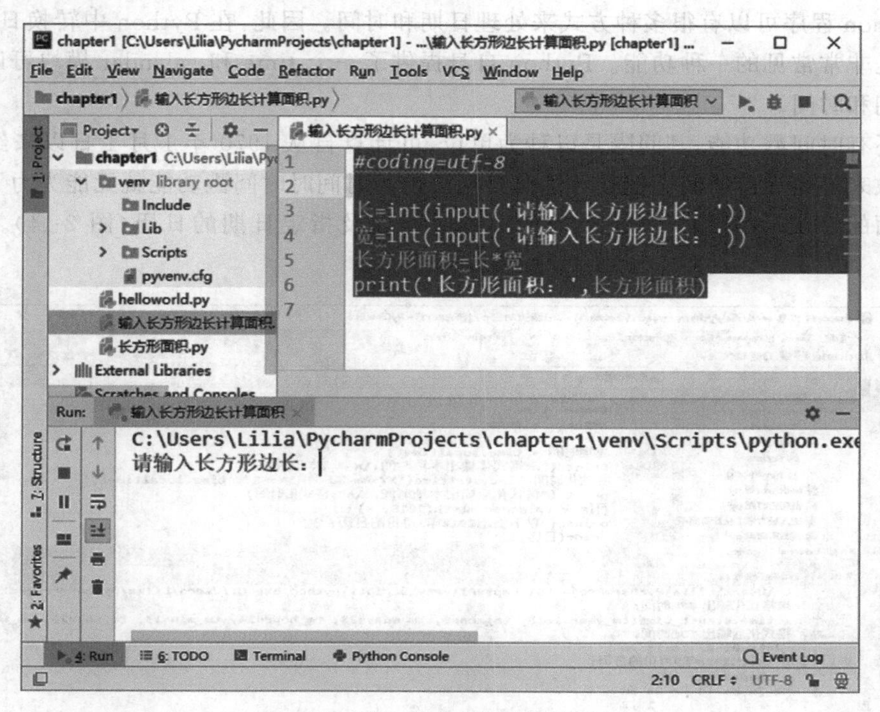

图 2-12　输入长方形边长计算面积

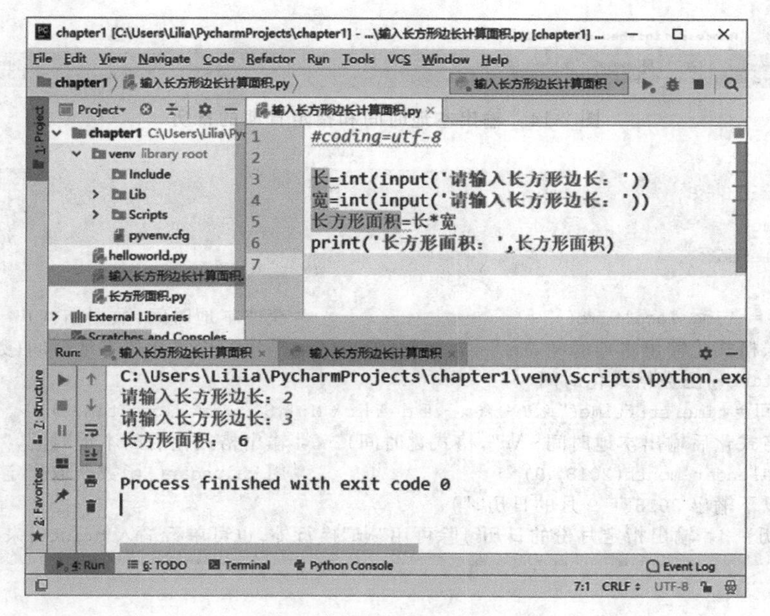

图 2-13　PyCharm 执行输入边长的长方形面积计算

2.3.4 处理日期和时间

Python 程序可以有很多种方式来处理日期和时间。因此，在 Python 中转换日期、时间的格式是非常常见的一种功能。Python 自身提供了一个 time 和 calendar 模块可以用于格式化日期和时间。

它还有时间戳功能，其间隔是以秒为单位，可计算自从 1970 年 1 月 1 日以来经过了多长的秒数来描述当前时间。但在计算此日期之前的时间时时间戳功能就无能为力了。

下面的 Python 程序可输出当前的本地时间以及指定日期的日历（图 2-14）。其代码如下。

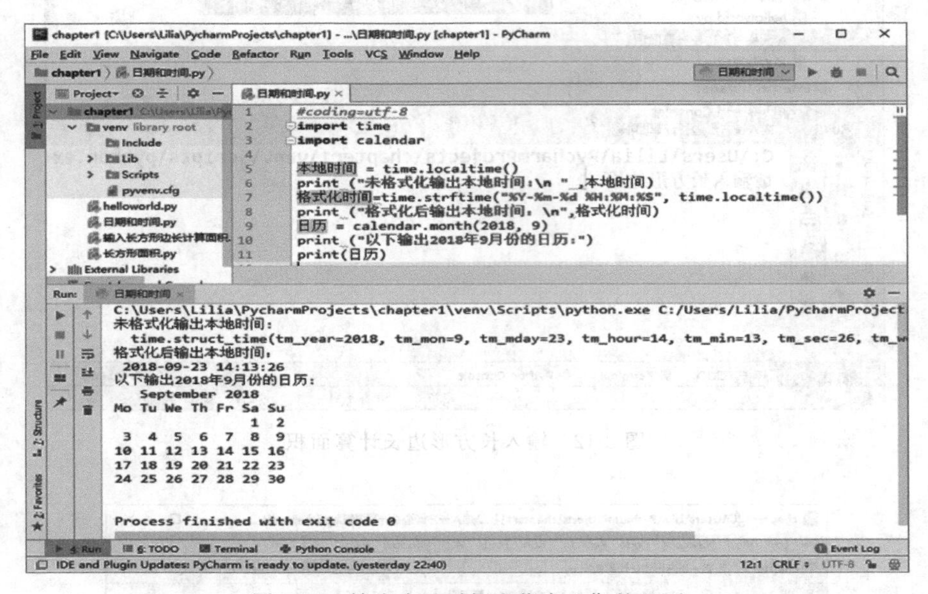

图 2-14 输出本地时间和指定日期的日历

```
#coding = utf - 8
import time
import calendar

本地时间 = time.localtime()                              #获取本地时间(数据结构)
print ("未格式化输出本地时间:\n ",本地时间)            #输出未格式化的本地时间(数据结构)
#用 strftime()函数格式化时间
格式化时间 = time.strftime(" %Y- %m- %d %H: %M: %S", time.localtime())
print ("格式化后输出本地时间: \n",格式化时间)     #输出格式化后的本地时间,"\n"是换行
日历 = calendar.month(2018, 9)                          #用 calendar()函数获取指定月份的日历
print ("以下输出 2018 年 9 月的日历:")
print(日历)  #输出指定月份的日历 ,除可用"\n"换行外,也可单行输入 print()来获得换行效果
```

输出：

```
未格式化输出本地时间:
```

```
time.struct_time(tm_year = 2019, tm_mon = 11, tm_mday = 19, tm_hour = 0, tm_min = 50, tm_sec =
13, tm_wday = 1, tm_yday = 323, tm_isdst = 0)
格式化后输出本地时间:
2019 - 11 - 19 00:50:13
以下输出 2018 年 9 月的日历:
   September 2018
Mo  Tu  We  Th  Fr  Sa  Su
                     1   2
 3   4   5   6   7   8   9
10  11  12  13  14  15  16
17  18  19  20  21  22  23
24  25  26  27  28  29  30
```

Tips:虽然目前的 Python 3. x 都采用 Unicode 编码,中文字符串通常可以正常显示,并可以用于变量名称的使用,如上例所示。但是由于输入法、兼容性、版本等问题,建议读者采用字母为变量名会减少系统报错的发生概率。本章节仅是为了说明 Python 3 的优势(与 Python 2. x 的不同)才特意使用中文变量名。在以后的章节本书程序的所有变量命名都将采用英文字符。

本章小结

本章主要讲解了 Python 语言的编程语法基础,如代码格式和注释语句的规范、函数的自定义规则、赋值方法及常见的基本输入/输出函数,最后通过几个 Python 编程实例对本章知识进行温故和总结。"对象和变量的引用关系"与"对象赋值的差异(is VS ==)"是本章知识的重点和难点,而 Python 语言的特点之一恰恰是体现在了其变量赋值的灵活多变性。只有掌握了其变量和对象的赋值规律,才能够更好的理解"不可变与可变类型的对象赋值差异"以及 Python 语言赋值的独到之处。

习题

2-1 print 是常用程序的输出功能,请说出 Python 2. x 和 Python 3. x 之间使用方法的异同。

2-2 请参考案例"输入长方形边长计算面积"制作一个输入梯形上底、下底和高来计算梯形面积的 Python 程序。

2-3 如果希望输出内容换行,除了使用 print()函数进行输出外,还能用几种方法达到一样的输出换行效果呢?

2-4 自定义函数的命名原则有哪些?

第3章 数据类型与基本操作

Python的数据类型与其他编程语言有显著区别，常用的有数值、字符串、列表、字典和集合等类型。各种类型数据的操作方法虽各不相同，但却便捷且灵活，是构建Python语言内涵的基础所在。数据类型也是支撑起Python语言体系的底层骨骼架构，而其内置函数则相当于支撑起骨骼的肌肉来进行各类操作。配合Python循环控制语句和其他控制函数的使用，使得它与其他编程语言的编程思维模式有着不小的区别——更加简洁且直观，这也让学习编程语言的难度降低了许多。

本章主要讲述了Python语言的7种数据类型、数据类型之间的相互转换以及各数据类型常用内置函数的使用方法。

学习要点

- 数值型(整型int、浮点型float、复数complex、布尔型bool)。
- 字符串(string)。
- 字节(bytes)。
- 列表(list)。
- 元组(tuple)。
- 集合(set)。
- 字典(dict)。
- 数据类型的转换。
- 操作文件的方法。
- 扩展库的安装与使用。

3.1 数据类型概述

在Python 2.x时代，字节(byte)类型也被归类为字符串类型。但在Python 3.x中已经把字节类型单独列为一类，因此在Python 3.x版本中主要有7种数据类型。

(1) 数值型(整型int、浮点型float、复数complex、布尔型bool)。

(2) 字符串(string)。

(3) 字节(bytes)。

(4) 列表(list)。

(5) 元组(tuple)。

(6) 集合(set)。

(7) 字典(dict)。

3.1.1 可变和不可变数据类型

根据数据类型是否存在哈希值,通常把这 7 种数据类型分为两组,分别为可变数据类型和不可变数据类型,如图 3-1 所示。

人们通常把有哈希值的称为不可变数据类型,包括数值、字符串、字节和元组;而系统内不存在哈希值的称为可变数据类型,包括列表、字典和集合。

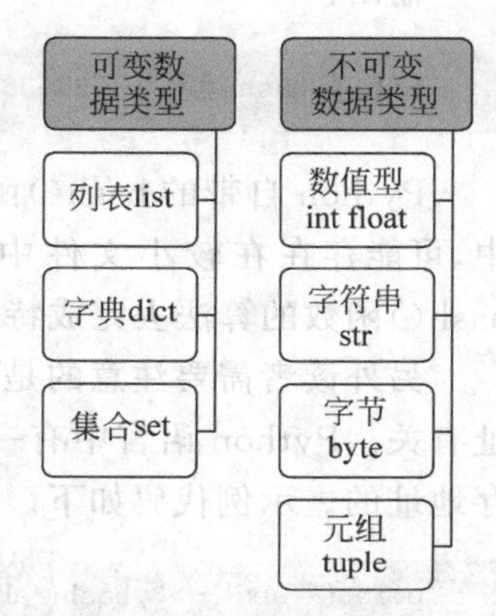

图 3-1 可变和不可变数据类型

3.1.2 哈希运算与哈希运算模块

1. 哈希运算原理与哈希运算函数 hash()

既然 Python 通过哈希值存在与否判别是否为不可变数据类型,那么哈希值又是什么呢?

简单地说,哈希值是一种有损压缩数据的格式。哈希(Hash)是音译名称,也称为"散列"。它可以把任意长度的数据通过散列算法转换压缩成固定长度的输出。这个输出结果就是哈希值,也称为散列值。

散列算法属于单向、不可逆的一种数据变换方式,无法通过输出的结果来还原输入的信息。由于哈希值压缩后很短,现在被广泛用于加密解密、数据和传输校验等相关信息安全领域。根据其使用特性,有时也称哈希算法为"信息摘要算法"。比如我们熟悉的哈希算法 MD5,就常常用来做下载软件时的软件校验工具,而常用路由器所设置的用户登录信息的加密算法 SHA-1 也是哈希算法的一种。

在 Python 语言中的哈希值,就是把不可变数据类型的元素对象映射到内存中的某个位置来记录,这样不仅会加快查询效率,也可以用在一些特殊用途的运算和比较查验上。而可变数据类型(列表、字典和集合)则不存在哈希值。

通过 Python 语言的 hash()函数可以直接获取不可变数据类型的哈希值。示例代码如下。

```
print("'abc hashed'->",hash('abc'))          #字符串类型哈希值
print('123 hashed->',hash(123))              #数值类型(短)哈希值
print('(1,2,3) hashed->',hash((1,2,3)))  #元组类型哈希值
```

输出:

```
'abc hashed'-> 4730394044930640711
123 hashed-> 123
(1,2,3) hashed-> 2528502973977326415
```

在上例中分别对字符串'abc'、数值 123 和元组(1,2,3)数据类型进行了哈希运算。其中

使用字符串和元组类型的元素进行了哈希运算后都取得了相同固定长度的哈希值，但由于hash()函数本是一种压缩数据的算法，而使用数值 123 后，由于内容过小，通过哈希运算后也是数值 123。但当把数据变得足够大时，Python 的 hash()函数就可以得到与其他数据类型长度相同（固定长度）的输出。

```
print('长数值 hash 运算 ->',hash(123321123456789123456789))
```

输出：

```
长数值 hash 运算 -> 27638022343569407
```

Python 自带的 hash()函数是通过被 Python 定义好的算法去执行操作的。因此如上例中，可能存在在较小文件中使用时出现长度不同的状况。实际上，用户也可以自定义hash()函数的算法去完成特定的项目压缩目标，这里就不再赘述。

另外读者需要注意的是，Python 语言中的 hash()函数的解析结果也与其存放的内存地址有关。Python 语言中有一个函数 id()是专门用来读取数据类型的元素对象所存放的内存地址的。示例代码如下。

```
print("'abc'->",hash('abc'),'字符串 abc 内存地址 ->',id('abc'))
print('(1,2,3) ->',hash((1,2,3)),'元组(1,2,3)内存地址 ->',id((1,2,3)))
```

输出：

```
'abc' -> 1816418449978762305 字符串 abc 内存地址 -> 2567317424144
(1,2,3) -> 2528502973977326415 元组(1,2,3)内存地址 -> 2567347197560
```

在该例中每次刷新执行语句后，字符串类型'abc'的输出结果无论是 id('abc')还是 hash('abc')都会发生变化。这是因为对于字符串数据类型来说，Python 的解释器每次的执行结果会呈现随机化现象，因此分配的 id 地址也会不同，这也导致了 hash()算法的结果出现差异。

另外，针对相同的表达式，通过不同的操作系统所取出的哈希值也会有所区别。

2. 哈希运算模块 hashlib

对于项目必须要使用固定长度、数据前后保持一致性的哈希值的输出，仅使用 Python 自带的 hash()函数并不能满足要求，Python 还提供了自建的 hashlib 模块。该模块提供了MD5 和 SHA 系列的字符加密算法。示例代码如下。

```
import hashlib

md5 = hashlib.md5()                     #创建 MD5 算法
a = 'abc'
b = a.encode('utf-8')                   #把字符串转换为字节 bytes 类型再处理
md5.update(b)
print(md5.hexdigest())                  #hexdigest()是指以十六进制形式输出摘要(密文)

sha1 = hashlib.sha1()                   #创建 SHA1 算法
```

```
a = 'abc'
sha1.update(a.encode('utf-8'))
print(sha1.hexdigest())

sha256 = hashlib.sha256()          #创建 SHA256 算法
a = 'abc'
sha256.update(a.encode('utf-8'))
print(sha256.hexdigest())
```

输出：

```
900150983cd24fb0d6963f7d28e17f72
a9993e364706816aba3e25717850c26c9cd0d89d
ba7816bf8f01cfea414140de5dae2223b00361a396177a9cb410ff61f20015ad
```

上例通过对模块 hashlib 的引用，可以将字符串'abc'通过解码为字节二进制类型后转换为所需形式的密文摘要。当然通常会把密文以十六进制的形式输出，如果需要二进制字节类型作为输出，也可以使用 hash.digest()方法(这样的密文摘要会较长)。

3.2 数 值

Python 3.x 的数值类型包括整型(int)、浮点型(float)、复数(complex)及布尔(bool)型(有时也可以称布尔型为整型的子类)。在 Python 中的整数、浮点数和复数概念基本对应着数学中的整数、实数和复数的概念。而布尔型是在 Python 3.x 版本中才出现的，它把 True 和 False 定义为关键字(它们的值分别为 1 和 0)。与其他语言类似，数值类型的赋值和计算都是相当直观的。

3.2.1 整型

理论上 Python 可以处理任意大小的整数，包括负整数。在程序中的表示方法和数学上的写法一模一样，如 2、990、−1809、0 等。由于计算机的底层语言实际上是二进制数，因此有时采用十六进制表示整数可能会更为便利。在 Python 中的十六进制用 0x 前缀和 0～9、a～f 来表示，如 0xff00、0xa5b4c3d 等。

3.2.2 浮点型

浮点数类型其实等同于数学中的实数概念，它代表的是有小数的数值。之所以称为浮点数，是因为在按照科学记数法表示时，一个浮点数的小数点位置是可变的，如 1.42×191 和 14.2×19.1 是相等的。这就意味着整数和浮点数在计算机内部存储的方式是不同的。整数运算是精准的，而浮点数的运算则可能会出现误差。

通常来说，浮点数可以用数学写法，也可以用科学记数法表示。比如，用 e 替代 10，那么1.624e11＝162400000000。

3.2.3 复数

复数由实数部分和虚数部分构成,用a + bj或者complex(a,b)表示。其中a和b都为实数(浮点数)。a称为实部,b称为虚部,j称为虚数单位。其表达式一般类似5e＋48j。在Python中虚数是不可单独存在的,并且虚数后面必须有后缀j或J。

复数的对象拥有的数据属性就是该复数的实部和虚部。可以通过real()和imag()函数来分别调用复数的实部和虚部。此外,还可以用conjugate()返回复数的共轭复数。示例代码如下。

```
x = 345 - 222j
print(x.real)
print(x.imag)
print(x.conjugate())
```

输出:

```
345.0
- 222.0
(345 + 222j)
```

当然还可以通过系统内置的complex()函数来创建复数。complex()函数的参数分为两部分。第一部分是real参数,第二部分是imag参数。示例代码如下。

```
a = complex(23.6,58)        # real = 23.6, imag = 58
print(a)
```

输出:

```
(23.6 + 58j)
```

3.2.4 布尔型

Python中布尔型数据通常使用关键字True和False来表示(注意首字母大写)。通常逻辑运算符and、or、not和比较运算符<、>、==等返回的数据类型就是布尔型。另外,在各类的循环语句中,布尔数据类型也应用广泛。

```
a = True
b = False
c = a and b         # and 逻辑是 a 和 b 同时为 True 则返回值为 True,其他皆为 False
d = a or b          # or 逻辑是 a 或者 b 有一个为 True 则返回值为 True
e = not a           # not 逻辑是非,即 a 为 True,则 not a 返回值为 False
print(c,d,e)
```

输出：

```
False True False
```

3.2.5　数值运算符与表达式

Python 语言中数值类型的运算符除了常见的＋、－、*、/(加、减、乘、除)等算术运算符外，还有比较运算符、逻辑运算符、身份运算符、成员运算符和赋值运算符。表 3-1 中是一些 Python 中常用的数值运算符及其表达式。

表 3-1　常用数值运算符及其表达式

运算类型	运算符	表达式	描　述
算术运算	＋	a＋b	a 和 b 两个对象相加
	－	a－b	a 和 b 两个对象相减
	*	a * b	a 和 b 两个对象相乘(字符串等类型的对象 a 意味着重复 b 次)
	/	a/b	a 除以 b
	%	a%b	a 除以 b 的余数(取模)
	**	a ** b	a 的 b 次幂
	//	a//b	a 除以 b(返回结果的整数部分)
比较运算	＝＝	a＝＝b	a 等于 b(判断并返回布尔值)
	!＝	a!＝b	a 不等于 b(判断并返回布尔值)
	＞	a＞b	a 大于 b(判断并返回布尔值)
	＜	a＜b	a 小于 b(判断并返回布尔值)
	＞＝	a＞＝b	a 大于等于 b(判断并返回布尔值)
	＜＝	a＜＝b	a 小于等于 b(判断并返回布尔值)
身份运算	is	a is b	判断 a 和 b 是否有相同的存储地址(是则返回 True)
	is not	a is not b	判断 a 和 b 是否是不同的存储地址(是则返回 True)
逻辑运算	and	a and b	返回 b 的计算值(a 与 b)
	or	a or b	如果 a 非空，返回 a 的计算值(a 或 b)；否则返回 b 的计算值
	not	not a	非 a(如果 a 为 True，则返回 False)
成员运算	in	a in b	判断 a 的元素是否存在 b 中(如果是，则返回 True)
	not in	a not in b	判断 a 的元素是否不存在 b 中(如果是，则返回 True)
赋值运算	＝	a＝b	将对象 b 赋值给变量 a
	＋＝	a＋＝b	a＝a＋b
	－＝	a－＝b	a＝a－b
	*＝	a *＝b	a＝a * b
	/＝	a/＝b	a＝a/b
	%＝	a%＝b	a＝a%b
	**＝	a **＝b	a＝a ** b
	//＝	a//＝b	a＝a//b

除了上述数值运算符和表达式外，还可以通过合理地使用一些常规函数，如 max()、min()、sum()、len()来求解最大值、最小值、总数和与统计元素个数等操作。示例代码如下。

```
print('max->',max(1,2,3,4))
print('min->',min(1,2,3,4))
```

输出：

```
max->4
min->1
```

3.3 字　符　串

字符串是各种编程语言中常用的数据类型之一，可以使用单引号或者双引号来创建字符串。示例代码如下。

```
a='你好,欢迎使用 PyCharm 学习 Python'
b="希望这本书可以做你的好帮手哦 *o* !"
print(a,b,sep=',')      #sep用来指定分隔符","
```

输出：

```
你好,欢迎使用 PyCharm 学习 Python,希望这本书可以做你的好帮手哦 *o* !
```

在 Python 中，字符串如果过长需要跨行编写，可以用 3 个单引号'''或者 3 个双引号"""标志，示例代码如下。

```
a='''如果这段话太长,
可以使用三个单引号'''    #在变量种使用三个单引号'''用来标识跨行的字符串
print(a)

a="""如果这段话太长,
可以使用三个双引号"""    #在变量种使用三个双引号"""用来标识跨行的字符串
print(a)
```

输出：

```
如果这段话太长,
可以使用三个单引号
如果这段话太长,
可以使用三个双引号
```

3.3.1 访问字符串

如果需要截取字符串内容显示，可以使用方括号。示例代码如下。

```
a = '你好,欢迎使用 PyCharm 学习 Python'
b = "希望这本书可以做你的好帮手哦 *o* !"
print(a,b,sep = ',')                #sep 用来指定分隔符","
print(a[0:2],a[-8:],b[9:])          #使用[]来截取字符串内容
```

输出:

```
你好 学习 Python 的好帮手哦 *o* !
```

在上例中,方括号[]的内容是根据索引的地址来截取字符串分别显示。索引等相关内容在后续列表数据类型章节会详细介绍。

3.3.2 操作字符串

在 Python 中,由于字符串数据类型使用非常频繁,因此操作字符串的方法和函数也有很多,下面就介绍几种典型的操作字符串的方法。

1. 求字符串的长度 len()

要获取字符串的长度可以用 len()函数。此函数的返回值是一个表达字符串长度的整型数值。示例代码如下。

```
a = 'abcdeg11dgesgesdee122s'
b = len(a)     #返回值是表示字符串长度的整数
print(b)
```

输出:

```
22
```

2. 替换字符串 replace()

在 Python 中,用来替换字符串内容通常会使用 replace()函数。该函数可以把字符串中的原有旧字符串替换成目标字符串。如果指定了第三个参数 max,则意味着替换的次数不超过 max 次。

```
a = '他是一个大脸猫,他的头上长犄角!他的头顶光秃秃,他是谁?'
print(a.replace('他','你',3))
```

输出:

```
你是一个大脸猫,你的头上长犄角!你的头顶光秃秃,他是谁?
```

在上例中,用 3 个"你"字代替了字符串"他",第四个"他"未曾替换。

3. 查找字符串 find()和 index()

在 Python 中的 find()函数是用来查找字符串中是否包含其指定的某子字符串。如果在函数中指定参数 beg(开始索引)和 end(结束索引)范围,则是查找其子字符串是否包含

在指定范围内。如果包含了其指定的子字符串，则返回开始的索引值；否则返回－1。

```
a = 'abcdefdea'
print(a.find('d'))        #查找字符串 d
print(a.find('e',2))      #自索引值为 2 的地址来查找字符串 e
print(a.find('f',2,5))    #自索引值[2,5)的范围查找字符串 f
```

输出：

```
3
4
-1
```

在上例中，a.find('f',2,5)用来查找索引地址大于等于 2 小于 5 的字符串 f。因为在字符串 a 中 f 的索引值恰巧是 5，不符合小于 5 的要求，因此返回－1 值。

除了可以通过 find()函数去查找字符串外，还可以通过 index()函数去检测是否包含了某子字符串。与 find()函数类似，如果参数中指定了第二个和第三个参数，则表示在指定范围内(从第二个参数的索引值到第三个参数的索引值)是否包含了某字符串。不过与 find()方法不同的是，如果查找的子字符串并不被包含在其中，Python 语言会返回异常。同样用类似的例子来看看 index()函数的执行情况。

```
a = 'abcdefdea'
print(a.index('d'))
print(a.index('e',2))
print(a.index('f',2,5))
```

输出：

```
3
  File "C:/Users/Lilia/PyCharmProjects/chapter2/1.py", line 4, in <module>
4
    print(a.index('f',2,5))
ValueError: substring not found
```

4. 大小写转换

在编辑文本时，经常会遇到对字符串大小写进行转换。在 Python 语言中转换字符串的大小写也很容易。在进行文本输出时，一般使用 upper()、lower()、capitalize()和 title()函数就能达到编辑的目的。

```
a = 'actions speak louder than words.'
print(a.upper())          #转换成大写字母
print(a.lower())          #转换成小写字母
print(a.capitalize())     #句首单词转换成首字母大写
print(a.title())          #每个单词转换成首字母大写
```

输出：

```
ACTIONS SPEAK LOUDER THAN WORDS.
actions speak louder than words.
Actions speak louder than words.
Actions Speak Louder Than Words.
```

5. 删除空格 strip()、lstrip()和 rstrip()

在获取数据时，比如从网站上抓取的数据，往往是杂乱无章的。为了删除这些杂乱的空格，可以使用 Python 的 strip()函数。这个函数可以用于移除字符串的首尾指定字符或者字符序列。但读者需要注意的是，该函数并不能去除在字符串中间的字符数据。另外，除了 strip()函数外，还有 lstrip()和 rstrip()函数，它们分别指去除从左边起始和右边起始的指定字符。示例代码如下。

```
a = '      **** Live and let live. '
print(a.strip()) # 去除前后空格
b = 'Better late than never. '
print(b.strip('Be'))            # 去除首尾带有 Be 的字符
c = ' ***** Like tree, like fruit. *****  '
print(c.lstrip(' * '))          # 去除左边带有 * 的字符
print(c.rstrip(' * '))          # 去除右边带有 * 的字符,但右侧 * 外还有空格所以去不掉
```

输出：

```
**** Live and let live.
tter late than never.
Like tree, like fruit. *****
 ***** Like tree, like fruit. *****
```

6. 分隔字符串 split()

在做项目开发时，分隔字符串函数 split()也是常用的字符串函数之一。它可以指定某分隔符来对字符串进行切片整理。split()函数括号中的第一个参数值可以指定为某分隔符，第二个参数值是指分隔的次数。需要注意的是，分隔字符串 split()函数只能分隔中间的字符串。若指定的分隔符出现在字符串的首尾部分，也是无法去除的。示例代码如下。

```
a = 'Like author, like book.'
print(a.split())            # 根据空格分隔字符串
print(a.split(','))         # 根据,分隔字符串
print(a.split(',',0))       # 根据,分隔字符串(分隔次数为 0)
# 根据 li 分隔字符串,li 出现在字符串首尾是无法被确定为分隔符的
print(a.split('li'))
```

输出：

```
['Like', 'author,', 'like', 'book.']
['Like author', ' like book.']
```

```
['Like author, like book.']
['Like author, ', 'ke book.']
```

读者还需注意的是，分隔后的字符串默认为列表类型数据。

7. 连接字符串 join()

join()函数也是常用连接字符串的方法之一。它可以将序列元素以其指定的字符串连接成为一个新的字符串。示例代码如下。

```
a = 'abc'            #字符串
b = '*'              #字符串
c = b.join(a)        #连接字符串
print(c)
x = ('a','b','c')    #元组
y = '**'             #字符串
print(y.join(x))     #连接元组数据
```

输出：

```
a*b*c
a**b**c
```

8. 比较字符串 cmp()

字符串之间经常会用来比对大小并输出结果。在 Python 2.x 版本中会使用 cmp()函数来达到比较字符串的目的。但 Python 3.x 版本已经取消了 cmp()函数，而采用了引入内置的 operator 模块来达到比较的目的。关于 operator 模块的介绍在本章结尾会有更详细的介绍。

3.3.3 字符串运算符和表达式

除了上述的基本操作外，字符串也是可以进行运算的。表 3-2 所示为 Python 的字符串运算符。

表 3-2 常用字符串运算符和表达式

操作符	范　例	运算结果	描　述
+	'123'+'345'	'123345'	连接字符串
*	'abc'*3	'abcabcabc'	重复输出字符串
[n]	a='abcd'; a[1]	'b'	获取字符串中的某些字符
[n:m]	a='abcd'; a[:2]	'ab'	获取子字符串
in	a='a' b='abcd' if a in b: 　　print(a)	'a'	如果字符串中包含给定的字符，则返回 True

续表

操作符	范 例	运算结果	描 述
not in	a='x' b='abcd' if a not in b: print(a)	'x'	如果字符串中不包含给定的字符,则返回 True

根据表 3-2 中字符串包含比较运算符 not in 的描述,以下例子说明字符串操作符的使用方法。

```
a = 'Life is not all roses.'
b = 'o'
if (b not in a):            #使用not in进行包含比较
    print('I cannot find!')
else:print(a.split(b))      #使用b变量内容分隔字符串a
```

输出:

```
['Life is n', 't all r', 'ses.']
```

3.3.4 字符串转义字符

通常在编程语言内,或多或少都存在着一些特殊字符,这些字符的组合会让原有的字符串产生某种特殊功能,它们就称为"转义字符"。在 Python 语言内,如果需要使用这些特殊字符,就用反斜杠"\"来表示转义字符。反斜杠"\"表示转义字符自身,因此如果需要在语句内使用反斜杠,需要写入"\\"来输出单个反斜杠。Python 转义字符如表 3-3 所示。

表 3-3 Python 转义字符

转义字符	描 述
\(在行尾时)	续行符
\\	反斜杠符号
\'	单引号
\"	双引号
\a	响铃
\b	退格(Backspace)
\uxx	16 位十六进制数(Unicode 编码),xx 代表字符值
\Uxx	32 位十六进制数(Unicode 编码),xx 代表字符值
\n	换行
\v	纵向制表符
\t	横向制表符
\r	回车

续表

转义字符	描　述
\f	换页
\oyy	八进制数,yy代表字符
\xyy	十六进制数,yy代表字符
\N{name}	用Unicode编码数据库的名称(name)

转义字符的使用方法如下。

```
a='你好,\r欢迎使用\\"PyCharm"学习Python'
b="希望这本书\t可以做你的好帮手哦\n *o* !"
print(a,b)
```

输出:

```
欢迎使用\"PyCharm"学习Python 希望这本书        可以做你的好帮手哦
 *o* !
```

在上例中,使用了\r、\\和\n转义字符。其中\r是回车的意思,而\n是换行的意思。但观察上例可以发现,使用了\r回车后,输出的结果把\r之前的"你好,"这些字符串给"忽略"了。这是因为\r回车的意思是回到当前行的开始,因此在符号\r之前的字符就无法输出。而为了在字符串中输出反斜杠"\",就必须使用两个反斜杠"\\",如上例所示。

为了避免字符串中转义字符的使用,影响了原本字符串的输出效果,可以使用"r"或者"R"字符在字符串的第一个引号前来规避转义字符的影响。示例代码如下。

```
a=r'你好,\r欢迎使用\\"PyCharm"学习Python'
b=R"希望这本书\t可以做你的好帮手哦\n *o* !"
print(a,b) #r或R在字符串前可以避免被转义
```

输出:

```
你好,\r欢迎使用\\"PyCharm"学习Python 希望这本书\t可以做你的好帮手哦\n *o* !
```

3.3.5　简单格式化输出

与其他编程语言类似,Python的字符串也可以使用格式化输出来控制字符串所呈现的最终格式。在进行格式化字符串操作时,通常可以使用内置的占位操作符%来对字符串进行格式化的操作。

在Python格式化字符串时会使用一个字符串作为模板。模板中有格式符,这些格式符为真实值预留位置,并说明真实数值应该呈现的格式。然后Python用一个元组就可将元组内的多个值传递给此模板,而每个值都对应着一个格式符。示例代码如下。

```
print("%s,您的电话%d已经被注册,请重新输入!"%('吴晓波',1302226××××))
```

输出:

```
吴晓波,您的电话1302226××××已经被注册,请重新输入!
```

在上例中,通过%s和%d输出一个格式化的字符串。其中%s返回了一个string数据类型,而%d是将数据转换成十进制格式输出到指定位置。

通常格式化字符串包含两个部分,即转换说明符和普通字符串。它使用元组或者是字典中映射的元素来替换转换说明符。比如,在上例中,使用元组内的"吴晓波"来替换输出字符串中的转换说明符%s。

需要注意的是,如果使用元组数据类型,其个数必须与转换说明符的个数保持一致,若使用的是字典数据类型,则每个转换说明符都必须与字典内数据存在有效键值名称的关联。

字符串格式化操作符见表3-4,格式化操作符辅助指令见表3-5。

表3-4 字符串格式化操作符

符号	描述
%s	获取传入对象的__str__方法的返回值,并将其格式化到指定位置
%r	获取传入对象的__repr__方法的返回值,并将其格式化到指定位置
%c	整数:将数字转换成其unicode对应的值,十进制范围为 0 <= i <= 1114111(py27则只支持0~255);字符:将字符添加到指定位置
%o	将整数转换成八进制表示,并将其格式化到指定位置
%x	将整数转换成十六进制表示,并将其格式化到指定位置
%d	将整数、浮点数转换成十进制表示,并将其格式化到指定位置
%e	将整数、浮点数转换成科学记数法,并将其格式化到指定位置(小写e)
%E	将整数、浮点数转换成科学记数法,并将其格式化到指定位置(大写E)
%f	将整数、浮点数转换成浮点数表示,并将其格式化到指定位置(默认保留小数点后6位)
%F	同上
%g	自动调整将整数、浮点数转换成浮点型或科学记数法表示(超过6位数用科学记数法),并将其格式化到指定位置(如果是科学记数则是e)
%G	自动调整将整数、浮点数转换成浮点型或科学记数法表示(超过6位数用科学记数法),并将其格式化到指定位置(如果是科学记数则是E)
%p	用十六进制数格式化变量的地址
%	当字符串中存在格式化标志时,需要用%%表示一个百分号

表3-5 格式化操作符辅助指令

符号	功能
*	定义宽度或者小数点精度
-	用作左对齐
+	在正数前面显示加号(+)
<sp>	在正数前面显示空格

续表

符号	功　　能
#	在八进制数前面显示零('0'),在十六进制数前面显示'0x'或者'0X'(取决于用的是'x'还是'X')
0	显示的数字前面填充'0'而不是默认的空格
%	'%%'输出一个单一的'%'
(var)	映射变量(字典参数)
m. n.	m 是显示的最小总宽度,n 是小数点后的位数(如果可用)

根据表 3-4 和表 3-5,假设要把一个十进制的数值输出为八进制和十六进制的数值,示例代码如下。

```
x = 987
print("x = %o,y = %x" %(x,x))          #原十进制数字输出转换为八进制和十六进制
rate = 4.9884763
print('% - 8.2f' % rate)                #左对齐输出字段宽 8 精度 2 的 rate 浮点数
```

输出:

```
x = 1733,y = 3db
4.99
```

3.3.6 字符串处理函数

除了使用占位操作符%外,Python 还有另一种更强大的字符串处理函数 str.format()可供调用。此函数的本质就是采用字典数据类型的优势来替代过去的占位操作符%的操作,因此所操作的字符串格式化符号与前面%的使用方法类似。函数 format()理论上可以接受无限个参数,并且其位置顺序是可变的,所以此函数自诞生于 Python 2.6 版本后就被广泛应用。

该函数主要利用字典类型的优势,可以是位置参数和关键字参数的任意集合,并使用它们的值来替换原有字符串中的占位符来达到格式化输出的目的。该函数还可以指定格式说明符来对输出的格式进行更精确的控制。为了说明 format()函数的使用方法,还是采用之前的简单格式化输出的例子加以说明。示例代码如下。

```
a = ['吴晓波',1302226××××]
print('{0[0]},您的电话{0[1]}已经被注册,请重新输入!'.format(a))
b = {'name':'吴晓波','tel':1302226××××}
print('{name},您的电话{tel}已经被注册,请重新输入!'.format( ** b))
```

输出:

```
吴晓波,您的电话 1302226××××已经被注册,请重新输入!
吴晓波,您的电话 1302226××××已经被注册,请重新输入!
```

在上例中,一个采用了列表数据类型进行格式化输出,另一个采用了字典数据类型进行输出。这两种数据类型在 3.5 和 3.7 节会有更详细的介绍。

在上例使用字典数据类型时，读者需要注意的是 format()函数使用了 format(** b)的方法(带有 ** 号的变量 6 是可变长变量，可以实现从字典数据中取出 key 所对应的 value 值，在后续章节中会有介绍)。这是有别于使用简单格式化输出%表达方式的。关于具体各种 format()函数的使用，读者还可以参考 www.pyformat.info 网站作进一步探索。

下面再介绍几种常用的 format()函数的使用规范。

```
from datetime import datetime

print('{:.2f}'.format(13.5556778))        #把 13.5556778 缩短为小数点后两位显示
print('{:a>10}'.format('xyz'))            #把 xyz 自左用 a 字符填充为 10 位
print('{:b}'.format(223))                 #把十进制数值 223 转换为二进制
print ('{:o}'.format(223))                #把十进制数值 223 转换为八进制
print ('{:x}'.format(223))                #把十进制数值 223 转换为十六进制
#格式化输出日期格式
print('{:%Y-%m-%d %H:%M}'.format(datetime(2019, 1, 2, 3, 8)))
#组合使用格式化输出(包括填充、设置输出宽度、右对齐、小数精度)
print('{:>22,.4f}'.format(334453348))
```

输出：

```
13.56
aaaaaaaxyz
11011111
337
df
2019-01-02 03:08
          334,453,348.0000
```

在{}中带：号是一种格式限定符的写法，：号后面表示待填充的字符，默认用空格填充。^、<、>分别表示居中、左对齐、右对齐，其后若跟随数字则表示字符串的宽度，所以上例最后一组的输出结果为右对齐、宽度为 22 位、小数点后四位精度的数。

字符串的格式化处理函数 Format 在各类型数据的处理转换中都发挥着重要的作用。下例是使用元组数据类型进行格式化的示例。

```
c = ('吴晓波', 1302226××××)
print('{0},您的电话{1}已经被注册,请重新键入!'.format(*c))
```

输出：

```
吴晓波,您的电话 1302226××××已经被注册,请重新键入!
```

从大数据库中获取到的数据往往是字典类型，下例所示为对字典数据类型进行格式排版的一种示例。

```
mydict = {'wang': 30, 'xie': 60,'zhang': 22 ,'li': 92, 'sun': 38 ,'xu': 16}
myitem = list(mydict.items())
```

```
print(myitem)
for i in range(3):
    k, v = myitem[i]
    print("{0:<6}{1:>6}".format(k, v))
```

输出：

```
[('wang', 30), ('xie', 60), ('zhang', 22), ('li', 92), ('sun', 38), ('xu', 16)]
wang      30
xie       60
zhang     22
```

在上例中，首先把字典数据 mydict 转换为可迭代 list 格式的 myitem。遍历 myitem 中的前三组数据，把 k 与 v 分别赋值给 myitem 前三组数据中的第一个及第二个值。也就是对应到 mydict 字典数据中的 key 与 value 值。

在输出语句 print 中使用了{0:<6}{1:>6}这样的格式化表述：其中 0 和 1 分别表示第一个及第二个占位符（对应 k 与 v）；冒号是引导符，后面跟的符号是指格式控制方法。<表示左对齐，>表示右对齐，而数字 6 表示字符串的宽度。

3.3.7 字符串常用内置函数

除了之前所讲的字符串操作函数外，在 Python 语言内还内置了一些其他的字符串操作函数，如表 3-6 所示。

表 3-6 字符串类型常用函数

函数表达式	描　　述
str. upper()	字符串转换成大写字母
str. lower()	字符串转换成小写字母
str. capitalize()	句首单词转换成首字母大写
str. title()	每个单词转换成首字母大写
str. swapcase()	字符串的大小写形式互换
str. ljust(8,'a')	str 左对齐的前 8 个字符（不足用字符 a 填充，默认为空格）
str. rjust(6,'a')	str 右对齐的前 6 个字符（不足用字符 a 填充，默认为空格）
str. center(9,'a')	str 居中的前 9 个字符（不足用字符 a 填充，默认为空格）
str. zfill(5)	str 右对齐的前 5 个字符（不足用 0 填充）
str. find('a',0,3)	自索引>=0 到<3 的地址搜索字符串 a，没有则返回－1
str. index('a',0,3)	自索引>=0 到<3 的地址搜索字符串 a，没有则返回异常
str. rfind('a')	从右边开始查找字符串 a
str. count('a')	统计字符串 a 出现的次数
str. replace('a','b',3)	用字符串 b 替代字符串 a(3 次)
str. strip('a')	在首尾删除字符串 a(参数为空则表示删除首尾空格)
str. lstrip('a')	删除左侧以 a 开始的字符串（参数为空表示删除左侧空格）
str. rstrip('a')	删除右侧以 a 开始的字符串（参数为空表示删除右侧空格）
str. split('a',3)	根据字符串 a 分隔字符串 str(3 次)
str. splitline(True)	按行分隔 str 为列表（参数 1 或 True 表示并保留换行符）
str. sstartswith('a',0,5)	在索引>=0 和<5 的地址判断 str 是否以字符串 a 开头

续表

函数表达式	描　述
str. endswith('a',0,5)	在索引>=0 和<5 的地址判断 str 是否以字符串 a 结尾
str. isalnum()	判断字符串 str 是否全为字母和数字(至少有一个字符)
str. isalpha()	判断字符串 str 是否全部都是字母(至少有一个字符)
str. isdigit()	判断字符串 str 是否全部都是数字(至少有一个字符)
str. isspace()	判断字符串 str 是否由空格组成(至少有一个字符)
str. islower()	判断字符串 str 是否全部小写
str. isupper()	判断字符串 str 是否全部大写
str. istitle()	判断字符串 str 单词的首字母是否大写
a. join(str)	用字符 a 把字符串 str 连接成新字符串

读者使用 print(dir(str))可调取字符串的内置函数。

3.4 字　节

在早期的 Python 版本中,字符串和字节数据类型 bytes 在使用上并没有明确的区分。但在自 Python 3 本版后,这两种数据类型就被彻底划分开了。字符串是以字符为单位处理各类操作,而 bytes 则以字节为单位来处理。因此,bytes 类型所记录的对象到底表达了什么内容是由相应的解码器来解码决定的。所以,现今的 bytes 类型多数用于保存和传输网络数据、二进制图片和文件等内容。

使用 bytes()函数所生成的实例为一到多个的十六进制字符串。每个十六进制数(8 位二进制数,其取值范围是 0~255)代表一个字节。如果对同一个字符串采用不同的编码方式将可能形成不同的 bytes 值。

```
a = '我爱 Python'
print(a,type(a))                        # 输出 a 和 a 的数据类型
b = bytes(a,encoding = 'utf - 8')       # 必须指明解码所用的编码格式
print(b,type(b))                        # 输出 bytes 类型的数据内容和数据类型
```

输出:

```
我爱 Python <class 'str'>
b'\xe6\x88\x91\xe7\x88\xb1Python' <class 'bytes'>
```

在上例中,a 被赋值为字符串类型,通过 Python 的内置函数 bytes()将字符串 a 转换成 bytes 类型。而其所转换输出的 bytes 类型的内容如下。

```
b'\xe6\x88\x91\xe7\x88\xb1Python'
```

在这个输出格式中,开始的 b 字符表示输出的是一个 bytes 类型,而后续的\xe6、\x88……则是十六进制汉字的表达方式。\xe6、\x88、\x91 等每个部分占用了一个字节的长度。字

符串结尾的 Python 这个词汇由于是纯粹的英文字符，可以直接兼容 ASCII 的编码规范，每个字母占用 1 字节。

通过上例，读者可以发现 bytes 数据类型在解析汉字时占用了 3 字节的长度。需要注意的是，使用 bytes()函数时都必须指明解码的参数 encode 及其解码的目标数据类型。

目前 Python 3. x 版本中已经严格区分了 bytes 和字符串 string 这两种数据类型，因此读者还需要注意的是 bytes 和 string 数据类型的参数使用是有所不同的，误用会报错。而在其他类型的操作和使用方面，处理 bytes 类型与 string 类型是基本相同的，它们也都属于一种不可变的序列对象。但 bytes 数据类型是无法使用连接(+)或者重复(*)等类似字符串运算符的。虽然系统并不会报错，bytes 数据类型的作用主要是传输和转换，因此希望读者使用时注意。

3.5 列 表

列表类型是 Python 语言中最常用的数据类型之一。要创建列表，只需使用方括号[ ]把逗号分隔的不同的数据项括起来即可。

```
list1 = [1,2,3,4,5,6]
list2 = [2.33,"abc",(2,5,8),['苏州',1],{'a':1,'b':2}]
print(list1,type(list1))
print(list2,type(list2))
```

输出：

```
[1, 2, 3, 4, 5, 6] <class 'list'>
[2.33, 'abc', (2, 5, 8), ['苏州', 1], {'a': 1, 'b': 2}] <class 'list'>
```

在上例中，list1 和 list2 都是列表类型数据。在 list1 中仅放入了数值型数据，而在 list2 内则分别容纳了数值、字符串、元组、列表和字典类型的数据。也就是说，在列表类型数据内的元素可以是其他任意类型数据的组合。

3.5.1 访问列表(切片)

通常创建列表后，往往需要根据项目需求来访问列表中的某些数据元素，这个过程通常称为对数据的“切片”。它实际上就是访问列表中的子字符串的过程。

要访问列表类型的数据，一般可以通过访问其序列的索引地址来进行，这个特征与之前讲到的字符串类型是一样的。能通过索引值来访问数据内容的都属于“序列”类型。序列就是指各元素之间存在前后的顺序关系，可以通过其序列的索引值来进行访问。在 Python 语言中存在多种序列类型，而字符串、列表和元组就是其中最常见的序列数据类型。无论是字符串、列表还是元组数据类型，它们都遵循相同的索引规则，如图 3-2 所示。

根据序列的索引规则，序列中的每个元素都会被分配一个数字来表示它的位置所在。第一个索引默认为 0，第二个默认为 1，以此类推。如果是想从后往前访问元素，可以通过最

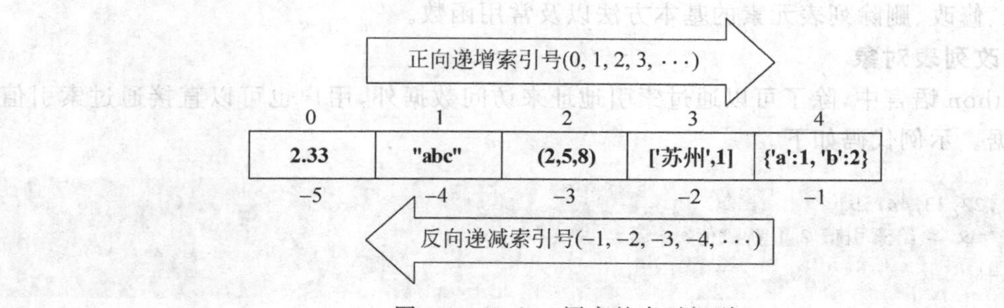

图 3-2 Python 语言的索引规则

后一个索引－1,倒数第二个索引－2,……这样的反向递增顺序来进行。示例代码如下。

```
a = [11,22,33,44,55]
print(a[0])         #输出索引为 0 的值
print(a[ - 2])      #输出索引为 - 2 的值
print(a[1:4])       #输出索引大于等于 1 小于 4 的值
```

输出:

```
11
44
[22, 33, 44]
```

通过索引地址来取值的方法不仅可以使用两个参数值,如上例所示的 a[1:4],还可以用更灵活的方法来访问列表中的数据。

例如,使用 3 个指定的参数值[M:N:L]来访问列表中的数据,在这 3 个参数中间使用冒号隔开。第一个值 M 表示索引地址的开始,第二个值 N 表示索引地址的结束,第三个值 L 表示每隔 L 个元素进行取值。如果 M 和 N 值都为空,则意味着访问列表内全部的元素,示例代码如下。

```
a = [0,1,2,3,4,5,6,7,8,9]
print(a[1:8:2])   #在索引地址为> = 1 和< 8 之前,每隔 2 个元素取值
print(a[::3])     #在索引地址为全部(total)的情况下,每隔 3 个元素取值
```

输出:

```
[1, 3, 5, 7]
[0, 3, 6, 9]
```

这些切片所用的表达方式除了适用于列表类型外,也适用于其他序列类型的数据,如字符串、元组类型等。

3.5.2 操作列表

列表类型的数据除了访问方式简单外,操作列表类型的数据也很容易。下面介绍如何

添加、插入、修改、删除列表元素的基本方法以及常用函数。

1. 修改列表对象

在 Python 语言中，除了可以通过索引地址来访问数据外，用户也可以直接通过索引值来修改数据。示例代码如下。

```
a = [11,22,33,44,55]
a[2] = 'abc' # 给索引值 2 重新赋值
print(a)
```

输出：

```
[11, 22, 'abc', 44, 55]
```

2. 添加列表对象 append()

append()函数是用来在列表的末尾处添加新的元素。示例代码如下。

```
a = ['Constant']
a.append('dropping')      # 在列表 a 末尾添加元素 dropping
a.append('wearing')       # 在列表 a 末尾添加元素 wearing
a.append('the')           # 在列表 a 末尾添加元素 the
a.append('stone')         # 在列表 a 末尾添加元素 stone
print(a)
```

输出：

```
['Constant', 'dropping', 'wearing', 'the', 'stone']
```

3. 插入列表对象 insert()

也可以利用 insert()函数在指定的索引位置前插入元素。示例代码如下。

```
a = [11,22,33,44,55]
print(a.insert(3,'xyz')) # 在索引地址 3 前插入字符串 xyz
print(a)
```

输出：

```
none
[11, 22, 33, 'xyz', 44, 55]
```

4. 删除列表和对象 del、pop()和 remove()

(1) del 语句。除了使用 insert()函数可以实现插入元素的操作外，使用 del 语句也可以实现删除列表中的一个或者多个元素的操作。

```
a = ['abc','11','23','xyz',345]
del a[0]            # 删除 a 中索引地址为 0 的元素
print(a)
b = [1,2,3,4,5,6,7]
```

```
del b[-4:-1]          #在列表b中删除索引地址从[-4,-1)的元素
print(b)
del a[:]              #清空列表a
print(a)
```

输出：

```
['11', '23', 'xyz', 345]
[1, 2, 3, 7]
[]
```

上例中的del b[−4:−1]语句是指在列表b中删除索引地址从−4到−1的元素。索引地址从−4到−1的元素分别为4、5、6、7。但其输出结果中并未将7删除。这是因为索引的寻址是从−4索引地址开始到−1结束(不包含−1)。

如果要清空某个列表，除了可以使用list=[]等赋值语句外，还可以使用del list[:]等语句来实现同样的目的。

(2) pop()函数。除了使用del语句可以删除一个或者多个元素外，Python语言还提供了pop()函数来删除列表中的某个元素。当pop()函数括号内不填写任何参数值时，是指默认删除列表中的最后一个元素(index=−1)。并且返回该元素的值，这一按照索引地址删除元素的特性与使用del语句还是有所区别的。

```
a=['aa','bb',123,'cc']
b=a.pop(-2)        #在列表a中删除索引地址为-2的元素
print(b)           #输出所删除的元素
print(a)           #删除后列表a的值
```

输出：

```
123
['aa', 'bb', 'cc']
```

(3) remove()函数。针对删除列表元素，Python语言提供的函数方法较多。除了上述提到的del语句、pop()函数外，Python还提供了remove()方法来删除元素。remove()函数是指通过指定元素的值来移除列表中某个元素的第一个匹配项，如果这个元素不在列表中则会返回一个异常。因此，remove()的参数中允许使用字符串，而pop()中反可使用数值作为参数。

```
a=[1,2,3,'x','y',1,2,3]
a.remove(2)           #在列表a中删除匹配值为2的第一个元素
print(a)
a.remove('z')         #在列表a中删除匹配值为z的第一个元素(z不存在于列表a中)
print(a)
```

输出：

```
[1, 3, 'x', 'y', 1, 2, 3]
  File "C:/Users/Lilia/PyCharmProjects/chapter2/1.py", line 4, in <module>
    a.remove('z') # 在列表 a 中删除匹配值为 z 的第一个元素(z 不存在于列表 a 中)
ValueError: list.remove(x): x not in list
```

如上例所示，当要删除列表 a 中不存在的元素 z 时，系统会输出一个“值报错”异常语句：

```
ValueError: list.remove(x): x not in list
```

读者需要注意的是，虽然 Python 语言提供了多种同类含义的函数，但具体操作内容还是有区别的，因此在不同的项目中到底使用哪些函数执行操作还是需要依据需求来判别。

5. 常用函数 len()、max()和 min()

Python 语言中已经内置了确定序列长度的 len()函数以及确定最大和最小元素的函数方法 max()和 min()。当需要时只需直接引用即可。

```
a = [0,1,2,3,4,5,6,7,8,9]
print(len(a),max(a),min(a))         # 输出列表 a 的长度,最大值和最小值
b = ['a','b','c','d']
print(len(b),max(b),min(b))         # 输出列表 b 的长度,最大值和最小值
```

输出：

```
10 9 0
4 d a
```

在上例中，max()和 min()函数的返回值是字符串中最大和最小的字母(在默认的 ASCII 码/UTF-8 排序中，26 个字母中最大的是 Z)。另外，这 3 种函数也同样适用于其他序列类型的数据。

3.5.3 列表运算符和表达式

＋ 和 * 操作符对于列表的作用与字符串相似。＋ 号用于组合列表，* 号用于重复列表，如表 3-7 所示。

表 3-7 常用列表运算符和表达式

操作符	表 达 式	运 算 结 果	描 述
+	[1, 2, 3] + [4, 5, 6]	[1, 2, 3, 4, 5, 6]	组合元素
*	['Wa!'] * 3	['Wa!', 'Wa!', 'Wa!']	重复元素
[m]	a=[1,2,3,4]; a[1]	2	获取某个元素
[m:n]	a=[1,2,3,4]; a[:2]	[1,2]	获取某范围内的元素
[m:n:l]	a=[1,2,3,4,5,6] a[1:5:2]	[2, 4]	按规律获取某范围内的元素

续表

操作符	表 达 式	运 算 结 果	描 述
in	2 in [1, 2, 3]	True	查找元素是否存在于列表中
not in	for x in [3, 4, 5]: print(x)	3 4 5	迭代输出

在以下示例中，首先采用了运算符＋号来连接列表，然后使用 for 循环语句嵌套 if 判断语句来完成比较列表 x 和列表 y 的元素，如果相同则删除 x 中相同的第一个元素，并输出。

```
a = ['a','b']
b = ['c','d']
c = ['e','f']
x = a + b        # x = 列表 a + 列表 b
y = b + c        # y = 列表 b + 列表 c
print(x,y)
# 删除列表 x 中与 y 相同的字符串
for i in x:
    if i in y:
        x.pop(x.index(i))
print(x)
```

输出：

```
['a', 'b', 'c', 'd'] ['c', 'd', 'e', 'f']
['a', 'b', 'd']
```

循环语句的使用在 Python 中是非常灵活和高效的，具体内容在第 4 章会有更详细的介绍。

3.5.4 列表类型的内置函数

可以处理列表数据类型的方法函数除了之前介绍的外还有一些。表 3-8 所示为常用列表内置函数表达式及其描述。

表 3-8 常用列表内置函数表达式及其描述

函数表达式	描 述
list.append('a')	向列表 list 末尾添加一个元素对象 a
list.extend('abc')	向列表末尾添加元素('a','b','c')(也可添加列表)
list.insert(2,'a')	向列表索引值为 2 的地址添加元素 a
list.pop('2')	删除列表索引值为 2 的元素(括号内无参数值，是指删除列表的最后一个元素，并返回该值)
list.remove('a')	删除列表的元素 a(只删除第一个)
list.index('a',0,6)	返回索引＞＝0 和＜6 地址内列表元素 a 的第一个索引值

续表

函数表达式	描　述
list.reverse(1,2,3)	将列表 list 内元素倒序(3,2,1)
list.sort(3,4,2,1)	将列表 list 内元素从小到大排列(1,2,3,4)
list.count('a')	统计列表中出现元素 a 的次数
list.clear()	清空列表 list 内元素
list.copy()	复制列表 list(浅复制)

Tips：表 3-8 介绍的 list.copy()函数属于浅复制。浅复制和深复制的概念是相对而言的。"深复制"是指新建一个元素并重新分配内存地址去复制元素内容，而"浅复制"则并不重新分配内存地址，仅内容指向之前的内存地址。因此，如果在浅复制内的目标复制元素发生了改变，则可能会影响其浅复制对象的内容。通常对于不可变数据类型来说，"浅复制"不会影响到原有的对象元素；但对于列表、字典、集合等可变数据类型来说，对"浅复制"的不当操作可能会影响原有对象元素的值。

3.6 元　组

类似上面讲过的列表类型，元组数据类型 tuple 也属于一种序列类型。同样，元组数据类型也支持在同一个元组内允许有不同的数据类型存在，如 a=(1,'a',[3])。但不同的是，元组是不可变的数据类型。元组自生成后就是固定的，其中的任何数据项不能被替换或删除。而列表是可以被修改数据项的序列类型，使用更为便捷和灵活。但无论是哪种数据类型，只要是属于序列类型(字符串、元组、列表)都可以使用索引体系进行检索和操作。序列类型都是遵循之前讲解的索引体系来运行的。

在 Python 语言中，创建元组数据类型也非常方便，使用小括号把所需元素添加进去即可，各个元素之间使用逗号隔开。示例代码如下。

```
a = ()                #创建空元组
b = (1,2,3,4,5)       #创建元组
c = (20,)             #创建元组(只有一个元素时,元素后添加逗号)
print(a,b)
print(c,type(c))

() (1, 2, 3, 4, 5)
(20,) <class 'tuple'>
```

如果创建单元素元组后未添加逗号，则系统会默认为其创建的类型是小括号内的数据类型。示例代码如下。

```
#如果单元素元组后未添加逗号,则默认的数据类型为小括号内的数据类型
d = (30)
```

```
print(d,type(d))
e = ('e')
print(e,type(e))
f = ([1])
print(f,type(f))
```

输出：

```
30 <class 'int'>
e <class 'str'>
[1] <class 'list'>
```

3.6.1　访问元组

与其他序列类型的数据类似，元组可以通过索引地址进行访问和操作。示例代码如下。

```
a = (0,1,2,3,4,5,6,7,8,9)
print('a[1] ->',a[1])
print('a[ -6: -3] ->',a[ -6: -3])
print('a[:9:3] ->',a[:9:3])
```

输出：

```
a[1] -> 1
a[ -6: -3] -> (4, 5, 6)
a[:9:3] -> (0, 3, 6)
```

3.6.2　操作元组

1. 迂回修改元组对象

元组是不可变的数据类型，虽然可以通过元组的运算符如+、*实现组合元组、重复元组等目的，但要修改元组自身的内容，常规的做法是办不到的。示例代码如下。

```
a = (1,2,3)
a[0] = 5
print(a)
```

输出：

```
Traceback (most recent call last):
  File "C:/Users/Lilia/PyCharmProjects/chapter2/元组.py", line 2, in <module>
    a[0] = 5
TypeError: 'tuple' object does not support item assignment
```

系统会返回一个异常，指明元组不支持这样的操作。

但是否这就意味着无法修改元组的内容了呢？实际上，由于元组可以由任意的数据类型构成，那么只要元组内的数据类型是可变的，则也意味着可以通过合理运用元组内元素数据类型的方法，来达到修改元组内数据的目的。示例代码如下。

```
a = [1,2,3]
b = [4,5,6]
c = (a,b,['a','b','c'])         #元组 c 内包含列表 a 和 b
a[1] = 'x'                      #修改列表 a 中索引地址为 1 的值为 x
b[2] = 'y'                      #修改列表 b 中索引地址为 2 的值为 y
#通过修改列表内的数据来间接完成修改元组元素的目的
print('updated ->',c)
```

输出：

```
updated -> ([1, 'x', 3], [4, 5, 'y'], ['a', 'b', 'c'])
```

在上例中，通过修改元组元素所包含的列表内的数据来间接地完成修改元组元素的目的。

另外，Python 语言的灵活性在编程的过程中是处处体现的。比如，以上例所操作的内容作为说明，通过以下语句表达式也能达到同样的目的。

```
a = ([1,2,3],[4,5,6],['a','b','c'])
a[0][1] = 'x'  #把元组索引值为 0、列表内索引值为 1 的元素修改为 x
a[1][2] = 'y'  #把元组索引值为 1、列表内索引值为 2 的元素修改为 y
print(a)
```

输出：

```
([1, 'x', 3], [4, 5, 'y'], ['a', 'b', 'c'])
```

在这个例子中出现了一种未曾介绍过的语句表达方式——a[0][1]和 a[1][2]。它代表什么意思呢？

首先要理解，通过 a[0][1]这一方式修改对应元组中不可变的值，就需要进一步分析列表类型的数据在元组类型中的序列索引位置。原本元组数据类型是按照索引地址 0,1,2,…来访问数据，这是基于一维空间数据的排序方法。但现在元组内容纳了列表类型的数据，而列表数据类型自身也有其排序索引方法，因此这时元组内的索引地址就变成了一组二维数据。

如上例所示，在赋值了元组 a=[[1,2,3],[4,5,6],['a','b','c']]后，其内部的索引结构如表 3-9 所列。

表 3-9　二维索引地址表

列表索引地址 / 元组索引地址	0	1	2
0	1	2	3
1	4	5	6
2	a	b	c

众所周知,a[0]所对应的元素是指第一层元组索引地址所对应的元素,其结果是列表[1,2,3]。而 a[0][1]是指 a[0]这个列表[1,2,3]内索引地址为 1 的元素,也就是 2。因此,当要修改 a[0][1]的值时就是修改了 2 这个元素值。同理,也可以修改元组索引值为 1 而在其列表数据内的索引值为 2 的元素数据。

由于列表类型的数据是可变的,因此通过这一方法也可以迂回地完成修改元组数据的目的。但通过这一方式并不能增加元组的元素;否则系统会抛出异常。

另外,无论如何修改元组内的元素,其通过 id()函数所获得该元组的索引地址都是不变的,这也是不可变数据类型的特征之一。

除了上例所指的二维索引地址的修改方式外,实际上还可以进行更多维索引地址的修改。下例展示了三维索引地址的修改。

```
a = ([1,['m','n','l'],3],[4,5,6],['a','b','c'])
#把列表索引值为 0、内列表索引值为 1、内内列表索引值为 0 的元素修改为 x
a[0][1][0] = 'x'
a[1][2] = 'y'      #把列表索引值为 1、内列表索引值为 2 的元素修改为 y
print(a)
```

输出:

```
([1, ['x', 'n', 'l'], 3], [4, 5, 'y'], ['a', 'b', 'c'])
```

严格来讲,元组本身定义是"直接元素不可改变的集合"。但通过间接的渠道,比如通过复杂类型的数据集合是可以改变元组自身数据的。这也是 Python 语言编程灵活性的优势之一。通常这种复杂数据类型的元组用于定义程序通信接口等方面,通过元组这样的稳定结构,可以既规定接口元素的数量,又可允许第三方修改元素的值内容。

另外,通过二维或更多维的方式修改元组数据的表达式语法也适用于列表类型的数据。但由于列表类型数据是可变数据类型,允许增、删、改、查且操作更灵活,往往会采取其他更简便的方式进行修改。

2. 删除元组 del 语句

由于元组类型是不可变的,理论上是无法改变元组类型的数据,包括使用删除操作。但实际上,还是能够使用 del 语句来删除整个元组,虽然会抛出系统异常,但却会提示元组已经不存在了。

```
a = (0,1,2,3,4)
del a
print(a)
```

输出:

```
Traceback (most recent call last):
  File "C:/Users/Lilia/PyCharmProjects/chapter2/元组.py", line 3, in <module>
    print(a)
NameError: name 'a' is not defined
```

3.6.3 元组运算符和表达式

与字符串类似，元组的运算也可以通过＋、* 等符号进行连接和重复输出。表 3-10 所示为元组常用的运算符和表达式。

表 3-10 元组常用运算符和表达式

操作符	范　　例	运算结果	描　　述
＋	(1,2)＋(3,4)	(1,2,3,4)	连接元组
*	(1,2) * 3	(1,2,1,2,1,2)	重复输出元组
[n]	a=('a','b','c'); a[1]	b	获取元组中的元素
[n:m]	a=('a','b','c','d'); a[:2]	('a', 'b')	获取元组中的切片元素
[m:n:l]	a=('a','b','c','d'); a[:3:2]	('a', 'c')	按规律获取元组中某范围内的元素
in	a=2 b=(1,2,3,4) if a in b: print(a)	2	如果元组中包含给定的字符则返回 True
not in	a=x b=(1,2,3,4) if a not in b: print(a)	x	如果元组中不包含给定的字符则返回 True

元组的常用运算符相对简单，由于其不可直接更改的特性使得元组的操作函数和内容也不复杂。下面是使用了元组运算符的操作示例。

```
a = (1,2,3,4)
b = ('a','b','c','d')
print('a + b ->',a + b)
print('a * 3 ->',a * 3)
if a not in b:       #如果元组 a 不被包含在元组 b 内
    print(a)
```

输出：

```
a + b -> (1, 2, 3, 4, 'a', 'b', 'c', 'd')
a * 3 -> (1, 2, 3, 4, 1, 2, 3, 4, 1, 2, 3, 4)
(1, 2, 3, 4)
```

> ***Tips***：在了解列表和元组数据类型的特征后可以发现，列表可实现的操作功能要比元组多很多。但元组数据类型由于其不可变特性，在有些特定的使用场合是列表数据类型所无法替代的，并且元组的执行效率更高，特别是在大数据的处理上。实际上，Python 语言的优势也正是体现在其数据类型设计的多样性和适用性上。

3.7 字 典

除了上述介绍的列表数据类型外，字典是另一种可变的数据类型，它也可以存储其他任意数据类型的元素。之所以称之为字典数据类型，是因为它和现实中查字典的方式非常类似。字典数据类型采用键/值对的方式来存储数据。也就是说，在字典中的每个键值 key 对应着一个值 value(键 key→值 value)，它们之间用冒号(:)隔开，而在每个键值对之间使用逗号(,)隔开。整个被定义的字典数据类型用花括号{}括起来，其具体格式如下。

```
{'name':'林黛玉','tel':13073798877,'qq':1345678}
```

字典数据类型是有别于其他数据类型的，它的重要特性就是以“键值对”的方式存储数据。每个数据元素都至少需要提供一个 key(键值)，字典类型的数据是采用标记键值 key 在系统内定位 value(key 的对应值)的，因此也称为“映射数据类型”。

由于字典存在键值对 key→value 这一特殊对应方式，因此在大数据检索中效率会更高。它不用在数据集中全面地通过遍历数据的方式进行匹配，通过“键值对”这一对应方式会更快速地定位所需数据。

另外，要定义一个字典还需要遵循一定的格式规范。

(1) key 值属于不可变的数据类型。因此，它的数据类型定义范围只能在数值、字符串、字节或元组中选择。

(2) value 值可选择任意数据类型。

(3) 在同一个字典中，key 值必须存在且不可重复，但其对应值 value 则允许重复或为空值。如果 key 值重复，则只有最后一个被重复的 key 值会被记录。

另外，读者需要注意的是，字典类型是一种无序的数据类型，因此访问和操作字典数据都无法通过之前所介绍的索引规则来进行，并且因为字典无序的特性，每次读取字典数据可能其顺序都会不同。

3.7.1 创建字典

除了可以直接采用花括号{}赋值的方法来创建字典外，Python 语言中还支持使用 dict() 函数来创建新的字典数据类型。其具体格式如下。

```
a = {'name':'林黛玉','tel':13073798877,'qq':1345678}
print(a)
b = dict(name = 'rose',tel = 13988290909)
print(b)
```

输出：

```
{'name': '林黛玉', 'tel': 13073798877, 'qq': 1345678}
{'name': 'rose', 'tel': 13988290909}
```

使用 dict()函数时需要注意，其第一个参数是 key 值，它无须用引号括起来。而在 dict()函数内 key 值和 value 值之间的对应关系是用等号而非冒号，并且每组键值对之间使用逗号隔开。

由于 key 值是不可变数据类型，因此在使用 dict()函数时，任何代入变量的操作都是无效的。示例代码如下。

```
a = 1
b = dict(a = 'rose',tel = 13988290909)
print(b)
```

输出：

```
{'a': 'rose', 'tel': 13988290909}
```

在上例中，把变量 a 赋值为 1，然后通过 dict()函数把变量 a 代入 key 值内，创建一个新的字典。但系统默认 key 值是 a 这个字符串，而非变量 a 的值 1。

但是当把变量 a 代入 value 值中去时，却可以通过变量的传递修改 value 值。示例代码如下。

```
a = 1
b = dict(name = 'rose',tel = a)
print(b)
```

输出：

```
{'name': 'rose', 'tel': 1}
```

3.7.2 访问字典

访问字典的方式并不复杂，只需要调用字典中的 key 值，就可以把其 key 值所对应的 value 值读取出来。

```
a = {'lucy':22,'emma':23,'james':24}
print("a['lucy'] ->",a['lucy'])
print("a['edith']",a['edith'])
```

输出：

```
a['lucy'] -> 22
Traceback (most recent call last):
  File "C:/Users/Lilia/PyCharmProjects/chapter2/字典.py", line 6, in <module>
    print("a['edith']",a['edith'])
KeyError: 'edith'
```

如上例所示，如果访问的字典内没有存在的 key 值，则系统会返回键值异常。

3.7.3 操作字典

由于字典类型的数据属于可变的数据类型,因此操作字典类型的数据与列表类型的数据有相通之处,方式也较为简单和灵活。

1. 添加和修改字典元素

向字典中添加新的元素,可以通过增加新的键值对来实现。具体代码如下。

```
a = {'lucy':22,'emma':23,'james':24}
a['kelly'] = 25     # 在字典 a 中添加新的键值对
print(a)
```

输出:

```
{'lucy': 22, 'emma': 23, 'james': 24, 'kelly': 25}
```

修改字典的元素也可以通过修改现有字典的键值对内容来实现。

```
a = {'lucy':22,'emma':23,'james':24}
a['lucy'] = 20      # 在字典 a 中修改键 lucy 所对应的 value 值为 20
print(a)
```

输出:

```
{'lucy': 20, 'emma': 23, 'james': 24}
```

2. 删除字典及元素 del 语句

在字典数据类型中,有多种删除命令的操作,既可以删除字典中的某元素,也可以删除整个字典。

如果需要删除字典中的某个元素,可以使用 del 语句。示例代码如下。

```
a = {'lucy':22,'emma':23,'james':24}
del a['emma']   # 删除字典 a 中的 key 值为 emma 的元素
print(a)
```

输出:

```
{'lucy': 22, 'james': 24}
```

除了可以删除字典中的元素外,del 语句也可以实现删除整个字典的操作。但需要注意的是,使用 del 语句删除整个字典后,系统会抛出异常。该异常是指字典 a 没有被定义,这正说明字典 a 已经被删除了。示例代码如下。

```
a = {'lucy':22,'emma':23,'james':24}
del a       # 删除字典 a
print(a)
```

输出：

```
Traceback (most recent call last):
  File "C:/Users/Lilia/PyCharmProjects/chapter2/字典.py", line 3, in <module>
    print(a)
NameError: name 'a' is not defined
```

3. 清空字典 clear()

除了可以使用 del 语句进行删除操作外，Python 中还提供了 clear()函数，该函数无须任何参数值，其作用是清空字典内的所有元素。示例代码如下。

```
a = {'lucy':22,'emma':23,'james':24}
a.clear()     #用 clear()函数清空字典内所有元素
print(a)
```

输出：

```
{}
```

该函数除了可以在字典类型中使用外，还可以应用到字符串、列表和集合等数据类型中。

4. 计算键个数 len()

常用 len()函数在之前的列表数据类型中已经介绍过使用方法，它可以计算元素的总个数。但使用在字典数据类型中，len()函数表达的是统计字典元素，也就是 key 值的总数。示例代码如下。

```
a = {'name':'林黛玉','tel':13073798877,'qq':1345678}
print(len(a))     #统计字典 a 中元素个数(key 值总数)
```

输出：

```
3
```

3.7.4 字典的内置函数

字典的内置函数除了之前介绍的 clear()函数外，还有很多，表 3-11 所示为常用字典内置函数及其作用描述。

表 3-11 常用字典内置函数及其作用描述

函数表达式	描 述
dict.clear()	删除字典内所有元素
dict.items()	以列表形式返回可遍历的(键,值)元组类型数组
dict.keys()	以列表形式返回字典中所有的键 key 值
dict.values()	以列表形式返回字典中的所有 value 值
dict.copy()	返回一个字典的浅复制

续表

函数表达式	描　述
dict.update(a)	把字典 a 的键/值对更新到字典 dict 里
dict.has_key(a)	如果键 a 在字典 dict 内,则返回 True
dict.pop(1)	删除索引地址 1 所对应的 value 值,返回为被删除的值
dict.fromkeys(a,b)	创建一个新字典(a 为字典键,b 为字典所有键对应的初始值)
dict.get(a, b)	返回指定键 a 的 value 值(如果其不在字典中则返回 b)
dict.setdefault(a, b)	添加键 a 的值为 b(若键 a 不在字典中)
popitem()	随机返回并删除字典中的一组键/值对(key 和 value)

使用这些内置函数可以让字典类型的数据处理变得更加灵活方便,示例代码如下。

```
a = {1:['陈真',13085098256,],2:['凤姐',''],3:['龙哥',18893899909]}
print(a.items())          #以列表形式返回键 key 和值 value
print(a.keys())           #以列表形式返回键 key
print(a.values())         #以列表形式返回值 value
#判断字典 a 中是否有键 tel,如果没有返回"didn't"
print(a.get('tel',"didn't"))
#判断字典 a 中是否有键 tel,如果没有则添加键 tel 并设置键 tel 的默认值为 000
a.setdefault('tel','000')
b = {2:['费香',1308765688]}
a.update(b)               #把 b 内的键值数据更新到字典 a 中
print('updated ->',a)
```

输出:

```
dict_items([(1, ['陈真', 13085098256]), (2, ['凤姐', '']), (3, ['龙哥', 18893899909])])
dict_keys([1, 2, 3])
dict_values([['陈真', 13085098256], ['凤姐', ''], ['龙哥', 18893899909]])
didn't
updated -> {1: ['陈真', 13085098256], 2: ['费香', 1308765688], 3: ['龙哥', 18893899909],
'tel': '000'}
```

在上例中的 update()函数除了可以更新字典元素外,如果字典元素并不包含 update()函数所更新的元素内,还可以自动创建新的元素添加到原字典内。因此,这个特性也意味着可以完成向字典添加新元素的工作,同样 setdefault()函数也是类似的。

3.8 集　　合

集合数据类型类似于通常所说的“集合”。它是一种包含了不重复的、一个或者多个无序元素的组合。虽然集合数据类型自身属于可变的数据类型,但集合所包含的元素只能是不可变数据类型,如字符串、元组、数值等。

集合数据类型可以通过对花括号{}内赋值来创建。

```
a = {1,'a',3.4}
```

但要创建一个空的集合无法使用花括号{}赋值的方式来完成,因为这样的赋值方法属于创建空字典类型数据的方式(要创建一个空的集合可以使用下面所介绍的 set()函数)。

由于集合的无序特性,因此无法使用索引地址的方式进行运算,如去修改集合元素。字典类型数据虽然也属于无序的,但由于键 key 的存在,可以通过寻址对应键 key 来修改其 value 值。但通过相关函数方法的操作,可以实现对集合元素的增、减、清空和删除等操作。

由于集合元素内只能容纳非重复性数据,当项目需要对数据进行去重处理时,多数会采用集合数据类型来完成。比较其他类型的操作,用建立集合类型的数据来删除重复项的办法执行效率会更高些。

3.8.1 创建及操作集合

除了直接通过赋值语句用花括号{}创建集合外,Python 语言还提供了一个重要的函数 set()去完成集合的创建以及相关计算工作,如完成交集、并集和差集等计算操作。

但使用 set()函数创建集合与赋值语句的方法有所不同。因为 set()函数虽然能够创建集合数据类型,但同时只能传递一个参数。因此,如果要给集合赋值,就要通过传递字符串、元组或者列表数据类型的方式来进行。示例代码如下。

```
a = set((1,2,5))
b = set([1,2,5,5])
c = set('12225')
print(a)
print(b)
print(c)
```

输出:

```
{1, 2, 5}
{1, 2, 5}
{'2', '1', '5'}
```

在上例中,分别通过了传递元组、列表和字符串的形式给 set()函数赋值来创建集合数据。虽然传入的数据存在重复,但输出的集合类型元素已经删除了重复元素。

其中通过元组和列表类型来创建集合的顺序是不可变的,因为元组和列表类型的数据是有序的。虽然输出顺序不会发生改变,但依然无法使用索引方式或者切片来定位,也没有哈希值。

而通过字符串创建的集合数据的顺序是随机的,每次程序的执行结果都可能发生顺序的改变。但集合类型的数据本身就是无序的,因此这样的顺序改变并不会影响通过 set()函数计算的结果。

函数 set()是一个功能强大的集合类型操作的函数,通过运用各类运算符,它可以完成集合数据类型大部分计算工作。

```
x = {1,2,3,4,5}
y = {3,4,5,6,7}
```

```
#输出集合x中不包含集合y的元素(差集计算)
print('set(x) - set(y) ->',set(x) - set(y))
#输出集合x和y共同包含的元素(与,交集运算)
print('set(x)&set(y) ->',set(x)&set(y))
#输出集合x和y中的所有元素(或,并集运算)
print('set(x)|set(y) ->',set(x)|set(y))
#输出集合x和y中不包含彼此的元素(异或,对称差集运算)
print('set(x)^set(y) ->',set(x)^set(y))
```

输出:

```
set(x) - set(y) -> {1, 2}
set(x)&set(y) -> {3, 4, 5}
set(x)|set(y) -> {1, 2, 3, 4, 5, 6, 7}
set(x)^set(y) -> {1, 2, 6, 7}
```

在上例中,通过运用操作符—、&、|、^分别对集合x和集合y进行了差集、交集、并集和对称集的计算。在Python的语法中还可以用in和not in来处理差集的运算。表3-12所示为集合的运算操作符和表达式。

表3-12 集合的运算操作符和表达式

运算符	表达式	含 义	运算方式	描 述
—	x—y	包含	差集	集合x中不包含集合y的元素
&	x&y	与	交集	集合x和集合y共同包含的元素
|	x|y	或	并集	集合x和集合y中的所有元素
^	x^y	异或	对称差集	集合x和集合y中不包含彼此的元素
in	x in y	包含	差集	判断集合y包含x,返回true
not in	x not in y	不包含	差集	判断集合y不包含x,返回true

不仅仅在set()函数内可以使用这些运算符和表达式,实际上直接使用运算符也可以达到一样的执行结果。示例代码如下。

```
x = {1,2,3,3,4,5,6,5}
y = {5,6,8,8,7,9}
print('x - y ->',x - y)     #输出集合x中不包含集合y的元素(差集计算)
print('x&y ->',x&y)         #输出集合x和y共同包含的元素(与,交集运算)
print('x|y ->',x|y)         #输出集合x和y中的所有元素(或,并集运算)
print('x^y ->',x^y)         #输出集合x和y中不包含彼此的元素(异或,对称集运算)
```

输出:

```
x - y -> {1, 2, 3, 4}
x&y -> {5, 6}
x|y -> {1, 2, 3, 4, 5, 6, 7, 8, 9}
x^y -> {1, 2, 3, 4, 7, 8, 9}
```

3.8.2 添加集合对象

顾名思义，函数 add()是用来添加数据元素的。在集合类型中添加元素的方法非常简单，只需要在函数 add()内写入相应被添加的元素即可。

```
x = {(1,2),(3,4)}
x.add(5)        #向集合中添加元素
print(x)
```

输出：

```
{(1, 2), (3, 4), 5}
```

此外，使用 update()函数也可以完成向集合添加数据的操作。

```
x = {(1,2),(3,4)}
x.update({6,'a'})        #向集合添加元素
print(x)
```

输出：

```
{(1, 2), 6, (3, 4), 'a'}
```

update()函数的使用方式在字典内置函数中已经举例演示。不同的是，在字典类型中使用 update()函数除了可以添加新元素(键值对)外，还可以修改键 key 所对应的值。而由于集合类型的无序性，在集合中只能完成添加操作。

3.8.3 删除集合对象

在集合数据类型中，通过 remove()函数和 discard()函数都可以完成删除集合内元素的操作。它们之间不同的是，通过 remove()函数删除集合内的元素，如果集合内并不存在该值，则系统会返回错误异常，而 discard()函数并不会返回异常。下面是用 remove()函数来删除集合对象。

```
x = set('123abc')
x.remove('2')          #在集合 x 内删除元素'2'
print('remove ->',x)
x.remove('m')          #在集合 x 内删除不存在的元素'm'
print(x)
```

输出：

```
Traceback (most recent call last):
remove -> {'3', '1', 'c', 'b', 'a'}
```

```
  File "C:/Users/Lilia/PyCharmProjects/chapter2/集合 2.py", line 4, in <module>
    x.remove('m')     # 在集合 x 内删除不存在的元素'm'
KeyError: 'm'
```

下面是通过 discard()函数来删除集合对象。

```
y = set('123abc')
y.discard('2')      # 在集合 y 内删除元素'2'
print('discard ->',y)
y.discard('m')      # 在集合 y 内删除不存在的元素'm'
print(y)
```

输出：

```
discard -> {'a', 'b', '3', 'c', '1'}
{'a', 'b', '3', 'c', '1'}
```

除了可以使用以上两种函数外，Python 还可以通过 pop()函数随机地删除集合中的对象。

```
y = set('123abc')
y.pop()   # 随机删除集合 y 中的元素
print(y)
```

输出：

```
{'b', '3', '1', '2', 'c'}
```

3.8.4 清空集合对象

与字典数据类型类似，集合类型也可以使用 clear()函数来达到清空集合对象的目的。

```
a = {1,2,3,4,5}
a.clear()     # 清空集合 a
print(a)
```

输出：

```
set()
```

3.8.5 冻结集合对象

由于集合是一组无序数据的组合，因此不存在哈希值，也无法通过索引方式去定位、修改、插入和切片。但 Python 语言设计了内置函数 frozenset()，通过它可以将本来无序的集合转变成有序的(有序是指该 frozenset 集合已经存在哈希值，但集合中元素对象还是无序排列的)、不可修改的集合,并会生成其对应的哈希值。因此,执行函数 frozenset()的结果也称为不可变集合。

```
a = [1,2,3]
f = frozenset(a)
print(f,type(f))
print('hashed->',hash(f))   #获取哈希值
```

输出:

```
frozenset({1, 2, 3}) <class 'frozenset'>
hashed-> -272375401224217160
```

从上例可以看出,通过 frozenset()函数可以将列表 a 转换为数据类型为 frozenset()的集合{1,2,3},并且也可通过 hash()函数来获取其哈希值。

而如果使用常规的 set()函数,则无法获取哈希值。示例代码如下。

```
b = [1,2,3]
s = set(a)
print(s,type(s))
print('hashed->',hash(s))
```

输出:

```
  File "C:/Users/Lilia/PyCharmProjects/chapter2/frozenset.py", line 12, in <module>
    print('hashed->',hash(s))
TypeError: unhashable type: 'set'
```

虽然冻结后的对象存在哈希值,但仍然无法使用索引地址的定位,也不能使用 add()、remove()等函数对其数据进行添加、删除等修改操作。软件项目的需求是多样的,有时需要使用集合数据的哈希值进行运算,或者希望冻结集合元素后插入到其他的数据类型中再进行运算。这时就可以采用 frozenset()函数的转换来达到其目的。

3.8.6 集合内置函数

除了之前举例的函数可以完成常规集合操作外,Python 语言还提供了其他一些内置函数来执行具体操作任务。表 3-13 所示为集合常用内置函数及其操作描述。

表 3-13 集合常用内置函数及其操作描述

函数	描述
add()	添加集合对象
update()	添加集合对象
remove()	删除集合对象,返回异常
discard()	删除集合对象
pop()	随机删除对象

续表

函　　数	描　　述
clear()	清空集合对象
copy()	复制集合(浅复制)
union()	返回多个集合的并集
difference()	返回多个集合的差集
difference_update()	直接修改该集合元素为在其他集合内不包含的对象(差集),并返回空值 None
intersection()	返回集合交集
intersection_update()	直接修改该集合元素为其他集合内都存在的对象(交集),并返回空值 None
symmetric_difference()	返回两个集合中都彼此不包含的对象(对称差集)
symmetric_difference_update()	返回两个集合中都彼此不包含的对象(对称差集),并更新原集合
isdisjoint()	判断两个集合内是否包含不相同的对象。是则返回 True;否则返回 False
issubset()	判断其他集合中是否包含该集合的所有对象。是则返回 True;否则返回 False
issuperset()	判断该集合所有对象是否包含在其他集合内。是则返回 True;否则返回 False(含义同上,但对比方式相反)

在表 3-13 所列的内置函数中,部分函数的操作目的较为接近,但又有所不同。下面就把几个容易被混淆理解和使用的函数列举加以说明。

1. difference()和 difference_update()

首先通过例子来说明函数 difference()的使用方式。

```
a = {1,2,3}
b = {2,3,4}
print('difference ->',a.difference(b))
print('a ->',a)
```

输出:

```
difference -> {1}
a -> {1, 2, 3}
```

如上例所示,使用函数 difference()后其返回值是集合 a 和 b 的差集{1},而并不改变原有集合 a 内的元素值。

而使用了函数 difference_update()后就不一样了。

```
a = {1,2,3}
b = {2,3,4}
print('difference_updated ->',a.difference_update(b))
print('a',a)
```

输出：

```
difference_updated -> None
a {1}
```

在使用 difference_update()函数后，虽然该函数并无返回对象（None 空），但实际上已经修改了原数据集合 a 中的元素。其结果是直接修改原集合 a 值为集合 a 和 b 的差集。

实际上，不仅可以在两个集合中求解差集，这两种函数也可以在求解多个集合的差集中使用。示例代码如下。

```
a = {1,2,3,4}
b = {3,4,5,6}
c = {4,5,6,7}
d = {5,6,7,1}
print('difference ->',a.difference(b,c,d))
print('difference_updated ->',a.difference_update(b,c,d))
print('a',a)
```

输出：

```
difference -> {2}
difference_updated -> None
a {2}
```

通常为了进行差集计算，除了这里介绍的函数 difference()，一如之前所讲的，使用集合的运算符“－”也可以达到相同的效果，并且语句更加简洁，执行效率也更高。示例代码如下。

```
a = {1,2,3,4}
b = {3,4,5,6}
c = {4,5,6,7}
d = {5,6,7,1}
e = a - b - c - d      #集合 a 与集合 b、c、d 的差集
print('e = a - b - c - d ->',e)
```

输出：

```
e = a - b - c - d -> {2}
```

2. intersection()和 intersection_update()

与上述雷同，这两个函数之间也存在类似的区别。下面还是通过举例来说明。示例代码如下。

```
a = {1,2,3}
b = {2,3,4}
print('intersection ->',a.intersection(b))
print('a ->',a)
```

输出：

```
intersection -> {2, 3}
a -> {1, 2, 3}
```

使用 intersection()函数可以返回集合 a 和 b 的交集{2,3}，同样不改变原有集合 a 的元素。但使用了函数 intersection_update()则返回空值，而且直接修改了原有集合 a 的对象。原有集合 a 中的对象被修改为集合 a 和 b 中的交集{2,3}。示例代码如下。

```
a = {1,2,3}
b = {2,3,4}
print('intersection_updated ->',a.intersection_update(b))
print('a ->',a)
```

输出：

```
intersection_updated -> None
a -> {2, 3}
```

这两种函数同样也适用于求解多个集合的交集。下面就以 3 个集合为例来说明。示例代码如下。

```
a = {1,2,3,4}
b = {2,3,4,5}
c = {3,4,5,6}
print('intersection ->',a.intersection(b,c))
print('intersection_updated ->',a.intersection_update(b,c))
print('a ->',a)
```

输出：

```
intersection -> {3, 4}
intersection_updated -> None
a -> {3, 4}
```

同样在 Python 中的运算符 & 也可以完成与函数 intersection()相同的计算交集的任务。示例代码如下。

```
a = {1,2,3,4}
b = {2,3,4,5}
c = {3,4,5,6}
d = a&b&c              #计算集合 a 和集合 b、c 的交集
print('d = a&b&c ->',d)
```

输出：

```
d = a&b&c -> {3, 4}
```

3. symmetric_difference()和 symmetric_difference_update()

这两种函数都是用来求解对称差集的,有些书上也称其为"对称集"。也就是求解在两个集合中都不包含彼此的对象元素。读者需要注意的是,对称差集的函数与上两组函数不同,它无法在多个集合中使用,仅限于在两个集合之间的求解计算。示例代码如下。

```
a = {1,2,3,4}
b = {2,3,4,5}
print('symmetric_difference>',a.symmetric_difference(b))
print('a->',a)
```

输出:

```
symmetric_difference> {1, 5}
a-> {1, 2, 3, 4}
```

在上例中,通过 symmetric_difference()函数可以返回集合 a 和 b 的对称差集{1,5},也就是求解集合 a 和集合 b 的并集,减去集合 a 和集合 b 的交集的结果。但同样并不会改变原集合 a 内的元素值。

下例是使用 symmetric_difference_update()函数的执行结果。

```
a = {1,2,3,4}
b = {2,3,4,5}
print('symmetric_difference_updated>',a.symmetric_difference_update(b))
print('a->',a)
```

输出:

```
symmetric_difference_updated> None
a-> {1, 5}
```

在该范例中,symmetric_difference_update()函数的返回值是空值(None),但也直接修改了原集合 a 的元素为集合 a 和 b 的对称差集。

利用异或运算符^,也表达了和函数 symmetric_difference()一样的含义。示例代码如下。

```
a = {1,2,3,4}
b = {2,3,4,5}
c = a^b      #计算两个集合的异或值(对称差集)
print('d = a^b->',c)
```

输出:

```
d = a^b-> {1, 5}
```

虽然异或运算符^可以在表达式中使用多个,并不会与使用函数一样返回异常(报错),但其结果将会与求解对称差集的结果不同,对称差集通常只用在两个集合之间。

4. issubset()和 issuperset()

这两个函数是用来做判断使用的,返回值只有 True 或者 False。

issubset()函数是用来判断其他的集合是否包含该集合的所有对象,如果是就返回 True;而 issuperset()函数是用来判断该集合是否包含了其他集合的所有对象,如果是也返回 True。也就类似于判断是否属于某集合内的子集合或者是其父集合的含义。示例代码如下。

```
a = {3,4}
b = {2,3,4,5}
print(a.issubset(b))       #判断集合 a 是否属于集合 b 的子集合
print(a.issuperset(b))     #判断集合 a 是否属于集合 b 的父集合
```

输出:

```
True
False
```

3.9 数据类型转换

3.9.1 常用数据类型转换函数

在 Python 语言中,数据类型之间的相互转换也非常方便。通常只需要将数据类型名称转做函数名即可。比如要转换 23 为字符串型数据,则只需要运用函数 str(23)即可。当然如果进行了不合理的类型转换,则会被系统拒绝。比如,要转换列表[1,2]为整型类型数据,则系统会返回异常。表 3-14 所示为 Python 语言数据类型转换函数。

表 3-14 常用数据类型转换函数

函 数	表 达 式	运算结果	描 述
int(x [,base])	int(ab,16)	171	将一个字符串 x 转换为整数(base 是指采用何种进制方式,默认为十进制)
float(x)	float('12')	12.0	将一个字符串或者数值 x 转换成浮点数
complex(real [,imag])	complex(11,22)	(−11+0j)	创建一个复数
str(x)	str('12b')	12b	将一个任意对象 x 转换为字符串
repr(x)	repr('a' * 2)	aa	解析一个任意对象 x 的表达式
eval(str)	eval('[1,2,3]')	[1,2,3]	解析一个字符串表达式
tuple(x)	tuple([1,2])	(1,2)	将一个非数值类型的对象 x 转换为元组
list(x)	list({1:2,3:4})	[1, 3]	将一个非数值类型对象 x 转换为列表
set(x)	set('ab')	{'a', 'b'}	将一个非数值类型 x 转换为集合
dict('x')	dict('a'=2,'b'=4)	{'a': 2, 'b': 4}	创建一个字典 x,必须是键/值对结构
frozenset(x)	frozenset({1,2})	{1,2}	转换对象 x 为不可变集合
chr(x)	chr(126)	~	将一个整数转换为 ASCII 码的字符
ord(x)	ord('m')	109	将一个字符转换为 ASCII 码对应整数

续表

函　　数	表 达 式	运算结果	描　　述
hex(x)	hex(123)	0x7b	将一个整数转换为十六进制字符串
oct(x)	oct(86)	0o126	将一个整数转换为八进制字符串
zip()	zip		将多个对象对应的元素打包成元组返回

Tips：再次需要强调的是，在做数据类型的相互转换时，只有合理的数据元素才能被解析执行。比如：使用 int('ab',8)，就意味着使用八进制的解析方式来输出 ab 值。但八进制中并不包含字符串(十六进制以上才包含字符串数据)，因此会返回异常。同样，float()所解析的也只能是数值类型的字符串，如 float(2)，无法解析 float('a')等。

3.9.2　zip()函数

在表 3-14 内的 zip()函数主要使用在元组数据类型的转换上。它可以将多个可迭代(iterable)的对象元素组合成元组以供进一步运算(可迭代对象在下个章节会有进一步说明)。如果可迭代对象的元素个数不相同，则其返回对象的长度与最短的对象相同。

下例是用一个字典类型数据和一个列表类型数据组合在一起输出。

```
a = {1:'a',2:'b',3:'c'}
b = [5,6,7,8]
#把字典 a 的键 key 和列表 b 通过 zip()函数转换成一组元组对象
c = zip(a,b)
print('zip(a,b) ->',c)          #输出转换后的元组对象
d = list(c)                     #把生成的元组对象 c 转换成列表 d
print('list(zip(a,b)) ->',d) #输出转换后的列表 d
```

输出：

```
zip(a,b) -> <zip object at 0x00000267B72E0488>
list(zip(a,b)) -> [(1, 5), (2, 6), (3, 7)]
```

在此例中，字典 a 和列表 b 通过 zip()函数转换成了一组元组对象。也就意味着使用了字典的键 key 与列表 b 中的元组对象一一对应组合成一组元素对象 c。这时输出 c，就可看到其返回值是以对象的形式(＜zip object at 0x00000267B72E0488＞，这一点与 Python 2.x 是不同的)。该输出的对象 c 进一步就可以进行各种运算。在本例是通过 list 列表的形式进行输出，这样数据内容就更加直观。但实际上组合后的数据对象 c 还可以通过循环控制语句进行更多类型的运算。示例代码如下。

```
a = [1,2,3]
b = [4,5,6]
c = [7,8,9]
for x,y,z in zip(a,b,c):
    print(x,y,z,'x * y * z',' = ',x * y * z)
```

输出：

```
1 4 7 x*y*z = 28
2 5 8 x*y*z = 80
3 6 9 x*y*z = 162
```

3.10 operator 模块

除了以上所讲的常规数据类型操作函数外，在 Python 3.x 版本中，变化最大的应该是推广了自建模块 operator 的使用范围。该模块提供了一系列函数方法，这些方法可以替代原有的通过字符串运算符的各类操作。比如，使用 operator.add(a, b)与表达式 a+b 是等效的。该模块的内置函数众多，涵盖了对象的比较、逻辑运算和数学运算、队列操作以及抽象类型的测试等。最突出的是，该模块的比较对象函数替代了原有的 Python 内置函数 cmp()。使用 operator 模块内的比较对象函数更加灵活，因为这些函数可以返回任何类型而不仅限于布尔值(真或假)。

```
import operator                #引入自建模块 operator
a = 'abc'
b = 'bcd'
print(operator.eq(a,b))        #比较 a 和 b 值,不等返回 false
```

输出：

```
False
```

在上例中，使用了 operator.eq()函数来比较字符串 a 和 b 的值。表 3-15 所示为常用的 operator 模块的函数及其表达式。

表 3-15 常用的 operator 模块的函数及其表达式

操 作	函 数	描述(替代运算符)
相加	operator.add(a,b)	a+b
相减	operator.sub(a,b)	a-b
相乘	operator.mul(a,b)	a * b
相除,返回整型	operator.floordiv(a,b)	a /b (int)
相除,返回浮点型	operator.truediv(a,b)	a /b (float)
指数运算	operator.pow(a,b)	a ** b
取余	operator.mod(a,b)	a%b
取绝对值	operator.abs(a)	| a |
比较相等	operator.eq(a,b)	a==b
大于等于	operator.ge(a,b)	a>=b
大于	operator.gt(a,b)	a>b
小于等于	operator.le(a,b)	a<=b

续表

操　作	函　数	描述(替代运算符)
小于	operator. lt(a,b)	a<b
不等于	operator. ne(a,b)	a != b
判断等于	operator. is_(a,b)	a is b
判断不等于	operator. is_not(a,b)	a is not b
判断真值	operator. truth(a)	判断 a 是否为真
取负数	operator. neg(a)	-a
取正数	operator. pos(a)	+a
取反	operator. invert(a)	~a
非	operator. not_(a)	not a
或	operator. or_(a,b)	a | b
与	operator. and_(a,b)	a&b
字符串相加	operator. concat(seq1,seq2)	seq1+seq2
包含,返回布尔值	operator. contains(seq,b)	b in seq (bool)
b 在 a 中的次数	operator. countOf(a,b)	返回 b 在 a 中出现的次数
重复 n 次	operator. repeat(seq,n)	seq 重复 n 次
异或	operator. xor(a,b)	a ^ b
按索引取值	operator. getitem(a,b)	a[b]
按索引赋值	operator. setitem(a,b,c)	a[b]=c
按索引删除	operator. delitem(a,b)	del a[b]
返回首次索引值	operator. indexOf(a,b)	返回 b 在 a 中首次出现位置的索引值
获取切片	operator. getitem(seq,slice(i,j))	seq[i:j]
切片赋值	operator. setitem(seq,slice(i,j),values)	seq[i:j]=values
切片删除	operator. delitem(seq,slice(i,j))	delseq[i:j]
格式化字符串	operator. mod(s,obj)	s%obj
a 等于 a 加 b	operator. iadd(a,b)	a+=b
a 等于 a 减 b	operator. isub(a,b)	a-=b
a 等于 a 乘 b	operator. imul(a,b)	a*=b
a 等于 a 除 b,返回整型	operator. ifloordiv(a,b)	a /=b (int)
a 等于 a 除 b,返回浮点型	operator. itruediv(a,b)	a /=b(float)
a 等于 a 除 b 的余数	operator. imod(a,b)	a%=b
a 等于 a 与 b	operator. iand(a,b)	a&=b
a 等于 a 的 b 次方幂	operator. ipow(a,b)	a **= b
a 等于 a 加上 b 字符串	operator. iconcat(seq1,seq2)	seq1+=seq2
右移	operator. rshift(a,b)	a>>b
左移	operator. lshift(a,b)	a<<b

读者需要注意的是,通常通过以上表达式的处理要比使用处理函数更有效率。

3.11 Python 真值的处理

Python 语言除了动态语言的特征与其他常用编程语言(如 C/C++)不同外,其对真值的处理也与 C 语言不同。在 Python 中,任何非 0 的数字和非空的对象都为真。而数字 0、空对象,如空列表[]、空字典{}、None 都为假。使用比较语句时返回 True 或者 False,而进行逻辑运算,如使用 and 和 or 比较对象时,会返回参与运算的真或者假的对象。示例代码如下。

```
>>> 5 < 6
True
>>> 7 == 9
False
>>> not 0, not [3,4], not 'a', not (0,)
(True, False, False, False)
>>> 0 and [1,2]
0
>>> [2,3] and (1)
1
>>> True and {1,2}
{1, 2}
>>> {'a':1,'b':2} or [6,7]
{'a': 1, 'b': 2}
>>> False or [1]
[1]
>>> 0 or []
[]
```

上例为了解释方便,使用了 Python 自带的 Shell-IDLE 进行输出演示。

在 Python 中,and 和 or 运算符返回的是运算的对象,而不是通常编程时认为的 True 或 False。

比如:在进行 and 运算时,是按照顺序从左向右进行顺序计算的。找到第一个为假的对象就返回该对象,无论是否右侧还有需要计算的对象都会结束运算。这种运算方式也称为"短路计算"。而如果参与运算的对象都为真,则返回最后一个为真的对象。因此,上例所示的 0 and [1,2]结果是 0,而[2,3] and (1)的结果是 1。

同样 or 运算也与此类似,进行 or 运算时,找到第一个为真的对象后就直接返回该对象并结束运算。而如果参与 or 运算的对象都为假,则返回最后一个为假的对象。因此,{'a':1,'b':2} or [6,7]的结果是{'a': 1, 'b': 2},而>>> False or [1]的结果为[1]。

3.12 操作文件方法

Tips:在 Python 3 中已经取消了文件数据类型,因此也无法再用函数 file()来进行外部文件的读取。但实际上过去也通常使用蕴含有更丰富操作的 open()函数来替代 file()函数完成文件读取的操作。

要完成该任务，就需要首先了解 Python 中内置的读取文件函数 open()和关闭文件函数 close()。

3.12.1 文件读取

open()函数是用于打开文件并返回所打开的文件对象。其最常用的使用方法如下。

```
file = open('myfile.txt',encoding = 'utf - 8')      #打开文件对象
d = file.read()                                      #读取所打开的文件对象
…                                                    #对文件对象的各类操作
file.close()                                         #关闭文件
```

比如：在当前项目下有一个名为“水调歌头”的文本文件，希望通过 Python 语言读取出来，则至少需要以下语句实现。

```
file = open('水调歌头.txt',encoding = 'gb2312')
d = file.read()
print(d)
file.close()
```

输出：

```
C:\Users\Lilia\PyCharmProjects\chapter2\venv\Scripts\Python.exe
C:/Users/Lilia/PyCharmProjects/chapter2/文件读取.py
明月几时有？把酒问青天。不知天上宫阙，今夕是何年？我欲乘风归去，又恐琼楼玉宇，高处不胜寒。起舞弄清影，何似在人间？转朱阁，低绮户，照无眠。不应有恨，何事长向别时圆？人有悲欢离合，月有阴晴圆缺，此事古难全。但愿人长久，千里共婵娟。

Process finished with exit code 0
```

若是通过在 PyCharm 项目下直接创建的文本文件，由于默认 PyCharm 编码格式为 UTF-8，因此其编码格式往往为 UTF-8。但笔者是在中文 Windows 系统下创建的文档，然后通过 Python 来读取，因此可使用中文 GBK 或 GB2312 编码格式 encoding='gb2312'去读取该文档。如果读者的文档编码格式是 UTF-8 则修改为 encoding='utf-8'即可。

3.12.2 关闭文件

在使用完某文档后，最好调用 close()函数方法去关闭文件对象。因为 open()函数有时会利用缓冲区进行读取运算，这时其运算结果并不会直接写入磁盘空间内。调用 close()函数后就可以把针对文件对象的一系列操作运算结果由内存写入磁盘中。这时的 open()函数与 close()函数的使用就类似于一个控制程序的起始端与末尾端之间的关系。因此，无论在何种状况下运算，在操作文档后使用 close()函数都是一个良好的 Python 编程习惯。

close()函数就是指关闭之前所打开的文档，文档被关闭就不能再进行读写操作；否则会返回异常。另外，该函数的使用简单并且没有返回值，也允许在同一个文件内被调用多次。

3.12.3 open()函数的参数

在 open()函数中的可选参数众多,但常用的参数有文件路径、编码格式及读取方式。

1. 文件路径

文件路径是指从本 Python 文件到需打开文件所在位置的路径。通常文件路径分为绝对路径和相对路径两种打开方式。上例是使用相对路径的方式'水调歌头.txt'(该文件与本 Python 文档同属于一个目录下)来打开。而绝对路径就是指该文件存在本地计算机中的具体位置,如:C:/Users/Lilia/PyCharmProjects/chapter2/'水调歌头.txt'。

2. 编码格式

用以指明编码格式的参数 encoding 也是打开文档的常用参数之一。它也是可选参数,是指明文档被编辑时所用编码格式。如果读取采用了不正确的编码格式,则会输出乱码或返回异常。通常中文常用的编码格式为 GBK、GB2312、GB18030、BIG5、Unicode 或者 UTF-8。

下面为常用的字符编码格式说明。

(1) ASCII 表示英文字符和数字,扩展后使用 8 位表示 256 个字符。

(2) GB2312 是简体中文的编码格式(支持 6763 个常用汉字)。

(3) GBK 是 GB2312 基础上的扩容(兼容 GB2312,支持繁体,并包含全部中文字符)。

(4) BIG5 是繁体中文编码格式。

(5) GB18030 是最近的中文编码格式(向下兼容 GBK 和 GB2312 标准)。

(6) Unicode 是由国际组织统一制定的字符编码格式(可容纳世界上所有文字和符号)。

(7) UTF-8 是目前国际上最通用的编码格式(属于 Unicode 的变体)。

3. open()的读取模式

文件的读取模式也就是 open()函数的参数设置,它包括很多种类。表 3-16 所示为一些常用的文件读取模式参数值的含义。

表 3-16 常用的 open()函数读取模式

模式	描 述
t	读取文本模式(默认,可识别 Win 平台换行符\r\n)
x	新建或写文件模式(如该文件已存在则返回异常)
b	以二进制格式读取文件(不用考虑编码方式,一般用于非文本文件,如图片)
+	写文件模式
r	只读文件模式(默认,文件若不存在则返回异常)
rb	只读文件模式(二进制格式,一般用于非文本文件)
r+	读写文件模式(默认从文件起始处编辑,会覆盖之前内容)
rb+	读写文件模式(二进制格式,一般用于非文本文件)
w	写入文件模式(删除原文件内容,如果文件不存在,则新建文件)
wb	写入文件模式(二进制格式,其他同上)
w+	读写文件模式(删除原文件内容,如果文件不存在,则新建文件)
wb+	读写文件模式(二进制格式,其他同上)
a	追加文件模式(从文件末尾处编辑,如果文件不存在,则新建文件)
ab	追加文件模式(二进制格式,其他同上)
a+	读写文件模式(从文件末尾处编辑,如果文件不存在,则新建文件)
ab+	读写文件模式(二进制格式,其他同上)

从表3-16中可以看出，凡是带有b的模式是指以二进制格式的方式来解析文件，多数用于非文本类型文件，如图片、网络接口等数据；凡是带有+的是指可以对打开的文件进行“写”操作。只有可写入模式下才能编辑文档(如使用读写模式r+才可以使用write()函数写入数据)；否则会返回异常。并且即便是写入操作，也被分为在文件起始处编辑、文件末尾处编辑或者删除文件重新编辑等多种模式。

另外，单字母模式都是可以组合的，并不仅限于以上的介绍。以r、w、a为基本的读写模式，配合b、t和+等字符可以组合使用。比如有时会使用rt模式，这是代表在读模式下，文本会自动把Windows平台的换行符\r\n转换成Python通用的换行符\n，而在wt模式下，Python会使用\r\n来代表换行。

但上述open()函数模式的选择，只能针对所打开的文件指定其读写模式，并不能真的展开对文件进一步的读写操作。要执行对文件的读写等操作，还需配合相应的函数方法。

3.12.4 操作文件的函数表达式

表3-17所示为常用操作文件的函数表达式及其描述。

表3-17 常用操作文件的函数表达式及其描述

函数表达式	描述
a. close()	关闭文件a(无法读写)
a. flush()	直接刷新内存缓冲区数据到文件a内
a. fileno()	返回文件a的代号(整型，可用于其他底层模块的操作)
a. isatty()	判断文件a是否连接到终端设备(是则返回True)
a. next()	返回文件a的下一行对象
a. read(32)	从文件a中读取字节长度为32的字符串(若参数为空或为负则读取所有)
a. readline(28)	从文件a中读取该行字节长度为28的字符串(包括\n符，若参数为空或为负则读取整行)
a. readlines()	从文件a中读取所有行并以列表形式返回(如果有参数则表示返回的字符串数量)
a. seek(20,0)	设置文件a操作指针位置(第一个参数是指offset偏移量，偏移量为-1；第二个参数是指偏移起始点whence，为0是指从文件a开始算起；2是指从文件a末尾算起；1是指从当前指针位置算起；可省略，默认为0)
a. tell()	返回当前文件a的操作指针所在位置
a. truncate(20)	在文件a中截取字节长度为20的元素对象
a. write('abc')	在文件a的末尾追加字符串abc(返回值为字符串长度)
a. writelines(['a','b','c'])	在文件a的末尾追加列表型字符串['a','b','c'](无返回值)，也可添加其他序列数据类型的字符串

在进行读写操作时，经常会出现明明已经正确打开了文件，但经过编辑后反而文件成为乱码等。这些问题往往是由于操作指针的指向造成的。当写入操作后，操作指针并不指向文件开始位置时，再次读取文件read()函数(其默认从开始读)就会导致随机字符的出现，这些并不是编码问题造成的。这些乱码可以通过在读取文件前重置操作指针的指向为文件起始端加以解决(在read()函数前增加seek(0,0))。

seek()函数在读取文件中是一个重要参数，它可以设置操作指针的位置。第一个参数 offset 是指偏移量(单位为字节数)，第二个参数是指偏移起始点。但需要强调的是，由于采用不同的字符编码，其偏移量可能是不同的，因此，配合使用 tell()函数就可得到用户当前操作指针的具体位置。

另外需要注意的是，在文本文件中如果没有使用二进制 b 模式读取文件，则只允许从文件开始计算相对位置(从文件末尾或者从当前指针位置计算时会抛出异常)。因此，若要在指定位置插入字符串，需要采用二进制 b 的模式进行读取操作。

3.13 编程实例：把 Python 输出到 Word 文档

3.13.1 任务要求

在许多实际应用中，需要把 Python 的结果输出成对用户友好的 Word 文档，便于用户更直观地浏览。本任务的要求就是以诗词“水调歌头”为例，如图 3-3 所示。

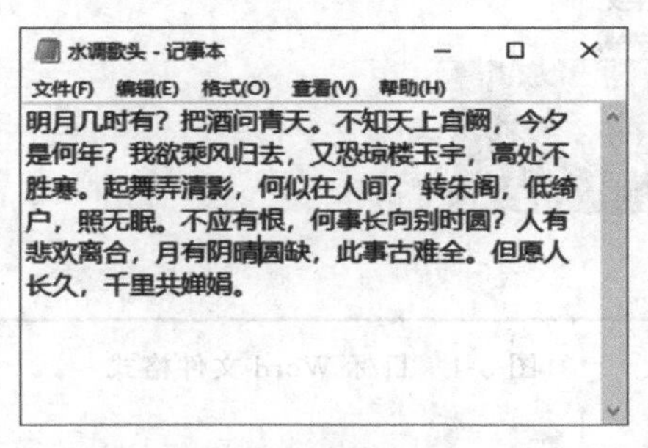

图 3-3 水调歌头.txt 原文件格式

把原本只存在文本形式的诗词“水调歌头”文件 txt 格式，输出到 Word 文档中，要求输出的 Word 文档是以标点符号为结尾的诗词模式，并要修改其文本颜色、行间距，同时加入适当的图片及诗词的标题。目标输出文件如图 3-4 所示。

3.13.2 Python-docx 扩展库的使用

日常的文本操作除了可以通过 open()函数来进行读取和简单的写入外，Python 也有第三方库来提供更为多样的编辑功能。比如，对应日常所用的 Office 套件中的 Word、PPT、Excel 等软件，Python 也提供了相应的外部扩展库可以被直接调用，如 Python-docx 模块就是为了应对 Office 组件中 Word 文档相关导入、输出、排版的一个专用 Python 扩展库。

为了完成输出为 Word 文档的任务，就要首先安装该库并通过官网文档的介绍对该库的使用功能和参数做一个详细的了解。下面就以 Python-docx 扩展库的安装过程为例来介绍在 PyCharm 中如何安装各类外部扩展库。

1. docx 扩展库的安装

在 PyCharm 中选择菜单中的 File→Settings 命令，可以看到图 3-5 所示界面。

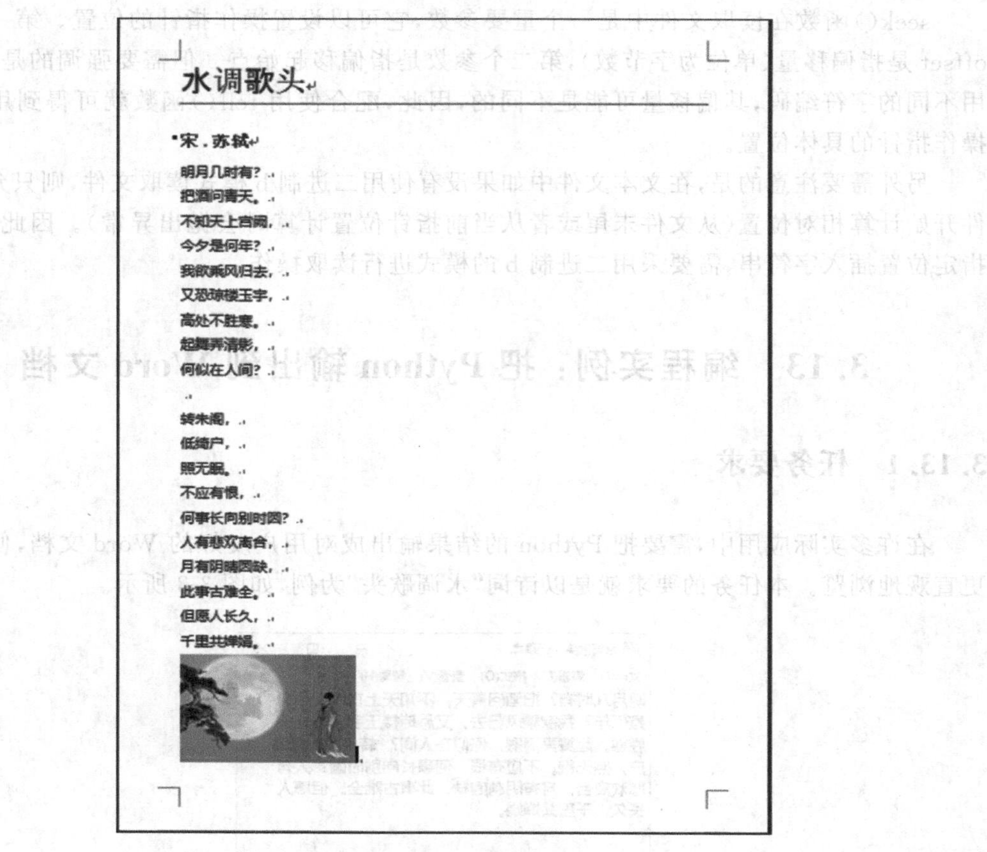

水调歌头

宋．苏轼

明月几时有？

把酒问青天。

不知天上宫阙，

今夕是何年？

我欲乘风归去，

又恐琼楼玉宇，

高处不胜寒。

起舞弄清影，

何似在人间？

转朱阁，

低绮户，

照无眠。

不应有恨，

何事长向别时圆？

人有悲欢离合，

月有阴晴圆缺，

此事古难全。

但愿人长久，

千里共婵娟。

图 3-4　目标 Word 文件格式

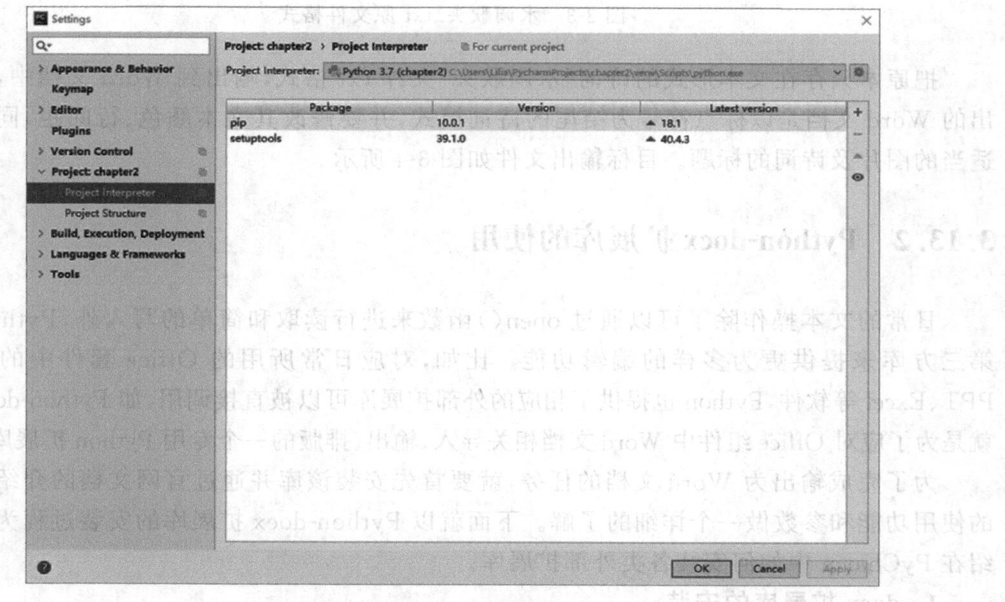

图 3-5　PyCharm 安装插件界面

目前的 PyCharm 中已经默认安装了 pip 和 setuptools 两个模块包。单击右方侧面的＋按钮去查找所需的插件模块包。进入下一个界面，在查询框内输入所需模块名称，如 Python-docx，则会在右侧出现相应的软件扼要说明及软件的作者名等信息。单击界面左下方的 Install Package 按钮，开始相应的下载安装过程（安装过程需要使用网络），如图 3-6 所示。

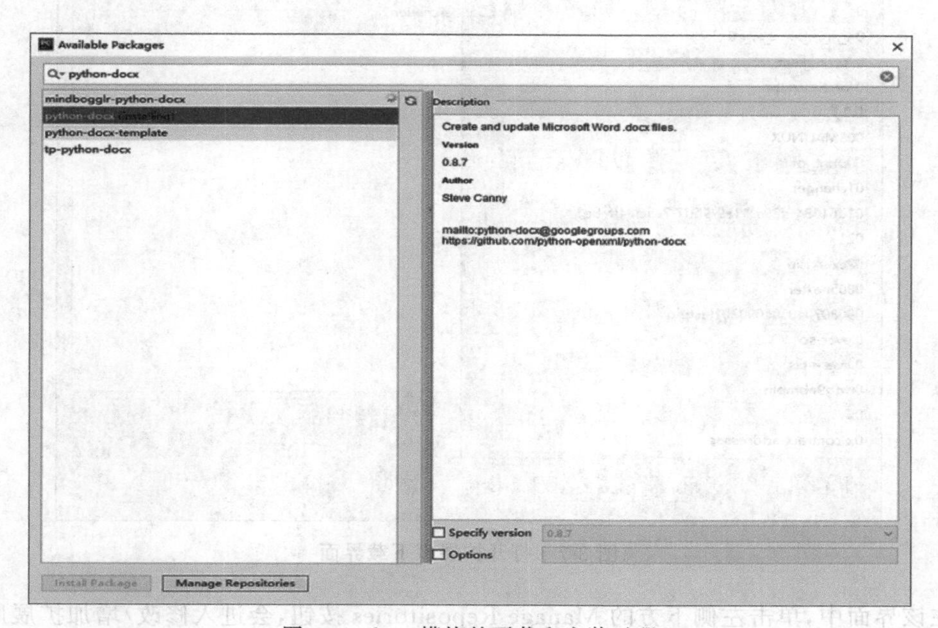

图 3-6　docx 模块的下载和安装过程

安装完成后关闭当前页面。会看到在 Settings 主界面的下方有绿色提示，表明已经正确安装了该扩展库。但有时会由于网络下载等问题导致安装未完成的现象，这时只需要重新下载安装该库即可。

在这个界面中细心的读者可以发现，实际上随着 docx 模块包的下载安装，也同时安装了 lxml 模块包。这是因为使用 docx 模块需要调用此包的功能程序，它是 docx 模块的有效组成部分，但同时该模块库也是独立可以被直接调用的。

lxml 模块包的主要任务是解析 HTML 和 XML 语言。其解析效率高，是目前主流的 Python 解析库之一。最初时它多用于搜寻 XML 文档，但也同样适用于对 HTML 文档的检索。

2. 更换国内安装源

由于 Python 的第三方库往往都架设在国外，安装过程非常耗时，有时还连接不上。所以，通常安装软件会选择采用国内镜像源的方法来缩短软件下载安装的时间。

通过 PyCharm 来增加国内镜像源的方法也很简单，首先要获取国内镜像源的地址。大家自行通过浏览器搜索即可。下面仅列出两个常用的国内安装源。

- https://pypi.tuna.tsinghua.edu.cn/simple（清华安装源）
- https://mirrors.aliyun.com/pypi/simple/（阿里云安装源）

获取到国内安装源网址后即可进入 PyCharm 增加下载的源地址。与之前安装扩展库的方法类似，也是在 PyCharm 中选择菜单中的 File→Settings 命令，然后单击右方侧面的＋按钮转到下载扩展库的界面，如图 3-7 所示。

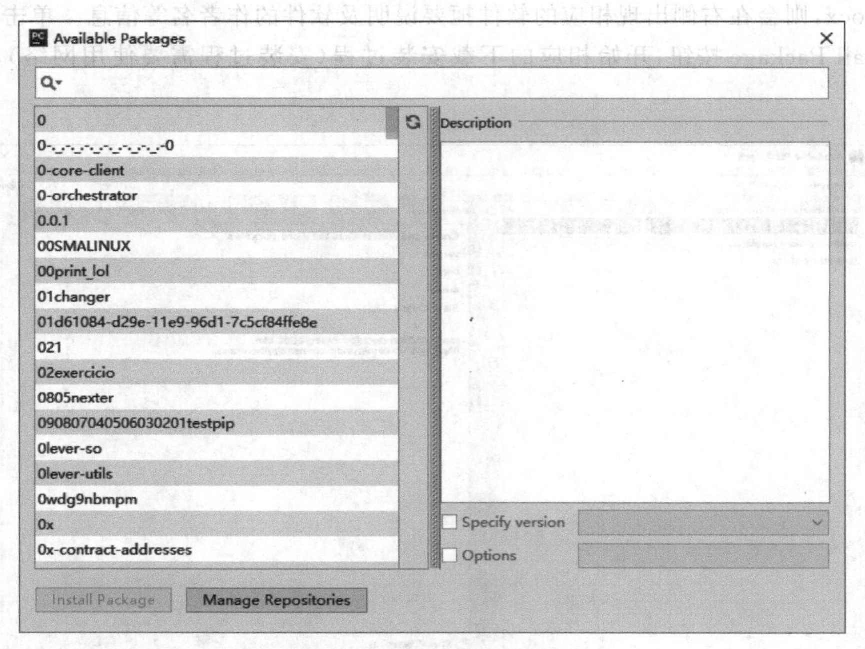

图 3-7　打开扩展库下载界面

在该界面中，单击左侧下方的 Manage Repositories 按钮，会进入修改/增加扩展库下载源的界面，如图 3-8 所示。

在该页面中单击右侧的＋按钮，会弹出 Repository URL 对话框。在该对话框内加入需要的第三方扩展库下载地址即可。读者可以在此处自行添加或修改多个下载源地址，如图 3-9 所示。

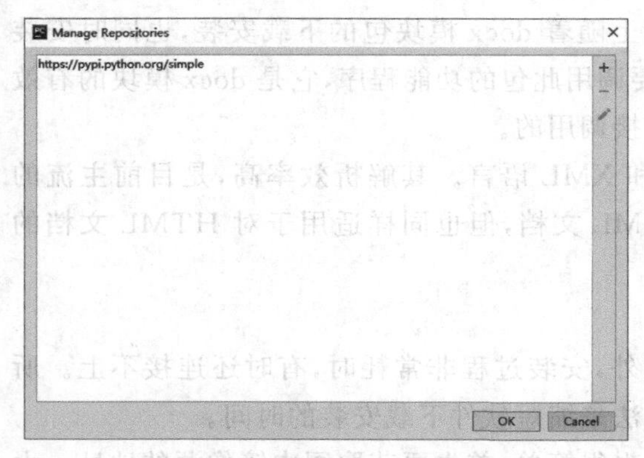

图 3-8　增加扩展库的下载源

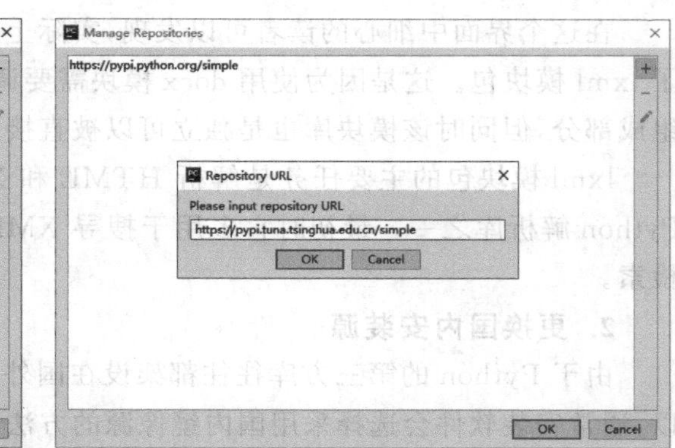

图 3-9　增加扩展库的下载源地址

当添加完该功能后再次打开该界面，会发现下载扩展库的界面已与之前稍有不同，每种扩展库名称的右侧会相应地出现灰色的下载源地址，如图 3-10 所示。如果需要下载国内的镜像源，只需要按照灰字的描述单击相应的链接即可。

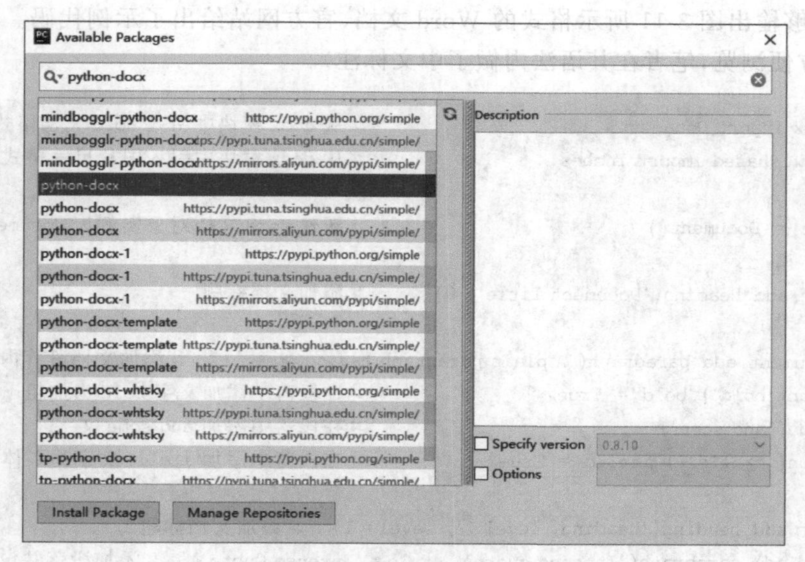

图 3-10　添加了外部源地址的界面

3. Python-docx 的使用

Python 语言的重要特色之一就是其丰富的各类扩展库能够协助用户实现各类特定的功能需求。要了解每种扩展库的使用，最好的办法就是去其官方网站查看使用说明。该扩展库的官方网站地址为 https://python-docx.readthedocs.io/en/latest/，读者可以自行查看官方网站对于该扩展库参数的详尽说明。

图 3-11 所示部分介绍摘自官方网站示例，Python-docx 可以编辑导入或输出类似以下格式的 Word 文档。

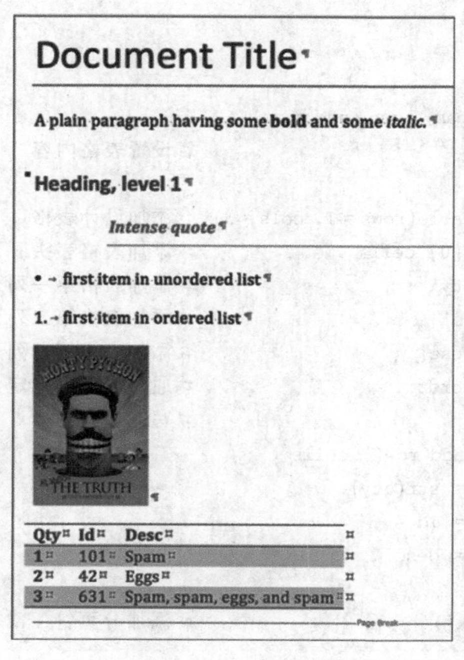

Document Title

A plain paragraph having some **bold** and some *italic.*

Heading, level 1

Intense quote

- first item in unordered list

1. first item in ordered list

Qty	Id	Desc
1	101	Spam
2	42	Eggs
3	631	Spam, spam, eggs, and spam

Page Break

图 3-11　Python-docx 官方网站使用样例

为了能够输出图 3-11 所示格式的 Word 文档,官方网站给出了示例代码。其基本语法如下(为了方便浏览,笔者在其语法内做了中文标注)。

```
from docx import Document                              # 从 docx 模块中引入 Word 文档格式
from docx.shared import Inches                         # 从 docx 模块中引入图片尺寸格式

document = Document()                                  # 新建 Word 文档对象实例为 document 变量

document.add_heading('Document Title', 0)              # 添加文档标题

p = document.add_paragraph('A plain paragraph having some ')    # 添加文档段落内容
p.add_run('bold').bold = True                          # 在段落中添加文字 bold 为加粗
p.add_run('and some')                                  # 在段落中添加 and some 文字
p.add_run('italic.').italic = True                     # 在段落中添加 italic 文字为斜体

document.add_heading('Heading, level 1', level = 1)    # 添加文档标题 1
document.add_paragraph('Intense quote', style = 'Intense Quote')    # 添加段落并设置样式

document.add_paragraph(
    'first item in unordered list', style = 'List Bullet'
)                                                      # 设置无序列表
document.add_paragraph(
    'first item in ordered list', style = 'List Number'
)                                                      # 设置有序列表

document.add_picture('monty - truth.png', width = Inches(1.25))    # 添加图片并设置大小

records = (
    (3, '101', 'Spam'),
    (7, '422', 'Eggs'),
    (4, '631', 'Spam, spam, eggs, and spam')
)                                                      # 设置表格内容

table = document.add_table(rows = 1, cols = 3)         # 添加设计表格
hdr_cells = table.rows[0].cells                        # 添加表格表头
hdr_cells[0].text = 'Qty'                              # 添加表格第一列列名
hdr_cells[1].text = 'Id'                               # 添加表格第二列列名
hdr_cells[2].text = 'Desc'                             # 添加表格第三列列名
for qty, id, desc in records:                          # 通过遍历列把定义号的表格 records 内容
                                                       # 写入表格内
    row_cells = table.add_row().cells
    row_cells[0].text = str(qty)
    row_cells[1].text = id
    row_cells[2].text = desc

document.add_page_break()                              # 添加分页符
```

实际上，docx模块的使用并不局限于以上简单的例子。它还可以具体细化到设置文本文字的大小、颜色、对齐方式等，具体内容和参数可以参见其官方网站(https://Python-docx.readthedocs.io/en/latest/index.html)的英文介绍。

3.13.3 实例编程代码

为了完成本节的编程任务要求，把无格式的txt文件输出成诗词格式，并添加图片和标题的Word文档，其编程的主要代码如下。

```
from docx import Document              #引入docx模块的Word文档模板
from docx.shared import Inches         #设置尺寸大小用inches表示
from docx.shared import RGBColor       #设置字体颜色
from docx.oxml.ns import qn            #设置中文字体
from docx.shared import Pt             #设置大小单位用Pt表示(字号、间距等)
import re                              #引入正则表达式(匹配字符串使用)

doc = Document()                       #设置空Word文档doc

doc.add_heading('水调歌头',0)          #添加0级标题"水调歌头"
doc.add_heading('宋 . 苏轼',1)         #添加1级标题"宋.苏轼"

doc.styles['Normal'].font.name = '微软雅黑' #定义中文字体名"微软雅黑"
doc.styles['Normal']._element.rPr.rFonts.set(qn('w:eastAsia'),'微软雅黑')
                                       #设置正文默认为微软雅黑
doc.styles['Normal'].font.size = Pt(12) #设置段落字号为12

#下面一组程序把"水调歌头.txt"输出为以标点符号为结束的一行行诗词格式
f = open('水调歌头.txt').read().strip() #读取文档,去前后空格
#把诗词以标点符号、空格为结尾做切片成列表f1(连续的文字为一个字符串,符号为另外字符串)
f1 = re.split(r'([。.!！?？;；,，\s+])',f) #re()函数是正则表达式,用来按规则匹配字符串
                                          #(要保留分隔符号外加())
a = f1[0::2]                     #切片(每隔2个字符串)成纯文字列表
b = f1[1::2]                     #切片(每隔2个字符串)成纯符号列表
c = zip(a,b)                     #把纯文字和纯符号列表用zip()函数组合成元组
for i in c:                      #遍历组合后的元组
    e = i[0] + i[1]              #把元组内的文字和符号分别提取后再组合成为完整的一句诗词
    p = doc.add_paragraph() #设置段落
    p.paragraph_format.line_spacing = Pt(15)    #设置行间距
    p.paragraph_format.space_after = Pt(5)      #设置与上段落间隔
    p.paragraph_format.space_before = Pt(7)     #设置与下段间隔
    d = p.add_run(e).font.color.rgb = RGBColor(0x55, 0x20, 0xE7) #把输出诗词加入doc段落中
                                                                 #并设置文字颜色

doc.add_picture('水调歌头图片.jpg', width = Inches(2))    #插入图片并设置大小

doc.save('水调歌头.docx')                   #把整理好的诗词写入word文档
```

输出：

```
C:\Users\Lilia\PyCharmProjects\chapter2\venv\Scripts\Python.exe
C:/Users/Lilia/PyCharmProjects/chapter2/实例 1 - 输出 word 文档.py

Process finished with exit code 0
```

1. 实例语法详解

在该实例中的难点分为两部分：一部分是如何把现有不换行的中文字符根据诗歌体输出的需要，一行一行地输出；另一部分是如何活学活用 Python-docx 库设置 Word 文档格式的技巧。

针对第一部分，通常的做法是把 read()所读取的中文字符串形式通过 split()函数方法把符号和文字分隔开来成为列表形式。在本例中，采用了引入正则表达式的方法(import re)去匹配中文字符和标点符号(含空格)。相关正则表达式的使用方法详见第 7 章。

在使用正则表达式 f1=re.split(r'([.。!！?？;；,，\s+])',f)后(中英文符号，不可有空格)，通过 open()、read()函数读取的字符串内容如下。

```
['明月几时有', '?', '把酒问青天', '。', '不知天上宫阙', ',', '今夕是何年', '?', '我欲乘风归去', ',',
'又恐琼楼玉宇', ',', '高处不胜寒', '。', '起舞弄清影', ',', '何似在人间', '?', '', '', '转朱阁',
',', '低绮户', ',', '照无眠', '。', '不应有恨', ',', '何事长向别时圆', '?', '人有悲欢离合', ',',
'月有阴晴圆缺', ',', '此事古难全', '。', '但愿人长久', ',', '千里共婵娟', '。', '']
```

这时的输出是文字和符号，它们分别为列表中的对象，并且是有规律的一组字符串、一个符号等一一对应的关系(所有语言都是文字后为符号，这也是语言的特点)。在发现其规律后，就可以针对其规律来进行拼接和组合。

使用 a=f1[0::2]语句是为了把在 f1 列表中所有的文字字符串提取出来。其输出结果如下。

```
['明月几时有', '把酒问青天', '不知天上宫阙', '今夕是何年', '我欲乘风归去', '又恐琼楼玉宇',
'高处不胜寒', '起舞弄清影', '何似在人间', '', '转朱阁', '低绮户', '照无眠', '不应有恨', '何事
长向别时]
```

同样使用 b=f1[1::2]语句是为了把 f1 列表中所有的符号字符串提取出来，其输出结果如下。

```
['?', '。', ',', '?', ',', ',', '。', ',', '?', '', ',', ',', '。', ',', '?', ',', ',', '。', ',', '。']
```

在各自提取出相应的文字列表和符号列表后，通过使用 zip()函数方法的语句 c=zip(a,b)把它们组合成元组元素。但这时输出 c 只能是对象格式，具体代码如下。

```
<zip object at 0x00000128A5E5E3C8>
```

如果要查看对象 c 的内容，可以通过类似 list(c)数据转换方法。

```
[('明月几时有', '?'), ('把酒问青天', '。'), ('不知天上宫阙', ','), ('今夕是何年', '?'), ('我欲乘风归去', ','), ('又恐琼楼玉宇', ','), ('高处不胜寒', '。'), ('起舞弄清影', ','), ('何似在人间', '?'), ('', ''), ('转朱阁', ','), ('低绮户', ','), ('照无眠', '。'), ('不应有恨', ','), ('何事长向别时圆', '?'), ('人有悲欢离合', ','), ('月有阴晴圆缺', ','), ('此事古难全', '。'), ('但愿人长久', ','), ('千里共婵娟', '。')]
```

这样的输出结果已经开始接近所需的格式了，但文字没有与符号直接连接在一起，并且依然没有分行。

因此，下一步就是要把列表内的每个元组的文字和符号连接在一起，并分行输出。为了达到此目的，可以首先通过 for 语句去遍历该列表的每组元组元素。

```
('明月几时有', '?')
('把酒问青天', '。')
('不知天上宫阙', ',')
('今夕是何年', '?')
('我欲乘风归去', ',')
('又恐琼楼玉宇', ',')
('高处不胜寒', '。')
('起舞弄清影', ',')
('何似在人间', '?')
('', '')
('转朱阁', ',')
('低绮户', ',')
('照无眠', '。')
('不应有恨', ',')
('何事长向别时圆', '?')
('人有悲欢离合', ',')
('月有阴晴圆缺', ',')
('此事古难全', '。')
('但愿人长久', ',')
('千里共婵娟', '。')
```

通过遍历后的元组元素就已经是分行输出了。但要把文字和符号字符串连接在一起，还需要把每个元组对象内的文字和符号字符串单独切片出来，并通过 e=i[0]+i[1]来重新组合。这时 e 的输出就已经是一个分行的、句尾带标点符号的诗歌输出形式了。

```
明月几时有?
把酒问青天。
不知天上宫阙,
今夕是何年?
我欲乘风归去,
又恐琼楼玉宇,
高处不胜寒。
起舞弄清影,
何似在人间?

转朱阁,
低绮户,
```

```
照无眠。
不应有恨,
何事长向别时圆?
人有悲欢离合,
月有阴晴圆缺,
此事古难全。
但愿人长久,
千里共婵娟。
```

实际上,把中文字符串转换成诗句形式输出的方法是多种多样的。笔者这里为了阐述方便仅介绍了其中之一。比如,若为了减少输入,让语句更加简洁,还可以用以下 Python 语句来替代原有语法。

```
f1.append('')
f2 = [''.join(i) for i in zip(f1[0::2],f1[1::2])]
for i in f2:
#替换:
a = f1[0::2]
b = f1[1::2]
c = zip(a,b)
for i in c:
    e = i[0] + i[1]
```

并且也可以通过定义函数的方法让任何输入的文字转变为此种诗歌格式的输出。函数的知识点在第 5 章会涉及,此处就不多赘述了。

此外,另一个实例难点就是如何控制 Python-docx 库的输出格式。虽然在前面的章节内已经讲述了官方网站对该模块使用范例的说明。但实际上,若要灵活地使用该模块库并进行格式化输出,还有很多的参数和功能都需要进一步在实践中摸索。

在程序的一开始,就引入了若干个源自 Python-docx 库内的配置项。

第一个 from docx import Document 语句是 Python-docx 模块中最重要的引入项。它引入了名为 document 的文档模板,而 from docx 则指定了导入模块的具体对象名称 docx。这样导入的函数对象 docx 就可以直接拿来使用而无须再输入该模块 Document 的名称。当使用 Document()函数方法时,就可以直接创建一个基于该模板类型的 Word 文档。

但仅引入 document 文档模板是不够的,该模板仅能够对一般通用的格式进行定义,而其他更加精确的格式需要 docx 对象中的其他包协助完成。因此,在示例中的 docx 模块包的引入还需要其他的几个部分,示例代码如下。

```
from docx import Document              #引入 docx 模块的 Word 文档模板
from docx.shared import Inches         #设置图片大小
from docx.shared import RGBColor       #设置字体颜色
from docx.oxml.ns import qn            #设置中文字体
from docx.shared import Pt             #设置字号、间距等
import re                              #引入正则表达式(匹配字符串)
```

在引入 docx 模块中各类的格式工具后,就可以把 docx 模块所指定的语法合理地运用

在相应的格式中。

首先通过下面的语句来创建一个新的空 Word 文档，并把它命名为 doc。Document()函数方法是指 docx 模块中已被定义好的 Word 文档模板的实例对象。

```
doc = Document()
```

然后通过下面的语法来添加 Word 文档的标题。在 doc.add_heading('水调歌头',0)的参数内，第一个参数表示标题的名称，第二个参数是指标题的层级。其中 0 级是指文档的 title 级标题，1 是指标题为 1 级。

```
doc.add_heading('水调歌头',0)                           #添加 0 级标题"水调歌头"
doc.add_heading('宋 . 苏轼',1)                          #添加 1 级标题"宋.苏轼"

doc.styles['Normal'].font.name = '微软雅黑'             #定义中文字体名"微软雅黑"
doc.styles['Normal']._element.rPr.rFonts.set(qn('w:eastAsia'), '微软雅黑')
                                                        #设置正文默认为微软雅黑
doc.styles['Normal'].font.size = Pt(12)                 #设置段落字号为 12
```

紧接着定义已经创建的 doc 文档的样式 doc.styles。在 style 的参数中，Normal 是指正文的文档格式。在 styles 样式内有许多已定义样式。通过遍历语句可以把 docx 模块内已经定义好的样式显示出来。

```
for i in doc.styles:
    print(i)

_ParagraphStyle('Normal') id: 2757567074824
_ParagraphStyle('Heading 1') id: 2757575935256
_ParagraphStyle('Heading 2') id: 2757567074824
_ParagraphStyle('Heading 3') id: 2757575935144
_ParagraphStyle('Heading 4') id: 2757567074824
_ParagraphStyle('Heading 5') id: 2757575935256
_ParagraphStyle('Heading 6') id: 2757567074824
_ParagraphStyle('Heading 7') id: 2757575935144
_ParagraphStyle('Heading 8') id: 2757567074824
_ParagraphStyle('Heading 9') id: 2757575935256
<docx.styles.style._CharacterStyle object at 0x000002820BCE5208>
...
```

docx 模块的内置样式都可以通过遍历 document.styles 查看。其中正文是 Normal，而标题样式则根据标题声明的基本样式，分别从 Heading 1 到 Heading 9。当 Heading 为 0 时指文档标题。另外，在 docx 模块中还有 table、list 等各种 Word 软件所对应的样式。由于 styles 内样式众多，上例仅仅摘录了一小部分，其他内容读者可在需要时查看。

对于 styles 的指定样式正文['Normal']，首先需要定义其中文字体名，该名称应该可以在本地 Word 软件字体内找到，本例是定义其字体名称为“微软雅黑”。但仅仅如此还不够，Python 语言并不能自动识别中文字体。因此，还需要调用 docx 模块中通过 from docx.oxml.ns import qn 所引入的 qn 方法。通过使用该方法内的._element.rPr.rFonts 的

set()函数来设定中文字体为“微软雅黑”。示例代码如下。

```
doc.styles['Normal'].font.name = '微软雅黑'
doc.styles['Normal']._element.rPr.rFonts.set(qn('w:eastAsia'), '微软雅黑')
```

然后再调用设置尺寸大小为 Pt 的方法(from docx.shared import Pt),使用语句 doc.styles['Normal'].font.size=Pt(12) 把 Normal 正文段落字号设置为 12Pt。

为了能够修改使用 open()函数所读取的诗词格式,在遍历语句(for 循环)的后面加入了以下 docx 模块的设置语法。

```
p = doc.add_paragraph()                          #设置段落
p.paragraph_format.line_spacing = Pt(15)  #设置行间距
p.paragraph_format.space_after = Pt(5)      #设置与上段落间隔
p.paragraph_format.space_before = Pt(7)     #设置与下段间隔
d = p.add_run(e).font.color.rgb = RGBColor(0x55, 0x20, 0xE7)
                                                  #把输出诗词加入 doc 段落中并设置文字颜色
```

首先通过赋值语句 p=doc.add_paragraph()定义默认段落 p 的格式。比如,定义了段落的行间距、段落与上段的间隔以及与下段的间隔尺寸。然后把 for 循环遍历好的诗词通过 d=p.add_run(e)成行地输出到段落 p 中。在输出文本的同时加入了.font.color.rgb=RGBColor(0x55,0x20,0xE7)语句,是为了修改输出文本的字体颜色。字体颜色通常是以十六进制的方式表示,因此使用的颜色参数也是以十六进制的方式表示(0x55,0x20,0xE7)。

在输出文本的最后再加入一个图片,使用的语法如下。

```
doc.add_picture('水调歌头图片.jpg', width = Inches(2))
```

其中设置了图片的宽度值为 2 英寸。英寸(inches)来源于 Python 文档开始时使用 from docx.shared import Inches 所调用的 Inches 尺寸标注方法。

在完成格式的设定后,使用以下语句把整理好格式的 doc 文档保存到相应的文件夹下。

```
doc.save('水调歌头.docx')
```

2. 其他的解决方案

上例是可以完成此类任务的其中一种办法。如果熟悉正则表达式的各类用法,还可以使用正则表达式的 compile()函数和 findall()函数,使用更简单的方式来完成文字切片整理的过程。示例代码如下。

```
import docx
import re
from docx.shared import RGBColor
from docx.shared import Pt

f = open(r'./水调歌头.txt', 'r', encoding = 'utf-8')
poetry = f.read()
```

```
doc = docx.Document()

pattern = re.compile(r'([^,?.]*[,?.])')
doc.add_heading('水调歌头')
doc.add_picture('img.jpg')
for line in pattern.findall(poetry):
    print(line)
    p = doc.add_paragraph(line)
    p.style.font.color.rgb = RGBColor(123, 123, 123)
    p.paragraph_format.line_spacing = Pt(20)

doc.save('doc_demo.docx')
```

虽然正则表达式在第7章会重点讲到，但此处调用了re.compile()函数还是需要讲解一下。compile()函数是正则表达式中的一个重要函数，它可以编译正则表达式模式，返回一个对象的模式。也就是说，该函数可以根据包含的正则表达式的字符串创建模式对象，这样就可以实现更有效率的正则匹配方式。它的语法是compile(pattern [, flags])。

下面即是通过re.compile()函数来完成简单数据分列格式的代码。

```
a='明月几时有?把酒问青天。不知天上宫阙,今夕是何年?我欲乘风归去,又恐琼楼玉宇,高处不胜寒。起舞弄清影,何似在人间? 转朱阁,低绮户,照无眠。不应有恨,何事长向别时圆?人有悲欢离合,月有阴晴圆缺,此事古难全。但愿人长久,千里共婵娟。'
b=re.compile(r'([^,?。]*[,?。])')  #变量b为诗句中出现的符号
c=b.findall(a) #根据所匹配的诗句中的结尾符号匹配出来每句诗的断点
print(c)

['明月几时有?', '把酒问青天。', '不知天上宫阙,', '今夕是何年?', '我欲乘风归去,', '又恐琼楼玉宇,', '高处不胜寒。', '起舞弄清影,', '何似在人间?', ' 转朱阁,', '低绮户,', '照无眠。', '不应有恨,', '何事长向别时圆?', '人有悲欢离合,', '月有阴晴圆缺,', '此事古难全。', '但愿人长久,', '千里共婵娟。']
```

虽然该函数的使用能够提高执行效率，但如果已经使用了该模式又进行了函数search()、match()等操作，则会导致重复使用正则模式，会降低匹配的速度（在上例中尚未调整行间距等具体信息）。

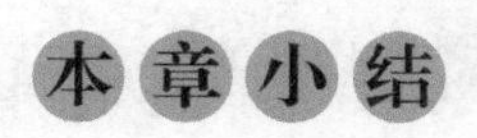

本章小结

本章主要讲解了Python语言的7种数据类型及其常用函数的基本操作、数据类型的转换方法、操作文件的方法，最后通过“把Python输出到Word文档”项目实例讲解了PyCharm中安装和使用外部扩展库Python-docx的方法。对于被认为是动态编程语言的Python而言，本章的内容是Python的核心，其数据类型的多样性揭示了区别于其他类编程语言的本质特征。由于Python语言具有丰富的扩展库，因此熟悉如何安装所需扩展库、自行查阅相关扩展库的使用说明和参数介绍，也是学习Python语言的必备知识技能。

习题

3-1 Python 语言也称为动态编程语言，请问它的动态编程语言的特征是如何体现的？（也可以用编程实例说明）

3-2 Python 列表和元组数据类型各有什么特点？

3-3 如何把给定十进制整数以二进制和十六进制的形式进行输出？

3-4 集合数据类型和字典数据类型的相同点有哪些？区别有哪些？

3-5 使用 operator()函数获得 168 除以 13 的余数。

3-6 执行下列赋值语句，并观察结果。

```
a = 1
b = 6
a + = b
print(a,b)

x = y = [1,2]
x + = [6]
print(x,y)
x = x + [9]
print(x,y)
```

3-7 输入 3 个整数 x、y、z，请把这 3 个数由大到小输出。

3-8 请使用星号“*”分隔列表[a,b,c,d,e,f]，并对列表内容进行倒序排列。

第4章 Python程序控制流程

在使用计算机来解决具体问题时，通常可以使用 3 种类型的语句控制方法来执行操作。它们分别是顺序控制、分支控制和循环控制。其中顺序控制结构最为简单，顺序就是按照既定的程序语句逐条顺序地执行。而分支控制结构和循环控制结构则与顺序控制结构有所不同。

分支控制结构就是根据设置条件的不同执行不同的代码模块，通常在 Python 中习惯用 if 语句来实现分支控制流程的操作。而循环控制结构是指在指定条件下重复使用相同的代码模块去执行某种操作，如在 Python 中习惯用 for 和 while 语句来实现循环控制操作。这一点与其他的编程方法很近似(在 Python 中没有 switch、case 语句)。因此，如果读者具有一定的编程基础，本章所述的内容可以很快地被吸收和掌握。

学习要点

- 了解程序的顺序结构、分支结构和循环结构。
- 运用 if 语句实现分支结构。
- 运用 for 和 while 语句实现循环结构。
- 掌握迭代和列表解析。

4.1 Python 程序基本结构

在许多人的概念中，软件开发就是“写代码”的代名词。但实际上，任何程序的开发中最重要的并不是写代码，而是程序设计。

同样，程序设计的过程也是思路延展、反复琢磨的一种过程，程序设计本身经过不断地思考和规划，才能逐渐完善。因此，程序流程图的绘制也是作为软件工程师的一种基本技能。

4.1.1 程序流程图

程序流程图是指人们对解决问题的方法、思路或算法的一种描写叙述。它利用图形化的符号框来代表各种不同性质的操作，并用流程线来连接这些操作。它是程序分析和对程序处理过程最直观的一种描述。常用的流程图元素包含图 4-1 所示的几种。

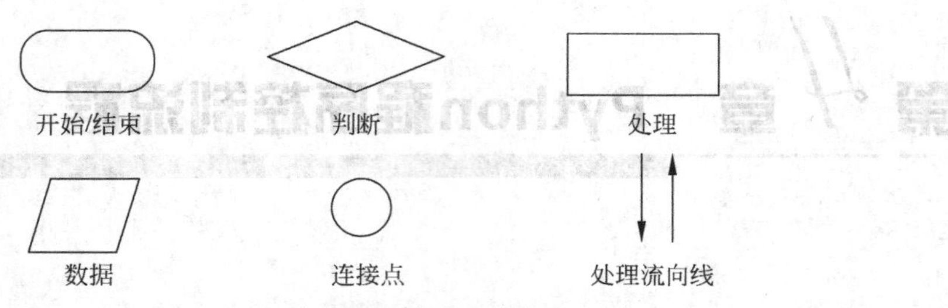

图 4-1　程序流程图中的基本元素

图 4-2 所示为程序流程框图实例。为了便于描述，使用了连接点的方式将程序流程图分为两个部分。

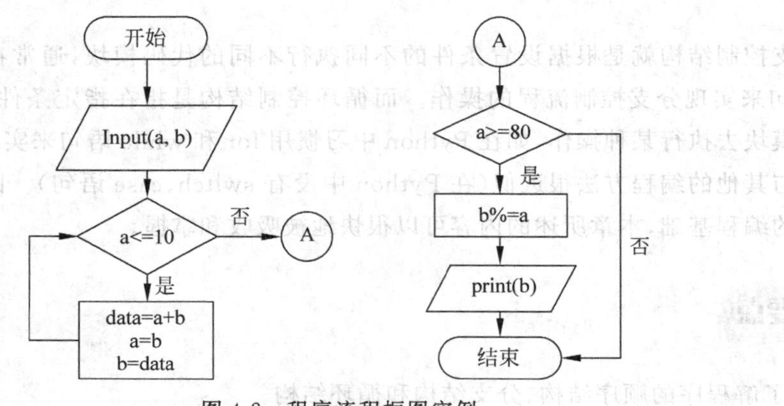

图 4-2　程序流程框图实例

4.1.2　程序基本结构图

在本章的开篇已经讲述了顺序控制流程、分支控制流程及循环控制流程的原理。顺序结构是程序按照线性顺序依次执行的程序运行方式，如图 4-3～图 4-5 所示。

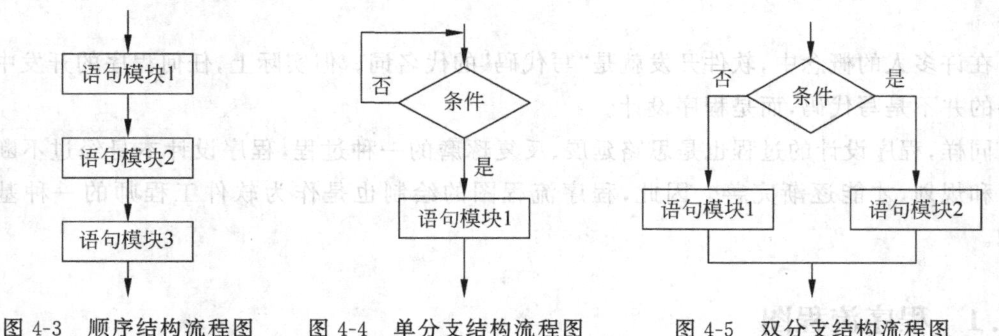

图 4-3　顺序结构流程图　　图 4-4　单分支结构流程图　　图 4-5　双分支结构流程图

分支结构是程序根据条件判断的结果去选择相应的程序执行路径。分支结构流程包括单分支结构和双分支结构。而多个双分支结构就可以组合成多分支结构，用来描述更加复杂的程序模型。

循环结构是根据程序的相应条件判断结果后反复执行的一种语句结构流程。根据其触发条件的不同,又分为条件循环和遍历循环,如图 4-6 和图 4-7 所示。

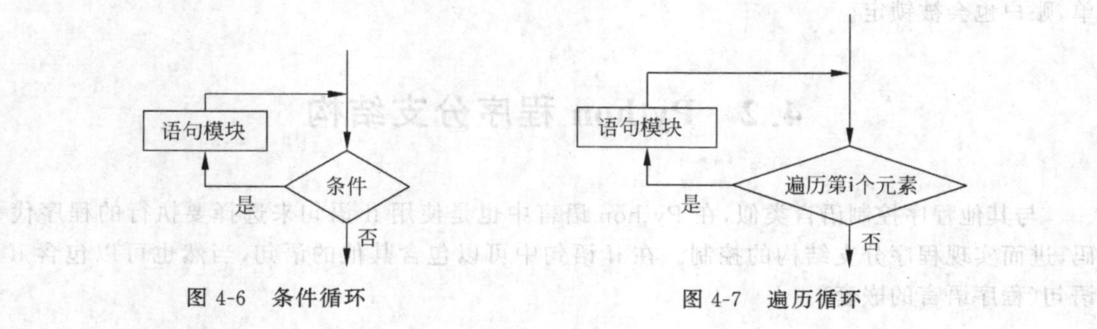

图 4-6 条件循环 图 4-7 遍历循环

4.1.3 程序基本结构实例

在了解程序基本结构流程图的绘制后,图 4-8 给出一个数据接口文件开发的程序流程图来具体说明程序结构流程图的绘制方法。

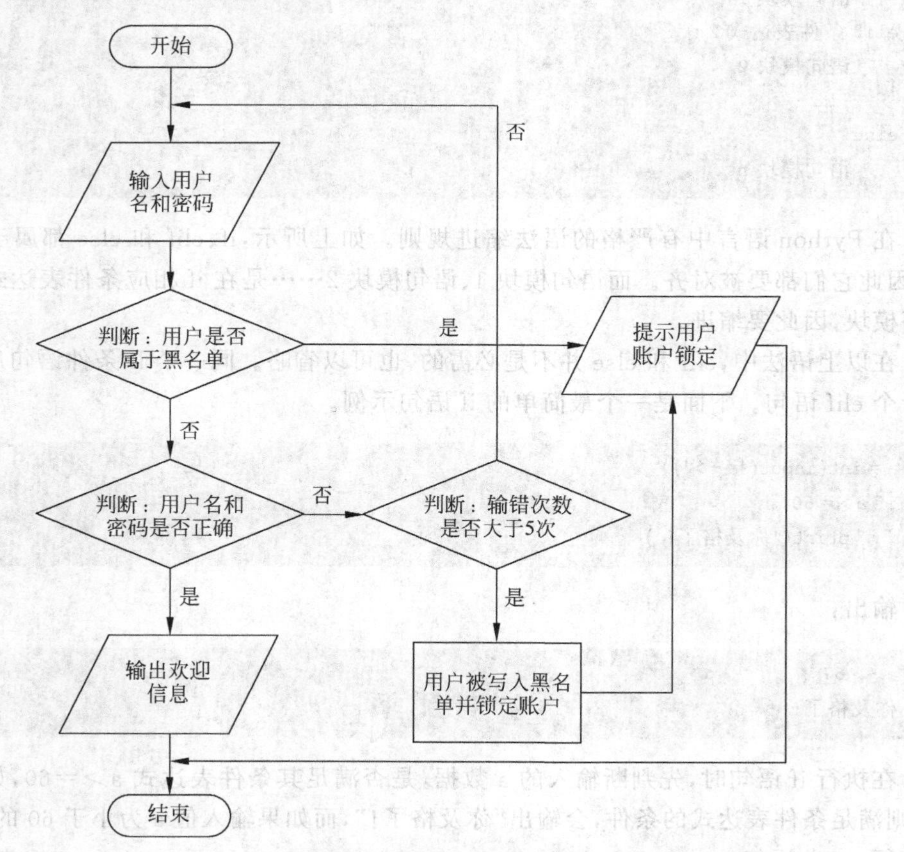

图 4-8 数据接口文件开发的程序流程实例

该实例是某论坛网站的数据接口开发程序流程图。其程序的设计思路：允许用户使用用户名和密码尝试5次登录论坛服务器。如果后台服务器认证失败，则用户会被加入黑名单，账户也会被锁定。

4.2 Python 程序分支结构

与其他程序控制语言类似，在Python语言中也是使用if语句来选择要执行的程序代码，进而实现程序分支结构的控制。在if语句中可以包含其他的语句，当然也可以包含if语句（程序语言的嵌套）。

4.2.1 分支结构 if

if语句的基本结构相对简单，其基本结构如下。

```
if 条件表达式 1:
    语句模块 1
elif 条件表达式 2:
    语句模块 2
    ...
else:
    语句模块 n
```

在Python语言中有严格的语法缩进规则。如上所示，if、elif和else都属于同一层语句，因此它们都要被对齐。而语句模块1、语句模块2……是在if相应条件表达式后的执行程序模块，因此要缩进。

在以上语法中，elif和else并不是必需的，也可以省略。同一个if条件语句后可以跟随若干个elif语句。下面是一个最简单的if语句示例。

```
a = int(input('a->'))
if a >= 60:
    print('你及格了!')
```

输出：

```
a->67
你及格了!
```

在执行if语句时，先判断输入的a数据，是否满足其条件表达式a>=60，如果结果为真，则满足条件表达式的条件，会输出“你及格了！”，而如果输入值a为小于60的数字，则不会执行print语句。

4.2.2 双分支结构 if-else

双分支结构(也称为二分支结构)是指 if 语句由 if 和 else 两个部分共同构成。示例代码如下。

```
a = 'alice'
b = ['raymond','alice','paul']
if a in b:
    print('Welcome',a)
else:print('Sorry,you are not belong to us!')
```

输出:

```
Welcome alice
```

在执行该例时,先判断预设的 a 值(alice)是否在列表 b 中,如果该条件判断为真,则输出 welcome alice,如果为假则输出 Sorry,you are not belong to us!。

4.2.3 多分支结构 if-elif-else

除了双分支结构外,还有由 if、多个 elif 和 else 组成的多分支语句结构。它是用来判断较多复杂情况的一种结构分支语句。示例代码如下。

```
a = int(input('a ->'))
if a < 60:
    print('很抱歉,你此次不及格!')
elif a >= 60 and a < 75:
    print('你的成绩还行吧,继续加油!')
elif a >= 75 and a < 90:
    print('你的成绩很不错哦!')
else:
    print('此次成绩很优秀,是个努力的人呢!')
```

输出:

```
a -> 89
你的成绩很不错哦!
```

在 Python 处理这类多分支语句时,会按照先后顺序依次计算每个表达式的值是否为真。只有该表达式结果为假时才会向下执行下一个表达式。如果该表达式结果为真,则执行完该表达式的语句模块后,if 语句的程序就结束了,不会再继续执行其他 elif 的条件语句模块。

4.2.4 三元表达式

三元表达式是软件开发中的一种常见固定格式。其语法格式如下。

```
条件表达式?表达式 1: 表达式 2
```

以上语句的含义：如果该条件表达式成立(为真)，则执行"表达式 1"的内容；否则执行"表达式 2"的内容。在"?"前面的表达式是作为判断的先决条件，判断的结果是布尔型(真或假)，为真则调用"表达式 1"；否则调用"表达式 2"。使用这样的语法表达式可以让编程语句更加简洁。

Python 语言也可以使用三元表达式的方式来执行语句。不过 Python 的三元运算符和 Java 及 C# 有所区别，语法格式如下。

```
表达式 1 if 条件表达式 else 表达式 2
```

当表达式返回 True 时，返回结果表达式 1；否则返回结果表达式 2。示例代码如下。

```
a = [1,2]
b = [2,3]
c = a if a == b else b #三元表达式
print(c)
```

输出：

```
[2,3]
```

4.2.5 lambda()函数

在 Python 3 中有 30 多个保留关键字，其中就有 lambda()函数，该函数是用来定义匿名函数的。lambda()函数的匿名特性是指将该函数名作为函数的运行结果直接返回。通常该函数的应用场景是在你需要一个函数却并不想给它命名时使用。因此，lambda()函数所表达的函数内容应该是较为简单的，是能够在一行内表示的函数。如果函数的执行内容复杂，就可以直接定义某函数了。其语法格式如下。

```
<函数名> = lambda <参数>: <表达式>
```

下面是根据公式 x+y*x 计算一个输入参数为 3 和 5 的值。示例代码如下。

```
a = lambda x, y : x + y * x
print(a(3,5))
```

输出：

```
18
```

在 Python 中，还支持函数作为参数来使用，如 map()、reduce()、filter()、sorted()等这些函数都可以应用 lambda()函数作为参数调用。示例代码如下。

```
li = [ - 3,5,0, - 4]
m = sorted(li, key = lambda n: abs(n))        # abs()函数可获得该函数的绝对值
print(m)
```

输出：

```
[0, - 3, - 4, 5]
```

该例是将列表 li 中的元素按照绝对值的大小进行升序排列。

扩展：读者需要注意的是，lambda()函数只是可以增进语句的简洁性，并不会提高语句的执行效率，而且 lambda()函数内不要包含循环（若使用循环应尽量定义函数来完成，这样可以使得程序代码具有更好的可读性，并且程序可以复用）。

4.3　Python 程序循环结构

在之前的章节举例中已经用到了不少的 for 循环语句作为范例。for 循环是 Python 语言中的一个常用序列迭代方法，使用它可以遍历序列中的所有对象。

4.3.1　遍历循环 for

1. 基本 for 循环

for 循环的基本语法如下。

```
for 变量 in 可迭代对象:
    循环体语句模块
else:
    语句模块
```

else 部分可以省略。在执行语句时，程序依次将可迭代对象中的值赋值给变量，变量每赋值一次，则执行一次循环体语句模块（图 4-9）。当所有的可迭代对象都被执行完毕时，若没有 else 部分，则执行接下来的语句模块。else 的语句模块只在正常结束循环时被执行。如果在循环中使用了 break 语句，则会直接跳出循环。

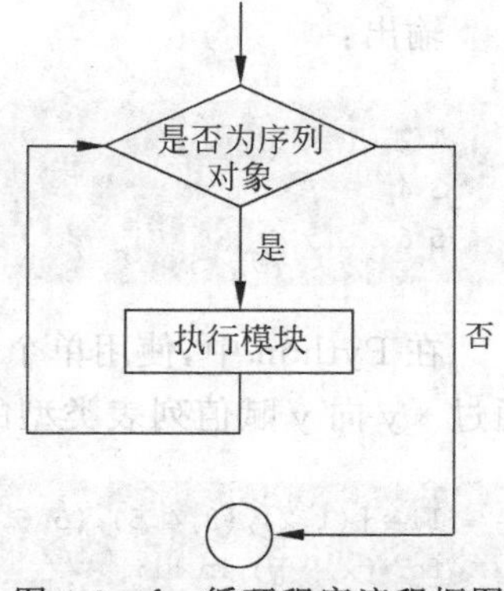

图 4-9　for 循环程序流程框图

示例代码如下。

```
for i in(1,2,3):
    print(i)
```

输出：

```
1
2
3
```

下面是一个带有 break 的 for 循环语句。

```
for i in 'Python':
    if i == 'h':
        break
    else :print(i)
```

输出：

```
p
y
t
```

在该例中，首先通过 for 语句遍历字符串"Python"，但当循环到变量等于 h 时使用了 break 语句中止循环，因此输出结果为 pyt。

2. 多变量 for 循环

for 循环也可以使用多个变量来迭代对象。例如下面的程序。

```
li = [(1,2),(3,4),(5,6)]
for (x,y) in li:
    print(x,y)
```

输出：

```
1 2
3 4
5 6
```

在 Python 中，使用单个星号 * 指列表类型的可变长变量。因此，如下例所示，也可以通过 * y 向 y 赋值列表类型的数据。

```
li = [(1,2),(3,4,5),(5,6,7,8)]
for (x, * y) in li:
    print(x,y)
```

输出：

```
1 [2]
3 [4, 5]
5 [6, 7, 8]
```

3. 嵌套 for 循环

for 循环在 Python 语言中也允许嵌套使用，并且这一类型的使用也非常广泛。嵌套即是在 for 循环中再使用若干个 for 循环。示例代码如下。

```
for n in range(2,10):          #遍历 2 到 10 之间的数值
    for i in range(2,n):       #遍历 2 到 n(之间的数值)
        if n % i == 0:         #如果 n 除以 i 的余数为 0
            break              #跳出当前循环
    else:
        print('%d是一个素数'% (n),end='')
```

输出：

```
2 是一个素数 3 是一个素数 5 是一个素数 7 是一个素数
```

该例是一个求取 10 之内的素数(质数)运算。在代码中使用了两个 for 循环语句进行嵌套。

4. range()函数

Python 中的 range()函数可创建一个整数列表，一般用在 for 循环中。该函数的语法如下。

```
range(start, stop[, step])
```

该函数的 start 参数是指计数的开始，默认为 0。参数 stop 是指计数的结束，但这个值是不包含 stop 值的，如 range(0,3)是指 0、1、2、3 这 4 个值。step 参数是可选的，指步长，默认为 1。示例代码如下。

```
>>> list(range(3))
[0, 1, 2]
>>> list(range(1,3))
[1, 2]
>>> list(range(0,5,2))
[0, 2, 4]
```

上例为了解释方便，是使用 Python 自带的 Shell——IDLE 进行输出演示的，请读者注意区别。

除了使用数值型数据外，range()函数也可以在其他数据类型中使用。下面即是遍历字符串中的每个字符。

```
a = 'Python'
for i in range(len(a)):
    print(a[i])
```

输出：

```
p
y
t
h
o
n
```

Python 中的 len()函数可用来返回对象（字符、列表、元组等）长度或项目的个数。

4.3.2 条件循环 while

1. 基本 while 循环

while 循环是指在条件表达式结果为真时执行循环语句。如果条件表达式的结果为假，则不执行该循环语句。

while 循环的语法结构与 for 循环类似，可以在循环模块中使用 break 或 continue 语句。else 语句则可以省略。其基本结构如下。

```
while 条件表达式:
    循环模块
else:
    语句模块
```

下例是计算从 1 加到 50 的整数。

```
a = 0
b = 1
while b <= 50:
    a += b
    b += 1
print('1 到 50 相加起来等于',a)
```

输出：

```
1 到 50 相加起来等于 1275
```

在该例子中，首先给 a 和 b 分别赋初值，然后计算条件表达式 b<=50。如果 b 值满足条件则执行下面的循环语句 a+=b（等同于 a=a+b）和 b+=1（等同于 b=b+1）。在执行一次循环语句后 a=1、b=2。然后再次比较条件表达式 b<=50 是否成立，如果成立则再次循环执行，直到 b 值无法满足条件表达式小于等于 50 后，则循环中止。

2. 嵌套 while 循环

与 for 循环一样，while 循环也可以嵌套使用。常见的示例是使用 while 嵌套循环来打印大家熟悉的九九乘法表。示例代码如下。

```
i = 1                      # 变量 i 赋初值 1
while i <= 9:              # 当 i 小于等于 9
    m = 1                  # 变量 m 赋初值 1
    while m <= i:          # 当 m 小于 i
        print('%d* %d= %d '%(i,m,i*m),end='')
                                    # 格式化输出 i*m 的结果。%d 是格式化输出十进制数值,
                                    # 而后面的空格是为了等式之间留空

        m = m + 1
    print()
    i = i + 1
```

输出：

```
1*1=1
2*1=2 2*2=4
3*1=3 3*2=6 3*3=9
4*1=4 4*2=8 4*3=12 4*4=16
5*1=5 5*2=10 5*3=15 5*4=20 5*5=25
6*1=6 6*2=12 6*3=18 6*4=24 6*5=30 6*6=36
7*1=7 7*2=14 7*3=21 7*4=28 7*5=35 7*6=42 7*7=49
8*1=8 8*2=16 8*3=24 8*4=32 8*5=40 8*6=48 8*7=56 8*8=64
9*1=9 9*2=18 9*3=27 9*4=36 9*5=45 9*6=54 9*7=63 9*8=72 9*9=81
```

4.3.3 循环关键字 break

在 Python 中，break 语句的使用与在 C 语言中相同，都是用来终止循环语句的。使用它可以打破终止当前的 for 或者 while 循环。如果使用的是嵌套循环，break 语句则会终止执行当前嵌套层的循环，去执行下一层所在行的代码。

下面是一个根据输入数值来判断其是否为质数的方法。

```
b = int(input('请输入一个正整数 =>'))
a = b//2                                # 变量 a 对变量 b 取商的整数
while a > 1:
    if b % a == 0:                      # 如果变量 b 除以变量 a 的余数为 0
        print('您输入 %d 的不是质数' % b)
        break                           # 终止当前循环执行下一个语句
    a -= 1
else:
    if b == 1:print('1 不是质数')       # 1 不是素数,若 b 为 1 则输出不是素数
    else: print('%d 是质数' % (b))
```

输出：

```
请输入一个正整数=>1
1 不是质数
请输入一个正整数=>55
您输入 55 的不是质数
```

在此例中，使用了 while 循环和 if 判断语句。当结果不符合质数要求时，利用 break 语句来终止循环去执行下一行代码 a—1=1。因为 1 不属于质数，但 while 循环对于 1 的处理结果是符合代码输出质数的要求。因此，在 while 循环后增加一个 if 判断语句。如果输入值为 1 则直接输出 1 不是质数；否则用格式化输出相应的质数判断结果。

4.3.4 循环关键字 continue

continue 语句是指跳过当前循环中符合其条件表达式的语句，回到循环开始处进行下一组循环语句的执行。也可以理解为 continue 语句可以删除满足循环条件的某些部分而重新进行下一组迭代对象的输出。

continue 语句与 break 不同的是，使用 break 语句是去终止所执行的循环，而 continue 语句仅是指跳过当前循环执行的某些部分。因此，continue 语句的使用类似于过滤条件表达式所指的部分内容。示例代码如下。

```
a = 0
while a < 5:
    a += 1
    if a == 3 or a == 4:      # 当变量 a 等于 3 或者 4 时
        continue              # 跳出当前循环
    print(a)
```

输出：

```
1
2
5
```

在该例中，使用 while 语句来循环输出 1～5 的数值。但通过 if 条件语句来执行当变量 a 等于 3 或 4 时用 continue 语句来跳出该 while 循环的执行，这样就导致在循环结果中并不存在 3 和 4 的输出。这即产生了类似于删除循环中符合条件的某些部分的效果。

4.3.5 iter()和 next()函数

在 Python 中程序的循环总与处理对象的可迭代属性或者能够进行列表解析操作有关。通常，在 Python 中的字符串、列表、元组、字典、文件等类型的数据都是可迭代的对象，这就意味着可以按照顺序处理这些可迭代对象中的元素。

除了使用遍历 for 循环语句外，迭代对象也可以使用迭代器来遍历包含的元素。iter()函数就是用来生成可迭代对象的一种迭代器。而在迭代器 iter()的使用中，通过 next()函数的调用即可返回下一组的可迭代对象。直到序列中没有对象时，系统会抛出 StopIteration 异常。示例代码如下(IDLE 模式下的示例)。

```
>>> a = iter({'a':3,'b':4})
>>> a
<dict_keyiterator object at 0x0000021CE756DEF8>
>>> next(a)
'a'
>>> next(a)
'b'
>>> next(a)
Traceback (most recent call last):
  File "<pyshell#4>", line 1, in <module>
    next(a)
StopIteration
```

在该例中，把变量 a 赋值为一个可迭代的 iter 对象，数据类型为字典型。当使用 next()函数调用时，系统会返回第一组对象，因此返回字符串 a。当第二次调用 next()函数时，则会返回第二组对象即字符串 b。当 iter()对象内再无其他对象时系统会抛出 StopIteration 异常。

在使用字典类型数据时，默认返回的是键 key 的值。如果希望指定返回对象，则需要给出相应的参数，如 keys()(默认值)、values()或者 item()。示例代码如下。

```
>>> a = iter({'name':'jack','tel':18033898273}.keys())
>>> next(a)
'name'
>>> next(a)
'tel'
>>> a = iter({'name':'jack','tel':18033898273}.values())
>>> next(a)
'jack'
>>> next(a)
18033898273
>>> a = iter({'name':'jack','tel':18033898273}.items())
>>> next(a)
('name', 'jack')
>>> next(a)
('tel', 18033898273)
```

读者如果无法确定对象的类型，可以使用 dir()函数查找对象是否有_next_()方法。如果有，则可以直接调用 next()执行迭代操作。

当然 iter()也可以直接用在循环语句中，示例代码如下。

```
a = 'Python'
b = iter(a) #创建迭代器对象
for i in b:
    if i == 'h':
        break
    print(i,end = '')
```

输出：

```
pyt
```

4.3.6 列表解析

列表解析是 Python 语言中相关迭代方式的一种高效、简洁的语法表达方式。它可以广泛地应用在列表、元组、字典、集合、文件等不同的数据类型中。

1. 对列表的解析

列表解析是根据已有的列表，通过一句循环语句实现高效创建新列表的方式。其一般语法格式如下。

```
表达式 for 可迭代变量 in 可迭代对象 if 条件语句
```

其中 if 条件语句可省略。

下面是一个常用的 for 循环语句，当需要获得 50 以内的偶数算法时，通常会采用以下语句。

```
a = []
for i in range(1,50):
    if i % 2 == 0:
        a.append(i)
print(a)
```

输出：

```
[2, 4, 6, 8, 10, 12, 14, 16, 18, 20, 22, 24, 26, 28, 30, 32, 34, 36, 38, 40, 42, 44, 46, 48]
```

但如果使用了列表解析的方式来处理，则只需要一行代码就够了，示例代码如下。

```
a = [i for i in range(1,50) if i % 2 == 0]
print(a)
```

输出：

```
[2, 4, 6, 8, 10, 12, 14, 16, 18, 20, 22, 24, 26, 28, 30, 32, 34, 36, 38, 40, 42, 44, 46, 48]
```

列表解析不仅可以方便地实现循环语句的功能、语句更加简洁，而且其运算速度也相对较快。在上面的示例中，列表解析以方括号[]作为表达式的开始(如果解析的是元组、字典等其他数据类型，也相应会使用该类型的符号作为起止，如元组用小括号()、字典用花括号{}等)，再加上 for 循环作为循环的头部语句。

2. 对元组的解析

虽然称为列表解析，这一方法也同样适用于元组、字典、集合、文件等其他可迭代的数据类型。

下面即是列表解析应用于元组数据类型的示例。

```
p = tuple(i ** 2 for i in range(1,11))
print(p)
p = (i ** 2 for i in range(1,11))
print(p)
```

输出：

```
(1, 4, 9, 16, 25, 36, 49, 64, 81, 100)
< generator object < genexpr > at 0x00000230BC5D6A20 >
```

在该例中需要注意的是，如果需要直接解析元组类型的数据，需要在前面加入 tuple()进行转换；否则解析内容是以对象形式存在的。

3. 对字典类型的解析

字典数据类型也适用于列表解析的方法。示例代码如下。

```
x = {a:ord(a) for a in 'Python'}
print(x)
x = {a:ord(a) for a in 'Python' if a!= 'p'}
print(x)
```

输出：

```
{'p': 112, 'y': 121, 't': 116, 'h': 104, 'o': 111, 'n': 110}
{'y': 121, 't': 116, 'h': 104, 'o': 111, 'n': 110}
```

ord()函数是 chr()函数(对于 8 位的 ASCII 字符串)或 unichr()函数(对于 Unicode 对象)的配对函数。它是以一个字符(长度为 1 的字符串)作为参数，返回对应的 ASCII 数值或者 Unicode 数值，如果所给的 Unicode 字符超出了既定的 Python 定义范围，则会引发 TypeError 异常。

4. 对集合类型的解析

对于集合数据类型的数据进行列表解析也是使用花括号{}，与对字典数据类型相同。如果在花括号{}内没有 value 值，不属于字典数据类型则系统会判定属于集合数据类型。下面是计算 1～10 中大于等于 5 的平方值。由于集合类型数据是没有先后顺序的，因此读者的结果可能与本例输出结果的次序有异。

```
a = {i ** 2 for i in range(1,11) if i >= 5}
print(a)
```

输出：

```
{64, 36, 100, 81, 49, 25}
```

5. 列表解析中的函数应用

除了以上范例外，列表解析方法也适用于一些函数，如 all()、any()、sum()、sorted()、max()、min()等。

下面就用几个示例加以说明。比如，求取几个字符所对应 ASCII 码的最大值、最小值，并根据它们所对应的 ASCII 码值进行排序。

```
a = max([x for x in ('a','B','0','&','%')])
print(a)
a = min({x for x in ('a','B','0','&','%')})
print({a:ord(a)})
a = sorted((x for x in ('a','B','0','&','%')))
print(a)
```

输出：

```
a
{'%': 37}
['%', '&', '0', 'B', 'a']
```

6. map()和 filter()函数

map()函数也是 Python 中内置的一个函数。它可以根据提供的函数对指定序列做映射。在该函数的参数内通常包括所接收的函数 function()以及一个可迭代对象 iter。它会通过函数 function()的运算，把结果映射到可迭代对象的每个元素中，并返回一个新对象。

下面是用 lambda 匿名函数求取列表[1,2,3,4,5]中数值的平方。

```
a = map(lambda x:x ** 2, [1, 2, 3, 4, 5])
print(a)
print(next(a))
print(next(a))
print(next(a))
print(list(a))
```

输出：

```
<map object at 0x00000261BC160C50>
1
4
9
[16, 25]
```

在该例中，使用 map()函数后得到的是一个 map 对象。通过 next()函数解析就可以得到 map()函数中的下一组值。当然，也可以通过 list()函数将 map()函数中的对象解析出来。由于之前使用了 3 次 next()函数，因此当前系统操作指针指向了第 4 组数据，所以 list()函数使用后只能展示最后的第 4 组和第 5 组数据。

需要指明的是，map()函数并不会改变原有的对象内容，而是通过函数的运算生成一个新的对象。

filter()函数与 map()函数拥有类似的使用方法，它也接收两个参数，第一个是函数 function()，第二个是可迭代对象。可迭代对象的每个元素传递给函数 function()进行判断，函数 filter()仅将判断结果为真的元素返回为一个新生成的对象。

因此，filter()函数类似于一种过滤操作，它可以过滤掉不符合条件的元素。下例同样是使用 lambda 函数来求取 1～10 之间的奇数运算。

```
a = filter(lambda x:x % 2 == 1,range(1, 11, 1))
print(a)
print(list(a))
```

输出：

```
<filter object at 0x000001976D0A0D30>
[1, 3, 5, 7, 9]
```

在该例中可以看出 filter()函数直接输出的是对象形式，但可以用 list()函数把输出解析为直观的运行结果。Python 3 版本后的一些类似函数都已经无法被直接解析，同时也取消了原来 Python 2. x 版本中可以直接使用的 reduce()函数，请读者在使用上与 Python 2. x 版本加以区别。

4.4 编程实例：引入 jieba 库进行中文切词并统计

众所周知，Python 语言之所以发展如此迅速，与 Python 语言的插件模块包的不断扩大有密不可分的关系。本次任务要求即是通过引入一种非常流行的免费插件包 jieba 库来完成中文切词并统计词频数量的任务。

4.4.1 任务要求

《射雕英雄传》是金庸先生创作的长篇武侠小说，是金庸先生“射雕三部曲”的第一部。该小说以宁宗庆元五年(1199 年)至成吉思汗逝世(1227 年)这段历史为背景，反映了南宋抵抗金国与蒙古两大强敌的斗争，充满爱国的民族主义情愫。该小说的历史背景突出，场景纷繁，气势宏伟，具有鲜明的“英雄史诗”风格；在人物的塑造及情节安排上，它坚持了以创造个性化的人物形象为中心，按照人物性格的发展需要及其内在可能性、必然性设置情节，从而使这部小说达到了“事虽奇，人却真”的妙境。

在这部小说中出场人物众多,并各具特色。本任务就是希望读取该小说全文,找出各个人物的出场数量并作以统计,看看有哪些人物在小说中出现的次数最多。列出前10位重复名称最多的小说人物,并统计出该人物出场的次数。

4.4.2 jieba库概述及安装

1. jieba库概述

jieba库是Python的一个中文切词常用插件包。中文词汇的切词方式与英文有很大区别。由于英文是以成组的字符组成的单词,词和词之间用空格区分,因此Python语言在分词的使用上,对于处理英文类的语言是较为简单的。只需要使用split()函数就可以将英文单词轻易地分离出来。示例代码如下。

```
a = 'Never put off what you can do today until tomorrow.'
print(a.split())
```

输出:

```
['Never', 'put', 'off', 'what', 'you', 'can', 'do', 'today', 'until', 'tomorrow.']
```

但中文分词的方式则会有显著差异。因为中文是以字为单位,字和字之间是没有任何空格的。另外,中文的词可以是一个字,也可以是2个字、3个字或者4个字的成语。这也会增加"如何判定是一个词"的难度。

而jieba扩展包正是为了解决中文分词的困难。它本身就有一个中文字词库,利用文本和字词库的内容进行比对并通过其自身的算法来实现查找最大概率的中文词汇,同时利用它还可以增加自定义的词汇。

当然,中文分词的扩展包插件并不仅只有jieba库,还有yaha、NLPIR、LTP等,但jieba字库是免费使用的并且应用广泛,因此本任务就以jieba库的使用为切入点来看看Python是如何完成中文的切词工作的。

2. jieba库的安装

与安装其他类扩展包类似,要在PyCharm中安装jieba库,只需要选择菜单中的File→Settings命令就可以进入Settings对话框设置界面。然后再单击右侧下拉列表的Project Interpreter项目解释器,就可以看到图4-10所示界面。

单击右侧的+按钮,在弹出的界面中写入jieba库的名称进行查询下载即可,如图4-11所示。

3. jieba库用法介绍

与其他插件包的使用类似,如果需要使用jieba库,首先需要在Python文件中引入该插件包(import jieba)。

jieba的应用较为简单,作为中文切词工具,它基本分为以下3种切词模式。

1) 精确模式

jieba.lcut(str):返回一个列表,包含字符串str中完整且不多余的分词。

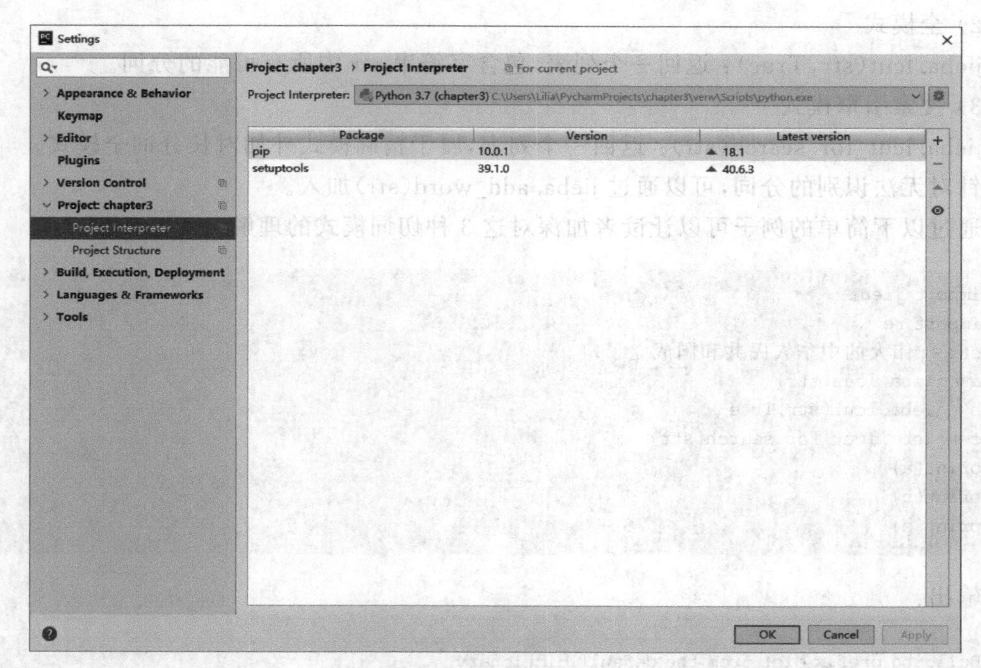

图 4-10 项目解释器 Project Interpreter 设置界面

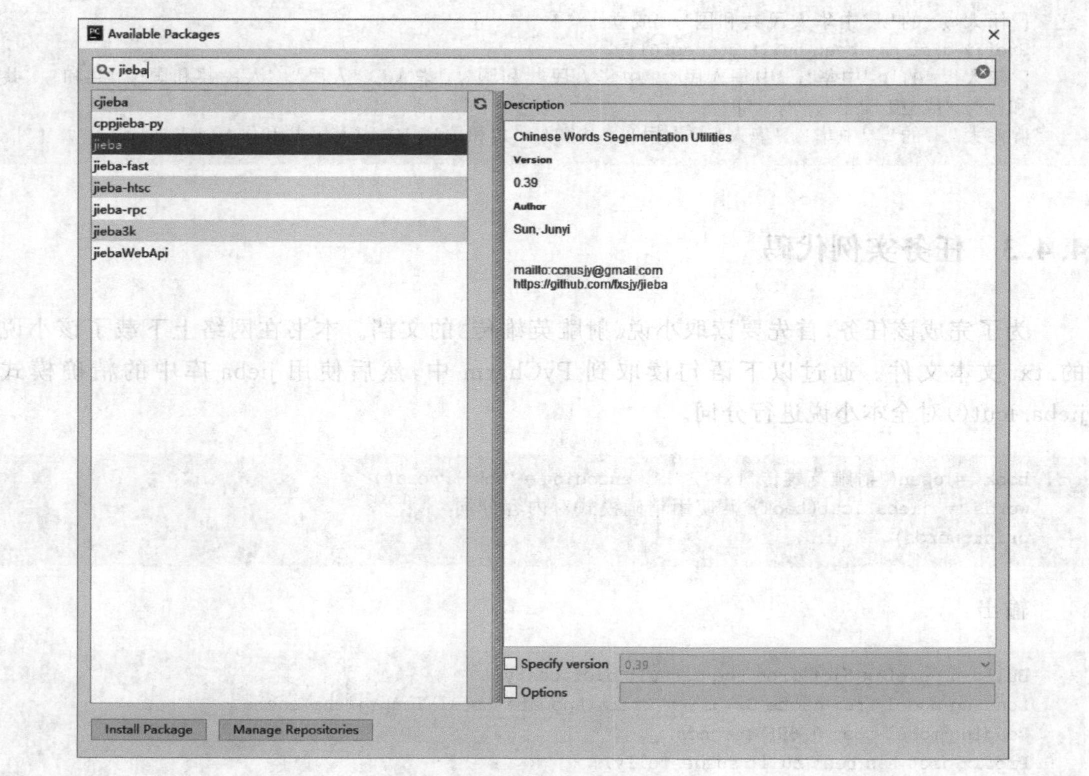

图 4-11 下载安装 jieba 库

2）全模式

jieba.lcut(str,True)：返回一个列表，包含字符串 str 中所有可能的分词。

3）搜索引擎模式

jieba.lcut_for_search(str)：返回一个列表，属于精确模式外加对长分词全模式。

针对无法识别的分词，可以通过 jieba.add_word(str)加入。

通过以下简单的例子可以让读者加深对这 3 种切词模式的理解。

```
import jieba
import re
str = '伟大的中华人民共和国成立了!'
a = jieba.lcut(str)
b = jieba.lcut(str,True )
c = jieba.lcut_for_search(str)
print(a)
print(b)
print(c)
```

输出：

```
Building prefix dict from the default dictionary ...
Loading model from cache C:\Users\Lilia\AppData\Local\Temp\jieba.cache
Loading model cost 0.746 seconds.
['伟大', '的', '中华人民共和国', '成立', '了', '!']
Prefix dict has been built succesfully.
['伟大', '的', '中华', '中华人民', '中华人民共和国', '华人', '人民', '人民共和国', '共和', '共和国', '成立', '了', '', '']
['伟大', '的', '中华', '华人', '人民', '共和', '共和国', '中华人民共和国', '成立', '了', '!']
```

4.4.3 任务实例代码

为了完成该任务，首先要读取小说《射雕英雄传》的文档。本书在网络上下载了该小说的.txt 文本文件。通过以下语句读取到 PyCharm 中，然后使用 jieba 库中的精确模式 jieba.lcut()对全本小说进行分词。

```
book = open('射雕英雄传.txt', 'r', encoding = 'gbk').read()
words = jieba.lcut(book) #使用精确模式对内容分词
print(words)
```

输出：

```
Building prefix dict from the default dictionary ...
Loading model from cache C:\Users\Lilia\AppData\Local\Temp\jieba.cache
Loading model cost 0.696 seconds.
Prefix dict has been built succesfully.
'什么', '相干', '?', '我', '只', '问', '她', '肯不肯', '?', '"', '黄蓉', '接口', '道', ':', '"',
'你', '要', '我', ……
```

通过 print 语句可以看到《射雕英雄传》小说已经通过 jieba 库进行分词。

各类人物的姓名至少是两个字以上,因此要统计姓名,需要把一个字的分词过滤掉。要过滤分词,可以通过 for 循环语句达到目的。但由于本任务需求是统计出前 10 位的出场人物,并能统计出他们各自出场的次数。因此,需要把出场人物和次数对应起来输出,这样利用字典类型的数据结构能够更好地完成人物和次数的对应关系。相关的语句如下。

```
counts = dict()              # 通过字典数据类型来存储词语及其出现的次数,也可写成 count = {}
for i in words:
    if len(i) == 1:          # 如果词语是一个字
        continue             # 通过 continue 语句来删除一个字的词语
    else:
        counts[i] = counts.get(i, 0) + 1 # 遍历所有词语,每出现一次其 key 对应的 value 值加 1
print(counts)
```

输出:

```
Building prefix dict from the default dictionary ...
Loading model from cache C:\Users\Lilia\AppData\Local\Temp\jieba.cache
Loading model cost 0.697 seconds.
Prefix dict has been built succesfully.

{'全本': 2, '全集': 2, '精校': 2, '小说': 60, 'http': 4, 'www': 2, 'yimuhe': 2, 'com': 4,
'anglewing2620': 2, 'html': 2, '资源': 2, '下载': 4, …… }
```

通过 for 循环语句遍历读出的小说 words 中的所有词,并通过 if 语句的 len(i)==1 和 continue 语句的配合把只有一个字的词过滤掉。然后通过 counts[i]=counts.get(I,0)+1,把遍历出小说中两个字以上的词的名字和出现的次数,通过预定义的字典类型的数据格式罗列出来。

```
counts[i] = counts.get(i, 0) + 1
```

该语句采用的是一种面向对象的方法,counts.get()函数中的第一个参数 i 是指预定义字典类型数据 counts 中的 key 值,而第二个参数 0 是预定义 value 值为 0。每遍历同样的词汇时就通过 get()方法来对 value 值进行+1 的操作,这样就可以得到分词及其出现的频数。

读者需要注意的是,每个人从网站上获取的小说版本不同,因此可能会出现非小说内容的各类乱码。不过这些并不会很大地影响到统计结果,可以忽略。

在形成字典数据类型的对应格式后,可以通过各类方法把字典类型的 value 值数据从大到小排列。但其中较为简洁的方式如下。

```
items = list(counts.items())                          # 将键值对转换成列表
items.sort(key = lambda x: x[1], reverse = True)      # 根据词语出现的次数进行从大到小排序
print(items)
```

输出:

```
[('郭靖', 2658), ('黄蓉', 1815), ('说道', 1133), ('什么', 1130), ('师父', 1098), ('洪七公',
1080), ('欧阳锋', 1074), ('自己', 1046), ('一个', 995), ('黄药师', 905), ('武功', 825), ('两人',
734), ('咱们', 708), ('周伯通', 689), ('心中', 660), ('一声', 658), ('他们', 630), ('丘处机',
625), ('不知', 624), ('不是', 606), ('黄蓉道', 583), ('郭靖道', 572), ('功夫', 569), ('心想',
522), ('知道', 511), ('欧阳克', 511), ('爹爹', 505), ('梅超风', 503), ('这时', 487), ('只见',
456), ('出来', 454), ('不敢', 446), ('柯镇恶', 433), …… ]
```

counts.items()函数可以将字典类型数据 counts 中的键值对取出，再通过 list()函数即可将获取的字典类型的数据转换成列表形式。这样在列表 items 中的第一列数据就为键 key 值，而第二列数据为 value 值。然后再通过 lambda()函数可以很方便地将获取的列表中的第二个 value 值进行排序。排序的结果如上所示。

从上面的输出结果中可以看出，除了人物名称外，还有很多其他类型的词汇。为了让人物名称突出显示在前面而不干扰本任务所要求的人物名称的查询结果，可以让系统删除这些其他类型的词汇，这就需要根据这些排位在前的其他类型的词汇创建一个列表。然后再用 for 循环语句把该列表中的词汇过滤掉。

另外，还可以发现，如黄蓉道、郭靖道都分别是指黄蓉和郭靖，所以还需要重新根据分词需要把黄蓉道、郭靖道分别指派到黄蓉和郭靖的名称中。同时，根据大家对小说的熟悉程度，也知道东邪西毒、南帝北丐分别指的是各个人物。这些知名的小说人物都有各自的别称，如老顽童是指周伯通。但若都写在程序中，就过于烦琐了。通过上述输出的结果分析，可得知前几位人物名称中有黄药师、洪七公、欧阳锋，他们都是有别称的，比如黄药师也称为东邪或者黄老邪、洪七公也称为七公和北丐、欧阳锋称为西毒或者老毒物。把这些人物代称也写入程序中会让输出的结果更加符合任务的需求，通过在 for 循环中的嵌套 if 语句中再加写入 elif 语句，就可以把各种人物的出场代称写入程序中。其修改后的 for 循环语句如下。

```
drop = ['说道', '什么', '师父', '自己', '一个', '武功', '两人', '咱们', '心中', '一声', '他
们','不知','不是','功夫','心想','知道','爹爹','这时','只见','出来','不敢']
counts = dict()  #通过字典数据类型来存储词语及其出现的次数,也可写成 count = {}
for i in words:
    if len(i) == 1 or i in drop:  #如果词语是一个字或者在 drop 中
        continue                  #通过 continue 语句删除一个字和 drop 中的词语
    elif i == '黄蓉道' or i == '黄蓉':
        ri = '黄蓉'
    elif i == '郭靖道' or i == '郭靖':
        ri = '郭靖'
    elif i == '洪七公' or i == '七公' or i == '北丐':
        ri = '洪七公'
    elif i == '黄药师' or i == '黄老邪' or i == '东邪':
        ri = '黄药师'
    elif i == '欧阳锋' or i == '西毒' or i == '老毒物':
        ri = '欧阳锋'
    elif i == '周伯通' or i == '老顽童':
        ri = '周伯通'
    else :
        ri = i
    counts[ri] = counts.get(ri, 0) + 1 #遍历所有词语,每出现一次其 key 对应的 value 值加 1
items = list(counts.items())              #将键值对转换成列表
items.sort(key = lambda x: x[1], reverse = True )  #根据词语出现的次数进行从大到小排序
print(items)
```

输出：

```
[('郭靖', 3230), ('黄蓉', 2398), ('欧阳锋', 1353), ('洪七公', 1172), ('黄药师', 1109), ('周伯通', 879), ('丘处机', 625), ('欧阳克', 511), ('梅超风', 503), …… ]
```

但这一输出格式并不是非常理想的，为了让输出结果更加清晰，可以再通过 for 循环语句的遍历将输出的内容格式化。

```
for i in range(10):
    word,freq = items[i]
    print('%s --> %d ' % (word, freq))
```

输出：

```
郭靖 --> 3230
黄蓉 --> 2398
欧阳锋 --> 1353
洪七公 --> 1172
黄药师 --> 1109
周伯通 --> 879
丘处机 --> 625
欧阳克 --> 511
梅超风 --> 503
柯镇恶 --> 433
```

如上所示，通过 for 循环语句的遍历，使用了 range()函数控制输出前 10 组数据，然后通过格式化输出即可完成该任务。

整个程序的完整代码如下。

```
import jieba

book = open('射雕英雄传.txt', 'r', encoding = 'gbk').read()
words = jieba.lcut(book)   #使用精确模式对内容分词
#print(words)
drop = ['说道', '什么', '师父', '自己', '一个', '武功', '两人', '咱们', '心中', '一声', '他们','不知','不是','功夫','心想','知道','爹爹','这时','只见','出来','不敢']
counts = dict()   # 通过字典数据类型来存储词语及其出现的次数,也可写成 count = {}
for i in words:
    if len(i) == 1 or i in drop:   #如果词语是一个字
        continue                   #通过 continue 语句来删除一个字的词语
    elif i == '黄蓉道' or i == '黄蓉':
        ri = '黄蓉'
    elif i == '郭靖道' or i == '郭靖':
        ri = '郭靖'
    elif i == '洪七公' or i == '七公' or i == '北丐':
        ri = '洪七公'
    elif i == '黄药师' or i == '黄老邪' or i == '东邪':
        ri = '黄药师'
    elif i == '欧阳锋' or i == '西毒' or i == '老毒物':
        ri = '欧阳锋'
    elif i == '周伯通' or i == '老顽童':
        ri = '周伯通'
```

```
    else :
        ri = i
    counts[ri] = counts.get(ri, 0) + 1 #遍历所有词语,每出现一次其key对应的value值加1
items = list(counts.items())                  #将键值对转换成列表
items.sort(key = lambda x: x[1], reverse = True )   #根据词语出现的次数进行从大到小排序
#print(items)
for i in range(10):
    word, freq = items[i]
    print('%s --> %d' % (word, freq))
```

输出:

```
Building prefix dict from the default dictionary ...
Loading model from cache C:\Users\Lilia\AppData\Local\Temp\jieba.cache
Loading model cost 0.698 seconds.
Prefix dict has been built successfully.
郭靖 --> 3230
黄蓉 --> 2398
欧阳锋 --> 1353
洪七公 --> 1172
黄药师 --> 1109
周伯通 --> 879
丘处机 --> 625
欧阳克 --> 511
梅超风 --> 503
柯镇恶 --> 433
```

由于获取《射雕英雄传》的版本不同,读者的频次结果可能会有些许出入。

本章小结

本章所讲述的内容为Python语言的程序结构。在Python中的循环和分支语句与其他语言的用法是类似的,不过并没有switch和case等语法结构。而for循环语句和if条件语句是Python编程中使用频率最高的两类语法结构。Python语言的强项之一就是拥有各类扩展插件包/库,并广泛应用在各类型的数据分析中。jieba库在中文分词方面具有较为重要的地位,因此本章的最后一部分即是讲解如何使用jieba库进行中文的分词和检索,希望在熟悉jieba插件库的使用过程中,对Python语言循环和条件语句的掌握更加融会贯通。

习题

4-1 请把本章在嵌套while循环小节所讲的"九九乘法表"再使用列表解析的方式写出来。

4-2 已知有甲、乙两支乒乓球队要进行比赛,每队各出3人,通过抽签的方式决定比赛名单。甲队为a、b、c 3人,乙队为x、y、z 3人。有人向队员打听比赛的名单。a说他不和x比,c说他不和x、z比。请编写程序找出3队赛手的名单。

4-3 有 4 个数字，分别是 1、2、3、4，请问能组成多少个互不相同且无重复数字的 3 位数？请编程解答。

4-4 某企业发放的奖金是根据利润的多少提成的。利润低于或等于 10 万元时，奖金可提 10%；利润高于 10 万元而低于 20 万元时，低于 10 万元的部分按 10%提成，高于 10 万元的部分可提成 7.5%；而利润在 20 万元到 40 万元之间时，高于 20 万元的部分可提成 5%；利润在 40 万元到 60 万元之间时高于 40 万元的部分可提成 3%；当利润在 60 万元到 100 万元之间时，高于 60 万元的部分可提成 1.5%，当利润高于 100 万元时，超过 100 万元的部分则会按 1%提成。请编写程序，要求从键盘输入当月的利润，即可获得其应发放的奖金总数。

第5章 函数与模块

通常一个较大的程序会被分为若干个程序模块,这些程序模块也称为子程序,每个模块(或子程序)都用来实现一种特定的功能。除了主程序可以调用子程序外,子程序之间也可以相互调用。这些程序都是由若干个函数、变量和脚本程序所构成。在程序设计中,经常会把一些常用的功能设计成模块、函数等以方便调用。因此,函数和模块的最大功能就是减少了程序员重复编写代码的工作量。

学习要点

- 函数的调用和嵌套。
- Python 变量作用域。
- 模块的导入。
- 常见的模块属性变量。
- 包的结构和引用。
- NumPy 和 Pandas 扩展库。

5.1 函　　数

5.1.1 函数定义

函数是一组具有特定功能的、可被重复使用的代码语句的组合。通过调用其函数名,并指定其函数调用参数,可以实现对不同数据的计算结果。对函数的使用并不需要预先了解函数的实现原理,只需要了解其输入/输出方式即可返回对不同数据的处理结果。

由于函数可以在不同地方重复使用,因此提高了其自身代码的使用效率。比如,内置函数 print()只需在既定的地点调用即可完成输出结果;而 open()函数只需要按照既定格式读取、写入文件,即可完成读写操作,这些都是函数自身的使用特点。

当然除了内置函数及其安装包内标准库的相关函数外,用户也可以自行创建函数,这些被用户自行创建的函数称为自定义函数。

在 Python 中使用了 def 作为用户自定义函数的关键字。其具体语法格式如下。

```
def  <函数名> (<参数列表>):
     <语句模块>
     return <返回值表达式>
```

在该语法中，自定义的函数要以 def 关键字作为开头，后面可跟自定义的函数名称。在函数名称后加小括号及冒号。在小括号内可放入参数也可以无参数。若有一个或多个参数，则表示该函数的使用会要求传入一个或多个参数，方便使用该函数时被调用。多个参数之间要用半角逗号隔开。需要注意的是，参数名称和参数值是默认按照函数定义的顺序来匹配的。

函数的书写也要符合 Python 的缩进规范，整个函数语句模块需要缩进表示其内容的构成。出现 return 语句表示该函数代码模块的结束，当然也可以选择不用 return 语句来结束函数的语法。若不使用 return 语句，则表示在函数体结束位置把控制权返还给调用者。

如果使用了 return 语句，其后所跟的内容可以是一个返回值，一组返回值的列表或者是一个返回值表达式。这些 return 语句返回值能够选择性地把代码模块执行后的值，指派给未来所使用该函数的调用方。当然，也可以选择不用返回值表达式而仅仅使用 return 语句(无返回参数)，这时的 return 语句就表示返回值为空(None)。

需要注意的是，只要函数执行了 return 语句就表示该函数的终止状态。虽然 return 语句返回值没有类型和个数的限制，但 return 语句值只能返回一次。

下面为一个 Python 函数，它可以输出一个简单的欢迎语句。

```
def welcome():
    print('Welcome to Python World!')

def hi(name):
    print("Hi,dear {}! ".format(name),end = '')
    welcome()
hi('lisa')
```

输出：

```
Hi,dear lisa! Welcome to Python World!
```

以上小程序中有两组自定义函数。第一组为无参数的 welcome()函数，其内容是仅负责输出一个欢迎语句，其后又设置了一个有参数的函数 hi(name)。该函数 hi 的参数为 name，并定义了其格式化输出的结果(该函数并没有使用 return 语句结束)。在函数进行调用时，如上例所示，hi()函数的参数 name='lisa'，则对于 def 自定义函数 hi()来说，其输出的结果为

```
Hi,dear lisa! Welcome to Python World!
```

5.1.2　函数调用

函数的调用方法就如同上例所讲的内容一样，只要通过函数名加上一组圆括号(若有参数则必须放在圆括号内，且多个参数用逗号隔开)即可完成对函数的调用。

```
def fun(a,b):
    a = a * 2
```

```
        b = b * b
        print("a 的 2 倍是 %d" % (a))
        print("b 的平方是 %d" % (b))
fun(3,5)
```

输出：

```
a 的 2 倍是 6
b 的平方是 25
```

(1) 如上例所示，定义了函数 fun()，它有两个参数 a 和 b。通过相应的语句模块执行各自的计算后输出。

(2) 在 Python 中的语句都是实时执行的。不存在与 C 语言一样的编译过程。像 def 的定义函数语句模块也是一条执行语句。因此，自定义函数的调用都必须在定义了该函数之后。

在 Python 语言中还存在很多的内置函数。部分的内置函数在之前的章节中已经做了介绍，如 eval()、int()、open()、sorted()等。而在 3.5 节中也介绍了 Python 的内置函数列表。这些内置函数与自定义函数不同，是可以直接拿来使用的。此外，Python 安装包内也自带了一些标准库文件，如 math 库。这些库中也有其各自的预置函数可供使用者直接调用。

5.1.3 函数参数

函数是一组有特定含义的语句代码，其最大的特点是可以被复用。而实际上也可以把函数看成一组被封装的语句执行代码。通过对函数名的调用和对参数值的指定，即可执行该函数并获得返回结果。而函数的参数在此就类似于函数的接口数据。对于函数的调用者而言，只要输入合适的函数参数值，函数执行后就会返回相应结果。至于函数的各种复杂执行代码逻辑并不需要调用者了解。

Python 的函数定义方法很简单，使用上也非常灵活。除了正常定义的必选参数外，还可以使用默认参数、可变参数和关键字参数等，这些方法都使函数定义的接口，不但能处理复杂的参数，还可以简化调用者的程序代码。

1. 形参和实参

定义参数时的参数称为形式参数，简称形参；而在调用函数时所使用的参数称为实际参数，简称为实参。需要注意的是，Python 的设计原理是存储对变量对象的引用，这点类似于 C 语言中的指针含义。因此，当 Python 函数执行时，实际参数传递给形式参数，就类似于将实际参数对象的引用值传递给了形参。示例代码如下。

```
def sum(x, y = [10]):        # 设置默认参数 y。默认参数要放在必选参数后
    re = x + y
    return re
z = sum([5])                 # 传入一个实参列表[5]，另一个参数为默认参数[10]
print(z, id(z))              # 输出结果和内存引用地址的 id 值
```

```
z = sum([5],[10])        # 传入两个实参[5]和[10]
print(z,id(z))           # 输出结果和内存引用地址的 id 值

z = sum([5],[30])        # 传入两个实参[5]和[30]
print(z,id(z))           # 输出结果和内存引用地址的 id 值
```

输出：

```
[5, 10] 1884358902088
[5, 10] 1884358901832
[5, 30] 1884358901896
```

(1) 在该例中，定义了一个函数 sum()，它有两个参数 x 和 y，其中 y 设定为默认参数列表[10]。该函数的返回值为 re，而 re 的表达式为 x＋y。通过 z＝sum([5])向 sum()函数传入了一个实参(列表[5])，那么列表[5]就是第一顺序参数 x 的形参。由于没有传入第二个实参 y，则参数 y 值即为默认的列表[10]。

(2) 在向函数 sum()仅传入一个实参[5]时，该函数的输出结果是列表[5]＋[10]＝[5, 10]。其结果所对应内存引用地址为 1884358902088。而如果向 sum()函数传入两个分别为[5]和[10]的实参，其输出结果虽然与传入一个参数[5]的结果相同，但其返回的内存地址却与使用默认参数时不同，为 1884358901832。两者所解析出的 id()函数的哈希值不同，是因为它们实参引用的对象为可变数据类型所导致的。

(3) 而在向 sum()函数传入两个不同的参数[5]和[30]时，其函数的输出结果是[5,30]。这个例子主要说明，在使用默认函数时，如果提供了具体的实参，则会覆盖其给定的默认值。

因此，在 Python 中的函数参数的使用，由于其数据类型的多样化和对象引用的特点，会让参数的传递呈现出与其他编程语言不太一样的特征。下面介绍 Python 语言在做参数传递时的特征。

2. 关键字传递

通常参数的传递都是按照先后顺序调用的。比如：

```
def sum(x,y):return x + y
print(sum('see','you'))
```

输出：

```
seeyou
```

在该例中，按照默认先后顺序，字符串'see'赋值给了 x，字符串'you'赋值给了 y，因此其输出结果为 seeyou。

但如果指明了接收实参的具体形参名称，则可以忽略参数的先后顺序。这种参数的赋值传递方式称为关键字传递。示例代码如下。

```
def link(x,y,z): return x + y + z
print(link(y = 'Love',z = 'Me',x = 'U'))
```

输出：

```
ULoveMe
```

3. 参数传递的多态性

多态性原本是面向对象的编程特点，在这里它是指函数的输出在面对不同的对象时会有不同的执行结果。因为 Python 的变量在赋值时并无指定的类型属性，这是因为引用对象的不同导致的。因此，对于 Python 中的函数传递，其所传递参数的数据类型若发生变化，则会产生不同的执行结果，体现出多态性特征。示例代码如下。

```
def add(x,y):return x + y
print(add(1,2))                #数值类型的加法
print(add('a','b'))            #字符串类型的加法
print(add((1,2),(3,4)))        #元组类型的加法
print(add([1,2],[3,4]))        #列表类型的加法
```

输出：

```
3
ab
(1, 2, 3, 4)
[1, 2, 3, 4]
```

Python 函数参数的传递，其本质上也是一种赋值操作。由于其变量和引用的赋值关系特征，可看作在 Python 语言的整个体系中，一切皆为对象。数字是对象，列表是对象，函数也是对象。而变量的赋值仅是对象的一种引用关系，是操作指针到变量对象的一种绑定过程。

4. 传递可变参数

从形参和实参的举例可以看出，Python 对于函数参数的传递，会因为其引用对象数据类型的不同而发生变化。因此，当函数调用的实参是可变的对象，如列表、字典等数据类型对象时，如果在函数中修改了形参，其实参调用的函数执行结果也可能发生变化。

此外，如果想让函数接受任意个数的参数，则可以定义一个可变参数。可变参数的定义方式与其他语言（如 C/C++和 Java 等）的定义方式类似，都是用 * 号来表示，例如：

```
def fun( * args):
    print args
```

在可变参数的名称前加星号，表示可以传入 N 个数量的参数给既定函数，函数会默认传入的是一个元组或列表。求 N 个参数的乘积，示例代码如下。

```
def fun(x, * y):
    a = x
    for i in y:
        a * = i
    return a
print(fun(3,4,5))
print(fun(3,4,5,6))
```

输出：

```
60
360
```

定义一个可变参数与定义一个 list 或 tuple 参数相比，仅在参数前面加了一个星号。在函数内部，参数默认接收到的是一组 tuple 类型数据，函数代码完全不变。但是，调用该函数时，可以传入任意个参数(包括 0 个参数)。

此外，还可以使用 ** kw(默认格式)形式表示可变参数中的关键字函数类型。关键字函数也可以看作传递一个字典类型的数据，它可以传入 0 到任意多个“关键字-值”的数据结构。示例代码如下。

```
def student(name,age, * * kw):
    return (name,age,kw)
print(student('居吉','16'))
print(student('柳宇阳','18',tel = '180358××××'))
print(student('赵天豪','17',gender = 'M',subject = '软件'))
```

输出：

```
('居吉', '16', {})
('柳宇阳', '18', {'tel': '180358××××'})
('赵天豪', '17', {'gender': 'M', 'subject': '软件'})
```

上例中的 name 和 age 属于必选参数。也就是说，在参数的传递中至少要传入必选参数；否则函数执行就会报错。而关键字参数 ** kw 属于可选参数，也就是说可以传入 0～*N* 个 key:value 字典类型的参数。

关键字函数可以用来扩展函数的功能。比如，当开发者需要扩充函数的可选项，但又不确定其扩展个数时，可以利用关键字参数来定义该函数以便满足相应的需求。

在函数的运用中，有时还需要限制关键字参数的 key 名字的出现，如仅需要输出 key 所对应的 value 值。这时可以用命名关键字参数。命名关键字参数使用一个星号 * 作为分隔符，星号 * 后面的参数就被认为是命名关键字参数。示例代码如下。

```
def teacher(name,age, * ,department,tel):
    return (name,age,department,tel)
print(teacher('高英','28',department = '计算机应用系',tel = '1336688××××'))
```

输出：

```
('高英', '28', '计算机应用系', '1336688××××')
```

在该例中，虽然函数执行返回中出现了 department 和 tel 两个参数，但由于在这两个参数前使用了命名关键字星号，因此函数就仅输出了这两个参数所指定的 value 值。需要注意的是，命名关键字必须要传入参数名(类似 key 值)；否则就会报错。

但如果在函数中有可变参数，其后所跟的命名关键字就不需要分隔符 * 号了。示例代码如下。

```
def teacher(name,age, * args,department,tel):
    return (name,age,args,department,tel)
print(teacher('高英','28','F','Single',department = '计算机应用系',tel = '1336688××××'))
```

输出：

```
('高英', '28', ('F', 'single'), '计算机应用系', '1336688××××')
```

5. 参数的组合

Python 中有 5 种常见的参数类型，包括必选参数、默认参数、可变参数、关键字参数和命名关键字参数，在以上范例中都已经介绍过。由于 Python 的数据类型众多，因此传入单一类型的参数不难，但如果参数组合在一起使用，就会让结果变得复杂。因此，建议初学者不要组合使用参数。如果必须要组合使用，则需要注意参数定义的顺序。通常参数的定义顺序是必选参数、默认参数、可变参数、命名关键字参数和关键字参数。而在函数调用时，Python 的编译器会按照参数所在位置和参数名把相应的参数传递过去。示例代码如下。

```
def fun(a,b = 10, * c,d,e, * * f):
    print ('a = ',a,'b = ',b,'c = ',c,'d = ',d,'e = ',e,'f = ',f)
fun(1,2,3,d = 4,e = 5,name = 'lisa',age = 8)
```

输出：

```
a = 1  b = 2  c = (3,)  d = 4  e = 5  f = {'name': 'lisa', 'age': 8}
```

虽然上例中组合了各类参数进行混用，但函数的接口会变得不容易理解。建议只有在必要时才进行参数的组合使用。另外，虽然在上例中使用了类似 * c 和 ** f 这样的参数名，也只是说明可以使用这样的参数命名方式，传统上还是习惯用 * args 和 ** kw 这样的写法，因为这样的写法容易被开发项目组的其他成员轻易识别出来。

5.1.4 函数的嵌套

嵌套函数是指在函数的内部再定义一个或者多个函数。其中内层函数可以访问外层函数中所定义的变量，但内层函数的本地作用域并不包含外层函数所定义的变量。示例代码如下。

```
def outlayer():
    def innerlayer1():
        print('我是内部第一层')
        def inside():
            print('我是最里层')
            return
        inside()
        return
```

```
        innerlayer1()
        print('我是最外层')
        return
outlayer()
```

输出:

```
我是内部第一层
我是最里层
我是最外层
```

在该例的嵌套函数中,innerlayer()函数在 outlayer()函数的里面,而 inside()函数又放在了 innerlayer()函数的里面。外层的函数返回的是里层函数,也就是函数本身被返回,而返回的函数也可以访问它自身定义所在的作用域。

在 Python 中的嵌套方式是非常灵活的。除了上例所示,也可以直接把函数定义在外部,然后在函数内部调用,其执行结果是一样的。示例代码如下。

```
def innerlayer1():
    print('我是内部第一层')
    return
def innerlayer2():
    print('我是内部第二层')
    return
def outlayer():
    innerlayer1()
    innerlayer2()
    print('我是最外层')
outlayer()
```

输出:

```
我是内部第一层
我是内部第二层
我是最外层
```

通常为了使内层函数不受外部变化的影响,或者说让它们在全局作用域中隐藏起来,会使用嵌套函数等方式来达到这种类似"封装"的目的。另外,众所周知,在程序设计中应该避免使用重复的代码,因为这样可能导致重复代码块之间的执行冲突。当有很多代码需要复用时,也可以通过选择嵌套函数来达到减少重复代码、保持语法简洁性和灵活性的目的。

5.1.5 递归函数

递归函数是指一个函数在执行过程中调用了其自身函数,这样的函数就称为递归函数。比如,要计算某数的阶乘,其公式为 $n!=1\times2\times3\times\cdots\times n$。如果该计算阶乘的函数用 fact(n)来表示,则其表达式应写为

$$fact(n)=n!=1\times 2\times 3\times \cdots \times (n-1)\times n=(n-1)!\times n=fact(n-1)\times n$$

根据上列公式的描述，该计算阶乘的函数在编程上的实现代码如下。

```
def fact(n):
    if n == 1:
        return 1
    return fact(n - 1) * n
print(fact(6))
```

输出：

```
720
```

在该例中可以非常直观地看出，函数的返回结果调用了函数自身，这就是一个典型的递归函数。当计算6的阶乘时，则仅需要在函数中把6作为参数代入计算即可。而当n＝1时作为一种特殊情况也在函数内通过if语句做了判断。

递归函数的优点是定义简单且代码逻辑清晰。但它类似代码循环方式，随着递归深度的增加，创建的栈会越来越多。由于计算机的函数调用是通过栈（stack）这样的数据结构实现，递归函数调用次数过多就会导致栈溢出。比如，当计算1000以上阶乘的结果时，会因为栈溢出现象出现返回的结果报错。

通常应对栈溢出的方法是对函数进行尾递归的优化。尾递归也是循环的一种，它是指函数返回结果时调用了自身函数，但return语句的返回值不包含表达式。尾递归是基于函数的尾调用，每一级调用后就直接返回函数值并更新调用的栈。这样的方式并不用创建新的调用栈而仅仅是更新，类似于迭代方法的实现。因此，尾递归的方式属于对一般递归函数的优化表达方式。

那么针对计算阶乘的函数fact(n)如何才能规避栈溢出现象，修改为尾递归函数的方式呢？如果要把之前的函数修改成尾递归的方式，就需要把每一步结果的乘积传入递归函数内。示例代码如下。

```
def fact(n):
    return fact_iter(n, 1)

def fact_iter(n, total):
    if n == 1:
        return total
    return fact_iter(n - 1, n * total)
print(fact(9))
```

输出：

```
362880
```

虽然尾递归是一种优化后的递归函数的表达，但Python语言在当前版本下并不支持尾递归，无法使用Python的编译器通过优化尾递归函数来规避栈溢出的现象，因此递归深度超过990多次就会报错。

5.2 Python 变量作用域

变量作用域是指可用该变量访问的范围，也可以称为命名空间。在第一次给变量赋值时Python就创建了对该变量的引用对象，而第一次给变量赋值的位置就决定了变量的作用域。

5.2.1 变量作用域

在程序运行中，通常只有变量和函数才涉及可访问的范围（作用域）。它们或者是已被预定义好或者是在当前文档中被定义，都有各自不同的作用域。

一般在函数体外定义的变量称为全局变量，而在函数内部定义的变量称为本地变量或是局部变量。局部变量只有在执行调用函数时才会被创建，而执行结束后，这些变量也会被删除。示例代码如下。

```
age = 19                    #全局变量
def fun1():
    name = 'Lilia'          #局部变量
    print(name,age)
def fun2():
    name = 'Alex'           #局部变量
    print(name,age)
fun1()
fun2()
```

输出：

```
Lilia 19
Alex 19
```

函数在读取变量时，会遵循本地优先的LEGB原则。其读取变量的先后顺序为当前作用域局部变量→外层作用域变量→当前模块中的全局变量→Python内置变量。

也就是说，在引用变量时，Python首先会优先搜索本地自有的局部变量，之后是函数外层作用域所设置的相关变量；其次是当前文件所引入模块的全局变量（模块部分在本小节后会讲解）；最后是Python语言中嵌入的内置变量。如果都未找到，则会抛出NameError的错误。

5.2.2 global 关键字

全局变量是指不经定义就可以在函数内使用的各类变量，如Python中的各类内置的已经被定义好的变量。而为了让自定义函数内的变量（局部变量）可以在函数外部使用，就可以使用Python所提供的关键字global来声明。

关键字 global 是用来声明在函数或者其他局部作用域中所使用的全局变量。使用 global 关键字有以下几点需要注意。

(1) 如果函数的内部有引用外部函数的同名变量或者全局变量并且修改了这个变量，那么 Python 会认为它是一个局部变量。若该函数中没有对该变量赋值，则会报错。

```
a = 6
def fun():
    a + = 5
    print(a)
fun()
```

输出：

```
UnboundLocalError: local variable 'a' referenced before assignment
```

如该例所示，函数 fun()内部引用了外部变量 a，并修改了 a 值为 a=a+5，但在执行过程中未给变量 a 赋值，则输出会报错。

(2) 如果要在本地作用域内对全局变量做修改，就需要在局部先声明该全局变量。

还是用上例做示范。如果要让程序不报错，就需要事先声明变量 a 为全局变量。

```
a = 6
def fun():
    global a
    a + = 5
    print(a)
fun()
```

输出：

```
11
```

在声明了函数内的 a 为全局变量后，就可以对其值进行修改，程序执行结果为 11。

(3) 如果在函数执行中无须修改全局变量，则在函数内可以正常调用外部全局变量。

```
age = 19
def fun():
    name = 'WongHong'
    print(name,age)
fun()
```

输出：

```
WongHong 19
```

在处理列表、字典类型数据时，通过 append 方法可以在函数内部修改外部全局变量的值，但通过其他重新赋值的方法并不能改变外部的全局变量。这时也可以使用在函数内部定义 global 全局变量的方法来修改外部的全局变量。

```
a = [1,2]
b = [3,4]
c = [5,6]
def f():
    a.append(3)          #append 方法可以修改外部变量值
    print(a)
    b = 111              #对 b 重新赋值后函数执行结果会改变,但外部变量 b 值不变
    print(b)
    global c             #声明 c 变量为全局变量
    c = 222              #声明 c 为全局变量后,可以修改外部变量值为 222
    print(c)
f()
print(a)                 #输出全局变量 a
print(b)                 #输出全局变量 b
print(c)                 #输出全局变量 c
```

输出:

```
[1, 2, 3]
111
222
[1, 2, 3]
[3, 4]
222
```

5.3 模　块

Python 中的模块是指一个以.py 结尾的文件,通常内部包含各类变量、函数、脚本的程序代码块。模块是一个清晰的、按照一定逻辑组织的 Python 语句代码。在大型系统中往往需要把系统功能通过分模块的形式组织在一起,来行使一定的逻辑功能。除了可以自行编写模块外,Python 自身也提供了许多编辑好的模块可供调用,如 sys 和 math 模块等。另外,围绕着 Python 语言还存在大量的外部模块组,这也是 Python 语言至今发展迅猛的原因之一。因为提供给 Python 的各类可供下载的外部模块数以万计,并且其中不乏被广泛应用的各类功能完备的模块。比如,简化列表操作的 pandas、简化 Excel 操作的 xlry、支持大维度和矩阵计算的数学函数模块 numpy 以及用于分析画图的 Matplotlib 和简化数据库操作的 PyMySQL 等。

Tips:本质上每个以扩展名.py 结尾的 Python 代码文件都可看作一个模块。其他的文件可以通过导入模块的方式来读取该模块的内容。基于模块的导入方式来构成更大规模的程序是 Python 程序架构的核心。在 Python 中复杂的程序往往包含多个模块文件和其他模块文件的工具。其中的一个模块文件被设计成为主文件或称为顶层文件。这个顶层文件就是启动后能够运行整个程序的文件。

5.3.1 import 和 from 模块导入

Python 模块在使用前，需要先被导入当前文件内，才能使用其中的变量或函数。一般用 import 或者 from 语句来导入相应模块。其基本格式如下。

```
import 模块名称
import 模块名称 as 新模块名称
from 模块名称 import 导入模块的对象(函数)名称
from 模块名称 import 导入模块的对象(函数)名称 as 新模块名称
from 模块名称 import *
```

当导入的模块名称过长时，可以通过 as 关键字给导入的模块重新命名（在输入模块名称时的输入量减少，避免出错），这样方便后续模块的调用环节。

与 import 直接调用模块名称不同，from 语句可以用来导入模块中的指定对象（函数）。这样导入的函数对象可以直接拿来使用而无须再输入该模块的名称。

使用 import 和 from 语句用来导入软件的既定模块。比如，定义好某模块后，通过语句“import 模块名称”就可以在当前文件内引用该模块。

下面是文件名为 module_test.py 的模块内容。

```
def add(a,b):print(a + b)
def print_test(name):
    print ('hello: ',name)
    return
```

通过 import module_test 语句就可以在当前文件中引用该模块。

```
import module_test

module_test.add(2,3)
module_test.print_test('小明')
```

输出：

```
5
hello: 小明
```

当需要简化引入的模块名称时，可以在 import 语句后加“as 新模块名称”来修改。示例代码如下。

```
import module_test as m

m.add(4,5)
m.print_test('王洪')
```

输出：

```
9
hello: 王洪
```

使用 from 语句可以指定导入模块的具体对象。这样导入的函数对象就可以直接拿来使用而无须再输入该模块的名称。示例代码如下。

```
from module_test import add

add(6,7)
```

输出：

```
13
```

如果使用"from 模块名称 import *"语句，则表示导入指定模块的所有顶层对象函数(嵌套在其他函数内的内层对象函数不包含)，这样该模块内的所有顶层对象都可以直接拿来使用而无须输入其模块的名称。示例代码如下。

```
from module_test import *

add(10,8)
print_test('小柯')
```

输出：

```
18
hello: 小柯
```

使用 from a_module import * 导入模块时需要特别注意的是，如果导入模块与外层对象内的变量名相同，则可能会覆盖外层已经存在的变量信息。

5.3.2 __all__属性变量

在前面曾讲过，如果通过"from 模块名称 import *"导入指定模块，默认导入的是该模块的顶层对象，但其中并不包含以单个下画线开头命名的变量或函数，如_a、_sum()等。如果希望也可以在导入后使用这些对象，就可以使用__all__属性。

Python 模块中的__all__属性，实际上是用于限制模块导入的。也就是说，当被导入的模块定义了__all__属性，则只有__all__属性内所指定的对象/函数允许被导入运行，这类似于限定模块的接口功能。如果使用__all__属性，则该文件只能被调用执行属性内指定的对象。

下面是 all_test.py 文件内容。

```
#all_test.py
__all__ = ['_a','b','_sum']       #设置导入变量的列表
```

```
_a = 1
b = 2
def _sum(x,y):return x + y
def fun():                          #没被包含在__all__属性内,无法使用
    print('不包括在 all 属性内则无法被识别')
```

在当前文件内导入 all_test.py 文件。

```
from all_test import *

print(_a)
print(b)
print(_sum(4,5))
print(fun())
```

输出：

```
1
2
9
Traceback (most recent call last):
  File "C:/Users/Lilia/PyCharmProjects/chapter4/all属性2.py", line 5, in <module>
    print(fun())
NameError: name 'fun' is not defined
```

如上例所示,在 all_test.py 文件内设置了__all__属性。__all__属性的赋值可为一个列表或元组的形式,如__all__=['_a','b','_sum']。这意味着其他文件若通过 from all_test import * 语句导入该文件并执行时,只允许列表内的对象被调用执行。在本例中,虽然 fun()函数是顶层对象,默认状态是允许被导入到其他文件中的。但由于设置了__all__属性,而该属性定义范围内并不包含 fun()函数,因此其他文件也无法调用该函数,执行后就会报错。

5.3.3 __name__属性变量

__name__是在模块内置属性中较为常用的一种。当模块的__name__属性被调用时,__name__的值为模块名称,而当该模块文件被执行时,__name__的值则为"__main__"。

脚本模块既可以导入到其他模块,也可以自我执行,这也是为何 Python 被当作最强大的脚本语言的一个典型特征。

根据 Python 的官方手册,__main__是指最顶层代码被执行名称,而__name__则是指模块本身的名称。通过 if__name__=="__main__"可以判断该代码模块是否被执行。

下面是模块的__name__属性被调用和直接执行时的输出结果。

```
import module_test

print(module_test.__name__)   #name 属性被调用
print(__name__)               #name 属性直接执行
```

输出：

```
module_test
__main__
```

在该例中，当模块 module_test 的__name__属性被调用（在 PyCharm 中调用的属性呈现粉色），则输出该模块的__name__属性值为该模块的名称；而如果直接打印输出该属性，表示执行了该模块的__name__操作，则输出为__main__。

下面是通过 if__name__=="__main__"语句来判断模块是否被执行。

```
import module_test

if __name__ == "__main__" :
    print("yes,I executed" )
else :print('frozen because of hacker!' )
```

输出：

```
yes,I executed
```

在该例中，由于使用了__name__属性作为判断依据，则表示__name__被执行，因此输出为 yes,I executed。

那么这个官网推荐的判断语句“if__name__=='__main__'”到底意义何在？

实际上，在 Python 中的__main__也类似于 C 语言中的 main()函数，都是指所有程序的执行入口。因此，使用该判断语句可以有效地防止程序被黑客或者其他外部程序访问修改。

依然用上例为例，假设上例文件名为 nametest.py，当有某外部文件 y.py 尝试通过文件名导入方式来访问该 nametest 文件时，由于在源文件 nametest.py 中使用了“if__name__=='__main__'”判断语句，则该外部文件 y.py 会无法成功访问 nametest.py 文件，因此返回 frozen because of hacker!。y.py 文件内容如下。

```
import nametest
```

输出：

```
frozen because of hacker!
```

5.3.4 __file__属性变量

与__name__的脚本性能模块类似，__file__也是既可以被执行也可以被调用的。通常，它可以用来获得指定文件所在的路径。比如，在当前文件中打印该属性，会输出当前文件的路径。

```
print(__file__)      #输出当前文件路径
```

输出：

```
C:/Users/Lilia/PyCharmProjects/chapter4/file 属性.py
```

从该例可以看出，在 PyCharm 中使用__file__属性可以输出该文件的绝对路径。

实际上，PyCharm 框架有一个非常实用的功能，就是可以自动将项目中的路径写入 Python 环境变量的 sys. path 中（sys. path 是 Python 程序执行的路径）。PyCharm 中的__file__属性的输出都是绝对路径，这就意味着在 PyCharm 框架内所有文件之间的导入和调用都是有效的，可以通过绝对路径寻址找到并执行。但并不是所有的 Python 编辑工具都会把项目路径自动写入 sys. path 中。例如，当使用 Notepad、cmd 命令行等编辑工具通过执行 print(__file__)来显示文件路径时，是按照路径状态执行的。比如，采用. /try. py 的方式执行，则其输出结果就是相对路径。而使用绝对路径，如 C:/python37/project/try. py 的方式执行，print(__file__)输出的结果就是绝对路径，且该文件路径并不存在于系统环境变量的路径 sys. path 中。这样，当执行对其他文件的调用时可能就会因为相对路径的寻址问题导致找不到被调用的文件而出错。

若使用其他编辑器，需要将文件路径加入 Python 的执行路径 sys. path 中，则可以使用以下语句。

```
BASH_DIR = os.path.dirname(os.path.abspath(__file__))
sys.path.append(BASH_DIR)
dirname                  #当前目录名
os.path.abspath()        #绝对路径
```

这样，无论该文件再移动到哪个目录下，都可以被 Python 正确执行和调用。

5.3.5 __doc__属性

__doc__属性是指用于描述该对象作用的说明。比如，对象的注释语句，它可能出现在模块、函数、类的第一行，来对程序进行简短的解释性说明。虽然在程序执行时这些注释语句会被忽略，但 Python 的编译器会把这些注释语句放到__doc__属性中，通过调用该属性可以显示出注释语句。当然不是所有的模块、函数和类都有解释性说明的字符。

```
"""
这是注释语句,仅为了说明__doc__的输出
"""
#这也是注释语句,但却无法显示
print(__doc__)
def fun():
    '''
    函数内也可以使用注释语句
    '''
    pass
```

```
print(fun.__doc__)

这是注释语句,仅为了说明__doc__的输出
    函数内也可以使用注释语句
```

在该例中,3 个单引号或者 3 个双引号的注释语句都可以通过__doc__进行输出,但用#标识的注释语句无法通过__doc__输出。

5.3.6 dir()函数

如果不清楚导入模块内有多少已经被定义好的变量和函数,可以用 dir()函数来查看。该函数会把模块内所有定义过的变量和函数名称以一个字符串列表的形式返回。示例代码如下。

```
import module_test
import math

print(dir(module_test))
print(dir(math))
```

输出:

```
['__builtins__', '__cached__', '__doc__', '__file__', '__loader__', '__name__', '__package__',
'__spec__', 'add', 'print_test']
['__doc__', '__loader__', '__name__', '__package__', '__spec__', 'acos', 'acosh', 'asin', 'asinh',
'atan', 'atan2', 'atanh', 'ceil', 'copysign', 'cos', 'cosh', 'degrees', 'e', 'erf', 'erfc', 'exp',
'expm1', 'fabs', 'factorial', 'floor', 'fmod', 'frexp', 'fsum', 'gamma', 'gcd', 'hypot', 'inf',
'isclose', 'isfinite', 'isinf', 'isnan', 'ldexp', 'lgamma', 'log', 'log10', 'log1p', 'log2', 'modf', 'nan',
'pi', 'pow', 'radians', 'remainder', 'sin', 'sinh', 'sqrt', 'tan', 'tanh', 'tau', 'trunc']
```

在 dir()函数的返回列表内,以双下画线开始和结尾的属于 Python 的内置属性,而其他的则为模块中的变量或函数名。

5.3.7 reload()函数

模块的导入对于 Python 语言而言是一项开销大且较为复杂的操作。导入的过程必须先寻址找到一层层的相关文件并编译运行其代码。因此,在 Python 语言的设计中,同一个文件内的模块导入操作,默认只运行一次。如果希望重新执行修改后的代码块或者恢复相关变量为执行的初始值,通过再次使用 import 语句或者 from 语句都是达不到重新导入模块运行目的的。

为了解决导入模块的重载问题,Python 在 importlib 模块中提供了 reload()函数完成模块重载任务。在 Python 2.6 版本中,reload()是一个内置函数,可以直接使用。之后在

Python 3 版本中则把 reload()函数放入 imp 模块中。而在 Python 3.4 版本后 reload()函数被放入了 importlib 库内。因此，要在 Python 3.4 以上的版本使用 reload()函数，就需要先把 importlib 模块导入。

使用 from importlib import reload 语句可以激活 reload()函数的功能。在 reload()函数内的参数对应的是需要重载的文件对象。如下例所示，假设有一个名为 reloadtest.py 的文件内设置了变量 a=1。

```
import reloadtest
print(reloadtest.a)          #输出 reloadtest 变量 a,值为 1
reloadtest.a = 2             #重置 reloadtest 变量 a = 2,a 值修改为 2
print(reloadtest.a)
import reloadtest            #通过 import 语句重新导入 reloadtest,a 值仍为 2
print(reloadtest.a)

from importlib import reload
reload(reloadtest)           #通过 reload()函数重新载入 reloadtest 文件
print(reloadtest.a)          #reloadtest 文件的 a 值为 1
```

输出：

```
1
2
2
1
```

在该例中，使用当前文件导入 reloadtest.py 文件并修改 a 值时，a 值会被修改为 2。即使通过 import 语句重新导入 reloadtest 文件，其运行结果依然是修改后的状态 a=2。也就是说，无法通过 import 语句再次导入 reloadtest.py 文件让变量 a 初始化。但当使用 from importlib import reload 语句并通过 reload(reloadtest)函数重置导入文件后，变量 a 恢复了初始化值。

5.4 包

在一个完整的中大型系统内，会根据代码模块的功能分类存放在若干个目录(文件夹)中。在导入位于各类目录中的模块时需要指明导入的模块路径，Python 语言将存放模块文件的目录称为包。

5.4.1 包结构

常见的包结构如图 5-1 所示。

图 5-1 所示包的顶层目录是 Toppackage，它应该包含在 Python 模块的查询路径内才能被正确调用。前面讲到在 PyCharm 框架内的项目，都默认把路径放入系统内的执行路

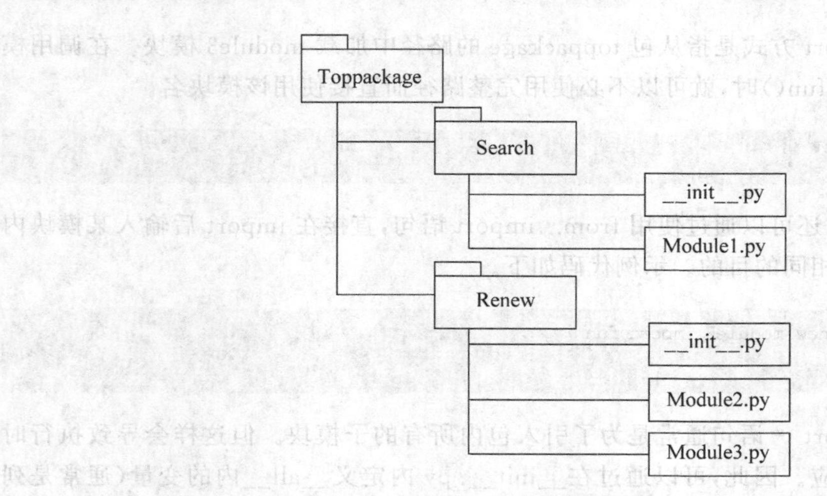

图 5-1　包的目录结构

径 sys. path 中。如果采用其他编辑工具来调用不同目录下的模块文件,则可能需要先把被调用模块的绝对路径写入 sys. path 中,具体方法在前面已提到,这里不再赘述。

在每个包目录下都会有一个名为__init__. py 的文件。默认打开这个文件会发现是空的,但如果没有这个文件,包的目录就仅仅是一个文件夹而已,包内的模块就无法被正确导入。也就是说,__init__. py 文件是为了控制批量导入包内模块的。修改该文件并定义其__all__属性,还可以限定包中所导入模块的范围(为__all__属性所指定列表的范围内)。Python 的初学者不要误删除该文件。

5.4.2　导入包

与直接导入模块的方法类似,导入包内的某模块也需要用到 import 和 from 语句,其语法格式也和导入模块相同,只是需要指明包内模块的具体路径,在每层路径中使用"点"来分隔。

以图 5-1 所示包的目录结构为例,要导入 toppackage 包内的模块 module3. py,就需要在 import 语句后指明该模块所在的包的路径。可使用以下语句。

```
import toppackage.renew.module3
```

这样仅采用 import 语句的导入方式,在需执行该模块时,必须采用包含包路径的完整名称来引用其变量/函数。比如,module3 包内有一个函数名为 fun(),要执行 fun()必须使用以下方式。

```
toppackage.renew.module3.fun()
```

如果认为这样含有模块包完整路径的使用方式会导致代码书写过长,也可以通过 from...import 的方式导入包内模块。

```
from toppackage.renew import module3
```

通过 from...import 方式是指从包 toppackage 的路径中加载 module3 模块。在调用模块 module3 内的函数 fun()时，就可以不必使用完整路径而直接使用该模块名。

```
module3.fun()
```

除了以上方式外，还可以通过使用 from...import 语句，直接在 import 后输入某模块内的对象名称也可达到相同的目的。示例代码如下。

```
from toppackage.renew.module3 import fun
fun()
```

使用 from...import * 语句通常是为了引入包内所有的子模块。但这样会导致执行时间过长并出现边界效应。因此，可以通过在__init__.py 内定义__all__内的变量(通常是列表形式)，可以限定引入模块对象。

5.4.3 包内引用

一个大型软件通常会有许多包，包内还有若干个模块。因此，在包内相互引用模块的某项功能是较为常见的。在包内引用模块的方法是采用相对路径的方式进行的，因此，采用的是 from...import 的引用方法。

在包路径内，一个点“.”表示包含 from 导入文件所在的路径，也可以认为是与当前待编辑文档同级目录下的文件路径。两个点“..”就表示 from 导入文件所在路径的上一级目录。下面以图 5-1 为例展示包内引用的使用方法。

```
from . import module2           #在同级目录下导入 module2
from ..search import module1    #在上级目录的 search 模块内导入 module1
```

5.5 数据预处理——NumPy 和 Pandas 库的应用

在学习以上知识点后会发现在 Python 语言中，无论是以上提及的模块、包，还是常说的库，实际上都是相关功能模块的集合。Python 的库就是多个模块、包的集合。Python 的库在安装和使用上，往往还存在对于其他库或者包的依赖，因此，在安装 Python 库的过程中会发现除了目标库外，还安装了其他的运行依赖库或包。

NumPy 和 Pandas 库就是各类 Python 的第三方开源库中最具知名度的两种。

NumPy 库是 Python 语言中针对数值计算的扩展工具，它可以高效地处理和存储大型的数据矩阵；Pandas 库是专门为数据分析领域开发的工具包，最初用于金融数据方面的分析。

NumPy 和 Pandas 都是 Python 语言中用于数据分析阶段——数据预处理的主要工具。通过这些扩展库的使用可以更便捷地对获取到的结构化数据进行各类条件筛选、填充或删除、分组统计或合并等操作。

5.5.1　NumPy 和 Pandas 库的安装

NumPy 和 Pandas 库的安装在 PyCharm 框架中非常简单，与之前所讲的 Python-docx 库、jieba 库的安装方法类似，只需要选择 File→Settings 菜单命令就可以进入 Settings 界面。然后单击右侧下拉列表中的 Project Interpreter 项目解释器，就可以看到图 5-2 所示界面。

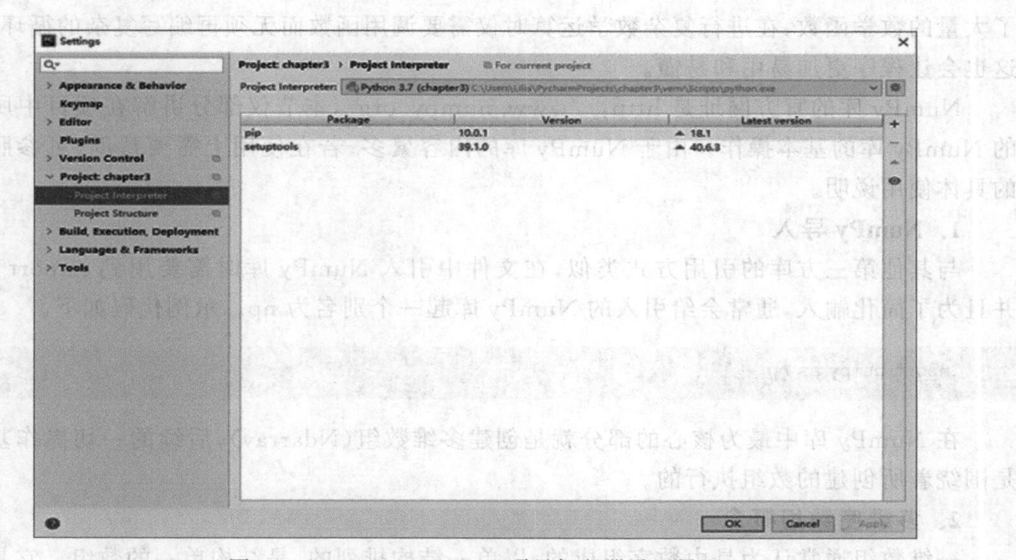

图 5-2　Project Interpreter 项目解释器设置界面

单击右侧的 + 按钮，在弹出的界面中分别写入 NumPy 和 Pandas 库的名称 numpy 和 pandas 进行查询，并依次下载即可。NumPy 下载安装界面如图 5-3 所示。

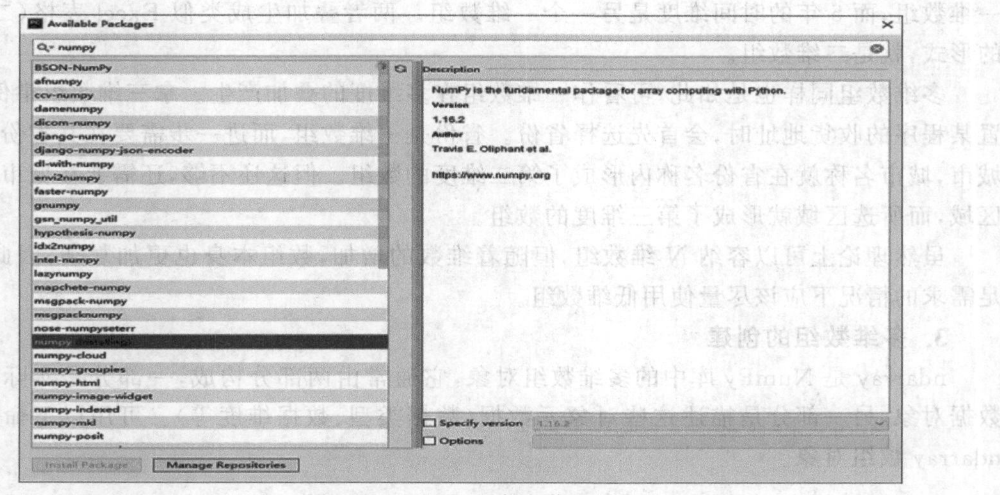

图 5-3　NumPy 下载安装界面

5.5.2 NumPy 库的基本操作

NumPy 库在应用上比 Python 更具优势的一点是运算速度。NumPy 库的核心是对于数组 arrays，特别是多维数组(ndarrays)的计算。NumPy 库内的数组存放设计能更大地节省内存空间，并因为采用了一系列的优化算法，让 NumPy 库的运算速度比 Python 自身采用列表等方式运算要快很多倍。另外，对 NumPy 库内的矩阵运算也进行了优化，可以适应高效的线性代数运算，因此也非常适合解决机器学习方面的问题。同时 NumPy 库还内置了大量的数学函数，在进行复杂数学运算时仅需要调用函数而无须再编写复杂的循环程序，这也会让程序更加易用和易懂。

NumPy 库的官方网址是 http://www.numpy.org/，本节仅部分讲解在项目中所遇到的 NumPy 库的基本操作。由于 NumPy 库的内容繁多，若在使用上需要帮助，可参照官网的具体使用说明。

1. NumPy 导入

与其他第三方库的引用方式类似，在文件中引入 NumPy 库时需要用到 import 语句，并且为了简化输入，通常会给引入的 NumPy 库起一个别名为 np。示例代码如下。

```
import numpy as np
```

在 NumPy 库中最为核心的部分就是创建多维数组(Ndarray)，后续的一切操作基本都是围绕着所创建的数组执行的。

2. 多维度数组概念

一维数组通常认为是由数字组成的，以单一结构排列的，是结构单一的数组。它是计算机程序中最基本的元素。但与 Python 内的元组或列表等数据类型定义不同的是，在数组内的数据类型必须相同。

二维数组是一维数组在新维度上的叠加。比如，某公司 5 年内的年产值。历年产值是一维数组，而 5 年的时间维度是另一个一维数组。两者叠加生成类似 Excel 表格(二维表)的形式，就是二维数组。

多维数组同样也是如此，可看作一维数组在多维度的叠加产生。拿三维数组举例，当设置某程序的收货地址时，会首先选择省份。省份是一维数组，而进一步需要在其省份内选择城市，城市名称就在省份名称内形成了第二维度的数组。但这还不够，还需要在城市内选择区域，而所选区域就形成了第三维度的数组。

虽然理论上可以容纳 N 维数组，但随着维数的增加，数组本身也更加复杂，因此，在满足需求的情况下应该尽量使用低维数组。

3. 多维数组的创建

ndarray 是 NumPy 库中的多维数组对象，它通常由两部分构成，一部分是实际操作的数据对象，另一部分是描述这些对象元数据(数据类型、数据维度等)。可用以下命令生成 ndarray 数组对象。

```
np.array()
```

通常，np. array()的输出对象 ndarray 是以中括号([])的形式输出，但各元素之间是用空格分离的，这点与列表形式的默认输出有所差别。示例代码如下。

```
import numpy as np
a = [1,[5,6,7],3]
arr = np.array(a)
print(a)
print(arr)
```

输出：

```
[1, [5, 6, 7], 3]
[1 list([5, 6, 7]) 3]
```

实际上，使用 np. array()方式创建多维数组，除了必选的创建对象参数外，还存在着多个默认的可选参数。其创建多维数组的完整语法(表 5-1)如下。

```
numpy.array(object, dtype = None, copy = True, order = None, subok = False, ndmin = 0)
```

表 5-1 NumPy 库多维数组创建语法

参数	描述
object	(必选)创建对象
dtype	(可选)数组的数据类型
copy	(可选，布尔型，默认为 True)对象是否被复制
order	(可选，str 类型，默认为 A：任意顺序)C：按行；F：按列
subok	(可选，布尔型，默认为 False，返回数组为基类)否则返回子类数组
ndmin	(可选，整型，默认为 0)指定返回数组的最小维数

扩展：基类数组属于面向对象的概念。简要来说基类就是父类，对象的抽象类就是所有类的父类，而子类继承父类。比如，车是一个抽象概念，是父类。车具有轮子，可运动的属性，而汽车、火车、自行车是其子类。这些子类都继承了父类轮子、运动的属性，却还有各自不同的特征。

下面通过设置 dtype 属性为 float，让生成的数组为浮点数的形式。

```
a = [1,2,3]
arr = np.array(a,dtype = np.float)
print(arr)
print(arr.itemsize)
```

输出：

```
[1. 2. 3.]
8
```

ndarray 是 N 维数组对象，涉及该对象的常用属性也有若干个，如表 5-2 所示。

表 5-2 NumPy 数组的属性

属　性	描　述
np. ndim	返回数组对象的维度
np. shape	返回数组对象的大小。例如，n 行 m 列，返回(n,m)
np. reshape	调整数组对象的大小
np. size	返回数组对象的个数
np. dtype	返回数组对象的数据类型
np. itemsize	以字节为单位，返回数组对象的字节数

下面是对 NumPy 数组各类属性的简单输出。

```
import numpy as np
arr = np.array([[1,2,3],[4,5,6]])
print (arr.shape)          #结果(2,3)表示输出了一个 2 行 3 列的数组
brr = arr.reshape(3,2)
print(brr)                 #把[1 2 3][4 5 6]变成 3 行 2 列的形式输出
print(brr.size)            #返回数组对象的个数 6
print(brr.dtype)           #返回数组对象的数据类型 int32
print(brr.ndim)            #返回数组的维度 2
print(brr.itemsize)        #返回数组大小的字节数 4
```

输出：

```
(2, 3)
[[1 2]
[3 4]
[5 6]]
6
int32
2
4
```

除了可以直接给数组赋值外，在 NumPy 中还可以通过特定的函数方法创建数组。常用的几种方法如表 5-3 所示。

表 5-3 NumPy 常用创建数组的函数

属　性	描　述
np. ones((m:n),dtype)	生成 m 行 n 列全 1 的矩阵数组(需指明数据类型)
np. ones_like(a)	生成数组 a 形状的全 1 数组
np. zeros((m:n),dtype)	生成 m 行 n 列全 0 的矩阵数组(需指明数据类型)
np. zeros_like(a)	生成数组 a 形状的全 0 数组
np. full((m,n),val)	生成 m 行 n 列、值为 val 的数组
np. full_like(a,val)	生成数组 a 形状、值为 val 的数组
np. eye(n)	生成 n 阶单位阵
np. diag([a])	生成以 a 值为主对角线、其他值为 0 的矩阵数组
np. linspace(start,end,num)	生成等间距排列的 num 个元素对象的数组(从 start 开始到 end 结束)

比如，创建数组内的值全为 1 的数组，可以通过 np.ones()或者 np.ones_like()等语句。但这两者之间还是有区别的。示例代码如下。

```
import numpy as np
arr_ones = np.ones([3,3],dtype = np.float)
print('np.ones() ->')
print(arr_ones)                      # 输出全 1、浮点型数值的数组,形状为 3 * 3 矩阵
b = [1,2,3,4]
arr_ones_like = np.ones_like(b)  # 根据数组 b 的形状生成一个全 1 数组
print('np.ones_like() ->')
print(arr_ones_like)
```

输出：

```
np.ones() ->
[[1. 1. 1.]
 [1. 1. 1.]
 [1. 1. 1.]]
np.ones_like() ->
[1 1 1 1]
```

同样，np.zeros()和 np.zeros_like()所创建的数组也有所区别，示例代码如下。

```
import numpy as np
arr_zeros  =  np.zeros([2, 4], dtype = np.int)
print('np.zeros() ->')
print(arr_zeros)                      # 输出全 0、整型数值的数组,形状为 2 * 4 矩阵
b = [[1,2,3],[4,5,6]]
arr_zeros_like = np.zeros_like(b) # 根据数组 b 的形状生成一个全 0 数组
print('np.zeros_like() ->')
print(arr_zeros_like)
```

输出：

```
np.zeros() ->
[[0 0 0 0]
 [0 0 0 0]]
np.zeros_like() ->
[[0 0 0]
 [0 0 0]]
```

其他创建数组函数的用法如下。

```
import numpy as np
arr_full = np.full((2,4),3)
print('np.full() ->')
```

```
print(arr_full)              #输出 2 行 4 列矩阵式,填充数值为 3 的数组
arr_eye = np.eye(4)
print('np.eye() ->')
print(arr_eye)               #输出 4 * 4 矩阵,其他为 0,对角线数值为 1 的数组
arr_diag = np.diag([1,2,3,4])
print('np.diag() ->')
print(arr_diag)              #输出主对角线值为[1,2,3,4]、其他值为 0 的方阵数组
arr_lin = np.linspace(1,12,4)
print('np.linspace() ->')    #输出从 1 到 12、4 个等间距排列的数组
print(arr_lin)
```

输出:

```
np.full() ->
[[3 3 3 3]
 [3 3 3 3]]
np.eye() ->
[[1. 0. 0. 0.]
 [0. 1. 0. 0.]
 [0. 0. 1. 0.]
 [0. 0. 0. 1.]]
np.diag() ->
[[1 0 0 0]
 [0 2 0 0]
 [0 0 3 0]
 [0 0 0 4]]
np.linspace() ->
[ 1.          4.66666667  8.33333333 12.        ]
```

此外,NumPy 还可以使用 random()函数创建随机数组用于科学分析。示例代码如下。

```
import numpy as np
arr_rand = np.random.rand(5,3)
print('以下输出给定 5 * 3 的二维数组')
print(arr_rand)
arr_uniform = np.random.uniform(0, 10, size = 5)
print('以下输出 0 到 10 之间的 5 个随机数')
print(arr_uniform)
arr_uni_int = np.random.randint(0, 10, size = 5)
print('以下输出 0 到 10 之间的 5 个随机整数')
print(arr_uni_int)
arr_normal = np.random.normal(loc = 1, scale = 0.2, size = [2, 3])
print('以下输出 2 行 3 列均值为 1、标准差为 0.2 的随机数组')
print(arr_normal)
```

输出:

```
以下输出给定阵列 5 * 3 的二维数组
[[0.9344163 0.63812935 0.1237215]
```

```
[0.79474694 0.06293691 0.00371252]
 [0.23624413 0.84796817 0.52869968]
 [0.7040634 0.84735209 0.57860301]
 [0.31391349 0.64006449 0.45941181]]
以下输出 0 到 10 之间的 5 个随机数
[9.95729299  8.52380586  8.7653076  1.0636363  9.10102552]
以下输出 0 到 10 之间的 5 个随机整数
[7 9 9 2 9]
以下输出 2 行 3 列均值为 1、标准差为 0.2 的随机数组
[[0.76647834  0.8333454  0.77049293]
 [1.34256944  1.1014196  0.8876848 ]]
```

除了上述介绍的内容外，NumPy 库中内置的各类运算、统计函数还有许多，并且 NumPy 可以直接使用 Python 语言的诸多方法，如对数组切片、使用 split()分隔、使用 insert()插入、使用 join()进行字符串连接、使用 strip()移除特定字符、使用 append()末尾添加值等。但需要注意的是，如果数据类型设定不正确或数组的维度不匹配，则会导致执行报错。

5.5.3 Pandas 库的基本操作

Pandas 库主要是面向二维数据分析的第三方库，它被广泛用于数据的清洗、切片等相关数据整理及分析前数据的准备等方面。

Pandas 库的数据结构是以 Series(一维数组)为核心，通过其定义的索引构建二维数据框架 DataFrame，然后再通过该框架进行一系列操作来完成对数据的检索、清洗、切片等任务。

Series 与 NumPy 中的一维数组相似，但 Pandas 库中的 Series 能自定义索引 index，使之形成二维结构，然后通过索引 index 来访问数组中的数据。

1. 导入 Pandas 并创建 Series

导入 Pandas 库的方法与 NumPy 库相同，为了简化输入，通常会为引入的 Pandas 库起一个别名 pd。示例代码如下。

```
import pandas as pd
```

要使用 Pandas 库的各项功能，首先就要创建一个一维数组 Series。创建 Series 的基本语法如下。

```
my_series = pd.Series(data, index)
```

在该语法中，第一个参数 data 是必选的，它可以是任意类型的数据对象。而第二个参数 index 是可选的，其对应的是对象 data 的索引值。如果不写参数 index，则意味着使用默认索引序列编号(从 0 开始)给 data 创建索引值。示例代码如下。

```
import pandas as pd
name = ['Alex','Peter','Lisa']
id = [101,102,103]
tb = pd.Series(name,id)
print(tb)
```

输出：

```
101     Alex
102    Peter
103     Lisa
dtype: object
```

从 Python 中的字典对象创建 Series 时，Pandas 会自动把字典的键 key 值设置为 Series 中的 index，把字典内的 values 值放在 Series 对应 index 的 data 值内。

```
import pandas as pd
dic = {101:'Alex',102:'Peter',103:'Lisa'}
print(pd.Series(dic))
```

输出：

```
101     Alex
102    Peter
103     Lisa
dtype: object
```

2. DataFrame 的基本操作

Pandas 库内的 DataFrame 是二维数据结构，其内的数据是以常见的表格形式进行存储。通过数据框架 DataFrame 的数据表结构，就可以进行常用的操作，如选取、替换、删除行或者列的数据，抑或进行重组表结构、修改索引、多重筛选等任务。

构建 DataFrame 对象的基本语法如下。

```
DF = pd.DataFrame(data,index,columns)
```

参数 data 是必选的，是指构建的数据对象；参数 index 是指索引值；参数 columns 是指列名。index 和 columns 都是可选参数，如果不填写则都默认从 0 开始。示例代码如下。

```
import pandas as pd
import numpy as np
arr = np.array([[1,2,3],[4,5,6],[7,8,9]])
b = pd.DataFrame(arr,index = [20,30,40],columns = ['a','b','c'])
print(b)
```

输出：

```
    a  b  c
20  1  2  3
30  4  5  6
40  7  8  9
```

此外，也可以使用字典类型的对象构建 DataFrame。示例代码如下。

```
import pandas as pd
s1 = pd.Series([101,102,103,104])
s2 = pd.Series(['Alex','Peter','Lisa'])
df = pd.DataFrame({"id":s1,"name":s2})
print (df)
```

输出：

```
    id   name
0  101   Alex
1  102  Peter
2  103   Lisa
3  104    NaN
```

需要注意的是，使用 pd.DataFrame 需要首字母大写。

在构建好待分析的数据框架 DataFrame 后，就可以在该对象内采用各类函数方法进行预期操作。

1）获取/增加列或行及条件筛选

获取列数据的方法相对简单，通常使用切片方式进行。比如，要获取列为 a 的一组数据，可以用 df['a']这一切片方法达到目的。

既然可以通过切片的形式读取列数据，自然也可以通过同样的方式来增加列数据。在 Pandas 中要增加列数据，可以通过 Series 形式来给增加的列切片赋值。示例代码如下。

```
import pandas as pd
s1 = pd.Series([101,102,103,104])
s2 = pd.Series(['Alex','Peter','Lisa'])
df = pd.DataFrame({"id":s1,"name":s2})
print(df['name'])                                      #输出指定列数据
df['birth'] = pd.Series(['199801','200111','200004'])  #增加新列
print(df)
```

输出：

```
0     Alex
1    Peter
2     Lisa
3      NaN
```

```
Name: name, dtype: object
    id   name   birth
0  101   Alex  199801
1  102  Peter  200111
2  103   Lisa  200004
3  104    NaN     NaN
```

但在Pandas中，要获取行信息就要使用.loc或者.iloc方法解决。iloc和loc的最大区别在于iloc是基于位置(整数型)进行索引的，其重心是序列中的索引位置；而loc主要基于索引的标签(既可以是数值型也可以是字符型)进行索引，其重点是定位索引标签值所在位置。一旦确认使用方法，直接通过pd.loc[m]就可以获得相应m行的数据对象。

同理，若要增加行数据，也可以通过.loc或者.iloc方法达到目的。示例代码如下。

```
import pandas as pd
import numpy as np
df2 = pd.DataFrame(np.arange(12).reshape((3,4)),index = ['a','b','c',],columns = ['one','two',
'three','four'])
print(df2)
print(df2.loc['a'])          #输出索引标签值为a的行数据
df2.loc['d'] = [5,5,5,5]     #增加索引标签值为d的一行[5,5,5,5]的数据
print(df2)
```

输出：

```
   one  two  three  four
a    0    1      2     3
b    4    5      6     7
c    8    9     10    11
one      0
two      1
three    2
four     3
Name: a, dtype: int32
   one  two  three  four
a    0    1      2     3
b    4    5      6     7
c    8    9     10    11
d    5    5      5     5
```

除了可以定位和增加行或者列外，Pandas还可以使用表达式对数据进行筛选。示例代码如下。

```
df = pd.DataFrame(np.random.rand(4, 3),['one','two','three','four'])
print(df)                       #构建4行3列的随机数组，并修改索引为one,two,……
print(df.loc['one']> = 0.5)     #返回大于0.5的第one行数据(True)
```

输出：

```
            0         1         2
one  0.831470  0.018838  0.159146
```

```
two    0.518262  0.454048  0.363522
three  0.005800  0.673398  0.754771
four   0.492130  0.319339  0.545417
0     True
1    False
2    False
Name: one, dtype: bool
```

在该例中，使用了表达式 df.loc['one']>0.5 的形式输出，其结果返回了布尔型数据。大于 0.5 的 one 行数据，标识其列名并为 True；反之则为 False。此外，还可以用逻辑运算符与“&”和或“|”来连接多个条件语句完成既定任务。

2）删除列或者行

若要删除某一行或某一列，在 Pandas 中可以使用 drop()函数。需要注意的是，drop()函数内的参数需要标明删除的具体对象，而且使用该函数默认是删除行对象，也就是参数 axis=0。若需要删除对应的列，则需要设置该参数 axis=1。

```
df2 = pd.DataFrame(np.arange(12).reshape((3,4)),index = ['a','b','c',],columns = ['one','two',
'three','four'])
print(df2)                        #输出所创建的对象
print(df2.drop('a'))              #删除索引标签值为 a 行的数据
print(df2.drop('one',axis = 1))   #删除列名为 one 的数据
print(df2)                        #使用 drop()并没有在原表内修改,依然可以输出全部数据
```

输出：

```
   one  two  three  four
a    0    1      2     3
b    4    5      6     7
c    8    9     10    11
   one  two  three  four
b    4    5      6     7
c    8    9     10    11
   two  three  four
a    1      2     3
b    5      6     7
c    9     10    11
   one  two  three  four
a    0    1      2     3
b    4    5      6     7
c    8    9     10    11
```

从该例中可以看出，使用 drop()函数并不能修改创建的源数据。如果要在源数据上永久性地删除对象，就需要使用 inplace=True 参数。示例代码如下。

```
df2 = pd.DataFrame(np.arange(12).reshape((3,4)),index = ['a','b','c',],columns = ['one',
'two','three','four'])
```

```
print(df2)                                # 输出所创建的对象
df2.drop('b',inplace = True )             # 使用 inplace 在原表内删除 b 行数据
print(df2)                                # 输出可看出原表 b 行已被修改删除
```

输出：

```
  one  two  three  four
a    0    1      2     3
b    4    5      6     7
c    8    9     10    11
None
   one  two  three  four
a    0    1      2     3
c    8    9     10    11
```

3）重置索引

在项目中有时为了方便定位，需要重置索引并恢复成由 0 开始的整数型索引形式，这时可以使用 reset_index()函数。同样，这样的方式仅仅只是为了数据的归类整理，并不能修改源数据上的索引值。因此，若修改源数据，要在使用中加上参数 inplace＝True。示例代码如下。

```
df = pd.DataFrame(np.arange(12).reshape((3,4)),index = ['a','b','c',],columns = ['one','two',
'three','four'])
print(df)                                 # 输出所创建的对象
df1 = df.reset_index()                    # 重建 df 索引并赋值给 df1
print(df1)                                # df1 中的原索引值转变为列
print(df)                                 # 源对象 df 不变
df.reset_index(inplace = True )           # 重建源对象 df 索引
print(df)                                 # 使用了 inplace = True 后源对象的索引被修改
```

输出：

```
   one  two  three  four
a    0    1      2     3
b    4    5      6     7
c    8    9     10    11
  index  one  two  three  four
0     a    0    1      2     3
1     b    4    5      6     7
2     c    8    9     10    11
   one  two  three  four
a    0    1      2     3
b    4    5      6     7
c    8    9     10    11
  index  one  two  three  four
0     a    0    1      2     3
1     b    4    5      6     7
2     c    8    9     10    11
```

在该例中，使用了 reset_index()函数后，原有的索引值被转换成列放入第一列数据内，并重新创建了由 0 开始的新索引值。

除了可以重置索引外，在 Pandas 中还允许提取某列内容作为索引值来方便运算。这时可以使用 set_index()函数。示例代码如下。

```
df = pd.DataFrame(np.arange(12).reshape((3,4)),index = ['a','b','c',],columns = ['one','two',
'three','four'])
print(df)                             # 输出所创建的对象 df
df['newindex'] = ['X','Y','Z']        # 在 df 上创建新列 newindex
print(df.set_index('newindex'))       # 把 newindex 设置为索引并输出
```

输出：

```
   one  two  three  four
a    0    1      2     3
b    4    5      6     7
c    8    9     10    11
          one  two  three  four
newindex
X           0    1      2     3
Y           4    5      6     7
Z           8    9     10    11
```

reset_index()会保留原有索引值为第一列后，创建由 0 开始的新索引；而 set_index()会直接修改原索引值为新索引。另外，它们都可以使用 inplace＝True 来修改源数据。

4）填充和删除重复行

分析数据时会遇到许多原始数据不完整的情况，为了让分析结果更接近真实，往往需要在空值处填充既定数据（如均值、中位数等），或者干脆丢弃这些不完整数据。这时就需要用到 dropna()和 fillna()函数。

使用 dropna()函数可以删除存在一个或多个空值的行或列数据。若删除有空值的列数据则可使用参数 axis＝0（默认），而删除存在空值的行数据则使用 axis＝1。

```
d1 = pd.Series([101,102,103,104])
d2 = pd.Series(['Alex','Peter','Lisa'])
d3 = pd.Series([2000,3000])
d4 = pd.Series([])
df = pd.DataFrame({'id':d1,'name':d2,'salary':d3,'other':d4})
print(df)
print(df.dropna())                      # 删除有空值的行(每行都有空值,所以返回为空)
print(df.dropna(axis = 1))              # 删除有空值的列(返回不存在空值的列)
print(df.dropna(axis = 1,how = 'all'))  # 删除全部是空值的列(all 参数默认是 any)
```

输出：

```
    id   name  salary  other
0  101   Alex  2000.0    NaN
1  102  Peter  3000.0    NaN
```

```
2  103   Lisa     NaN     NaN
3  104    NaN     NaN     NaN
Empty DataFrame
Columns: [id, name, salary, other]
Index: []
    id
0  101
1  102
2  103
3  104
    id   name  salary
0  101   Alex  2000.0
1  102  Peter  3000.0
2  103   Lisa     NaN
3  104    NaN     NaN
```

在该例中，dropna()函数使用了 how 参数，该参数默认值为 any，是指只要该行/列有空值存在就删除所有，而 all 是指只有全部为空值的行/列才能被删除。

使用 fillna()函数填充的方法就会较为复杂。还是以上面的数据结构为例来说明 fillna()函数的常用方法。

```
d1 = pd.Series([101,102,103,104])
d2 = pd.Series(['Alex','Peter','Lisa'])
d3 = pd.Series([2000,3000])
d4 = pd.Series([])
df = pd.DataFrame({'id':d1,'name':d2,'salary':d3,'other':d4})
print(df.fillna('missing'))                          #使用指定值填充
print(df.fillna(df.mean()))                          #使用均值填充
print(df.fillna(method = 'ffill',limit = 1))         #method 指定方式：向后填充且限定一次
print(df.fillna(method = 'pad'))                     #使用前一值填充，与上一方法类似
df['salary'] = df['salary'].ffill()                  #使用 ffill()函数填充，类似 method 指定
print(df)
print(df.isnull())                                   #查询空值返回布尔型
```

输出：

```
    id     name   salary    other
0  101     Alex     2000  missing
1  102    Peter     3000  missing
2  103     Lisa  missing  missing
3  104  missing  missing  missing
    id   name  salary   other
0  101   Alex  2000.0     NaN
1  102  Peter  3000.0     NaN
2  103   Lisa  2500.0     NaN
3  104    NaN  2500.0     NaN
```

```
      id   name  salary  other
0    101   Alex  2000.0    NaN
1    102  Peter  3000.0    NaN
2    103   Lisa  3000.0    NaN
3    104   Lisa     NaN    NaN
      id   name  salary  other
0    101   Alex  2000.0    NaN
1    102  Peter  3000.0    NaN
2    103   Lisa  3000.0    NaN
3    104   Lisa  3000.0    NaN
      id   name  salary  other
0    101   Alex  2000.0    NaN
1    102  Peter  3000.0    NaN
2    103   Lisa  3000.0    NaN
3    104    NaN  3000.0    NaN
      id   name  salary  other
0  False  False   False   True
1  False  False   False   True
2  False  False   False   True
3  False   True   False   True
```

在该例中，语句 df.fillna(method='ffill')与 df.fillna(method='pad')的执行效果是相同的，区别只是实现的参数和函数有所不同而已。ffill()函数是根据前值来填充当前值；bfill()函数恰恰相反，是根据后值来填充当前值；而 df['salary']=df['salary'].ffill()语句可以指定具体列来完成填充。

另外，如果需要填充指定值到某一列，也可以通过 fillna()函数来实现。示例代码如下。

```
d1 = pd.Series([101,102,103,104])
d2 = pd.Series(['Alex','Peter','Lisa'])
d3 = pd.Series([2000,3000])
d4 = pd.Series([])
df = pd.DataFrame({'id':d1,'name':d2,'salary':d3,'other':d4})
print(df)                                             #输出源数据对象
df1 = df.fillna({'salary':5000,'other':'0'})          #指定列填充固定值
print(df1)
df2 = df
df2['salary'].fillna(df2['salary'].mean(),inplace = True ) #指定列填充变量
print(df2)
```

输出：

```
    id   name  salary  other
0  101   Alex  2000.0    NaN
1  102  Peter  3000.0    NaN
2  103   Lisa     NaN    NaN
3  104    NaN     NaN    NaN
```

```
    id   name  salary  other
0  101   Alex  2000.0      0
1  102  Peter  3000.0      0
2  103   Lisa  5000.0      0
3  104    NaN  5000.0      0
    id   name  salary  other
0  101   Alex  2000.0    NaN
1  102  Peter  3000.0    NaN
2  103   Lisa  2500.0    NaN
3  104    NaN  2500.0    NaN
```

读者若需做试验时,要把该例与之前的示例分开来做。由于采用了相同的数据结构来示范并且在本例中使用了参数 inplace=True,源数据会发生变化而导致结果不符合预期。

5) 运算及分组统计

在 Pandas 中是非常容易做相关矩阵列表运算的。在 Python 中的运算函数也能很方便地直接代入使用。示例代码如下。

```
s1 = pd.Series(np.array([1,2,3,4]))
s2 = pd.Series(np.array([5,6,7,8]))
df = pd.DataFrame({"a" :s1,"b" :s2});
print (df)
print (df.a.mean())      #求 a 列均值
print (df.a.sum())       #求 a 列的和
print (df.a.var())       #求 a 列方差
print (df.a.std())       #求 a 列标准差
print (df.a.max())       #求 a 列最大值
```

输出:

```
   a  b
0  1  5
1  2  6
2  3  7
3  4  8
2.5
10
1.6666666666666667
1.2909944487358056
4
```

此外,Python 中的 groupby()函数方法还可以按照某一列或者多列的内容进行分组统计,并在统计过程中使用求和、求平均数、求标准差等运算功能。

```
s1 = pd.Series(np.array(['流浪星球','新喜剧之王','绿皮书','流浪星球','流浪星球','新喜剧之王']))
s2 = pd.Series(np.array([120000,86000,92000,143000,98000,68000]))
s3 = pd.Series(pd.to_datetime(['20181203','20181203','20181205','20181206','20180207',
'20181207']))
```

```
df = pd.DataFrame({'电影名':s1,"票房":s2,'日期':s3});
print (df)
group = df.groupby(by = ['电影名'])                        #根据电影名分组统计
print(group.max())                                         #根据电影名分组统计最大值
print(df.groupby(['电影名']).sum())                        #以电影名分组统计总票房
print(df.groupby(['电影名','日期']).median())              #以电影名和日期统计票房中位数
print(df.sort_values(by = '票房',ascending = False ))      #票房列由高到低排序
```

输出：

```
     电影名        票房          日期
0  流浪星球       120000        2018-12-03
1  新喜剧之王     86000         2018-12-03
2  绿皮书         92000         2018-12-05
3  流浪星球       143000        2018-12-06
4  流浪星球       98000         2018-02-07
5  新喜剧之王     68000         2018-12-07
     电影名        票房          日期
新喜剧之王        86000         2018-12-07
流浪星球          143000        2018-12-06
绿皮书            92000         2018-12-05
     电影名        票房
新喜剧之王        154000
流浪星球          361000
绿皮书            92000
     电影名        日期          票房
新喜剧之王        2018-12-03    86000
                  2018-12-07    68000
流浪星球          2018-02-07    98000
                  2018-12-03    120000
                  2018-12-06    143000
绿皮书            2018-12-05    92000
     电影名        票房          日期
3  流浪星球       143000        2018-12-06
0  流浪星球       120000        2018-12-03
4  流浪星球       98000         2018-02-07
2  绿皮书         92000         2018-12-05
1  新喜剧之王     86000         2018-12-03
5  新喜剧之王     68000         2018-12-07
```

在该例中首先通过下述代码创建一个相关电影票房的矩阵数据列。

```
s1 = pd.Series(np.array(['流浪星球','新喜剧之王','绿皮书','流浪星球','流浪星球','新喜剧之王']))
s2 = pd.Series(np.array([120000,86000,92000,143000,98000,68000]))
s3 = pd.Series(pd.to_datetime(['20181203','20181203','20181205','20181206','20180207',
'20181207']))
```

```
df = pd.DataFrame({'电影名':s1,"票房":s2,'日期':s3});
print(df)
```

输出：

```
     电影名        票房        日期
0  流浪星球      120000    2018-12-03
1  新喜剧之王    86000     2018-12-03
2  绿皮书        92000     2018-12-05
3  流浪星球      143000    2018-12-06
4  流浪星球      98000     2018-02-07
5  新喜剧之王    68000     2018-12-07
```

在该矩阵中使用了 pd.to_datetime()的格式创建了日期序列，然后使用了 group＝df.groupby(by＝['电影名'])来对“电影名”列进行分组统计，并且用 print(group.max())输出统计中的最大值。由于只有“票房”列存在数值型数据，所以通过 max()函数就可以取到“票房”列的最大值进行输出。

```
group = df.groupby(by = ['电影名'])        #根据电影名分组统计
print(group.max())                         #根据电影名分组统计最大值
电影名        票房       日期
新喜剧之王    86000     2018-12-07
流浪星球      143000    2018-12-06
绿皮书        92000     2018-12-05
```

但也可以在 groupby()语句后直接加入运算函数进行各类统计。比如以“电影名”分组统计总票房。

```
print(df.groupby(['电影名']).sum())
电影名        票房
新喜剧之王    154000
流浪星球      361000
绿皮书        92000
```

groupby()不仅可以按照某一列内容进行统计，也可以对多列对象进行统计。在统计多列对象时，只需在 groupby()的参数内把列对象罗列出来即可。

```
print(df.groupby(['电影名','日期']).median())      #以电影名和日期统计票房中位数
电影名        日期          票房
新喜剧之王    2018-12-03    86000
              2018-12-07    68000
流浪星球      2018-02-07    98000
              2018-12-03    120000
              2018-12-06    143000
绿皮书        2018-12-05    92000
```

在数据进行分析展示时往往对矩阵内容或者索引进行排序。sort_values()或者 sort_index()函数可以方便地做到这些。因此,在该范例中还展示了如何使用 sort_values()进行排序。

```
print(df.sort_values(by = '票房',ascending = False ))      #票房列由高到低排序
   电影名        票房        日期
3  流浪星球      143000      2018 - 12 - 06
0  流浪星球      120000      2018 - 12 - 03
4  流浪星球      98000       2018 - 02 - 07
2  绿皮书        92000       2018 - 12 - 05
1  新喜剧之王    86000       2018 - 12 - 03
5  新喜剧之王    68000       2018 - 12 - 07
```

6) 数据合并 concat、join 和 merge

之所以把 3 个函数方法都放在一起讲,是因为这 3 个函数——concat()、join()和 merge()都是一种可以把多个数据表内容连接在一起的方法,但它们之间无论是用法还是连接特性都有所不同。

比如,当你在购物网站浏览某类商品时,一个展示页面可容纳 25 种商品,共有 10 个分页面,这 10 个分页面的数据结构都是相同的。如果需要把这 10 个页面的数据汇总到一张表内进行分析,使用 concat()函数会更容易、方便地达到目的。

concat()函数可以把相同数据结构的多个 DataFrame 连接在一起。其基本语法如下。

```
pd.concat(objs, axis = 0, join = 'outer', join_axes = None, ignore_index = False, keys = None)
```

参数 objs 可以是 series、DataFrame 类型。

参数 axis 是指表合并轴的方向,默认值为 0。0 是指纵向按列的方式连接,1 是指横向按行的方式连接。

参数 join 是指连接的方式。默认值 outer 是指外连接,它得到的结果是两个表的并集。如果为 inner 则是内连接,得到的是两表的交集。

参数 keys 是指用指定的 key 值来标识数据源自哪张表(类似又多了一个 index 值)。

参数 join_axes 是指根据指定的轴来连接数据(左连接或者右连接)。

为了说明 concat()函数的具体用法,在下例中首先使用 DataFrame 创建两个列表。其具体数据结构示例如下(df1 和 df2 的数据内容和索引值也不相同,并且列名对象,如 c 列、d 列彼此有重叠)。

```
df1 = pd.DataFrame(np.full((3,4),2),index = [1,2,4],columns = ['a','b','c','d'])
print(df1)
   a  b  c  d
1  2  2  2  2
2  2  2  2  2
4  2  2  2  2

df2 = pd.DataFrame(np.full((3,4),6),index = [1,2,3],columns = ['c','d','e','f'])
print(df2)
```

```
   c  d  e  f
1  6  6  6  6
2  6  6  6  6
3  6  6  6  6
```

当使用 concat()函数后，默认为外连接(显示两者并集)。因此，输出的结果如下例所示。需要注意的是，在该语句中加入 sort=False 是因为当前 Pandas 版本运行该语句时，有警告提示"Sorting because non-concatenation axis is not aligned. A future version of pandas will change to not sort by default. To accept the future behavior, pass 'sort=False'"。因此，在语句中写入参数值 sort=False 就可以避免运行中出现警告。

```
df = pd.concat([df1,df2],sort = False )          #以列名纵向连接两个表(外连接)
print(df)
     a    b  c  d    e    f
1  2.0  2.0  2  2  NaN  NaN
2  2.0  2.0  2  2  NaN  NaN
4  2.0  2.0  2  2  NaN  NaN
1  NaN  NaN  6  6  6.0  6.0
2  NaN  NaN  6  6  6.0  6.0
3  NaN  NaN  6  6  6.0  6.0
```

当指定了 keys 值时，会输出 keys 值指定的参数 x 和 y 来分别标识数据源 df1 和 df2，示例代码如下。

```
df = pd.concat([df1,df2],keys = ['x','y'],sort = False )#指定的keys值来标识数据源自哪张表
print(df)
       a    b  c  d    e    f
x 1  2.0  2.0  2  2  NaN  NaN
  2  2.0  2.0  2  2  NaN  NaN
  4  2.0  2.0  2  2  NaN  NaN
y 1  NaN  NaN  6  6  6.0  6.0
  2  NaN  NaN  6  6  6.0  6.0
  3  NaN  NaN  6  6  6.0  6.0
```

当使用 join 参数指定为 inner 内连接时，会输出 df1 和 df2 表的交集。同时又指定了 ignore_index=True 将会重置索引值，示例代码如下。

```
#以列名纵向连接两个表(内连接)
df = pd.concat([df1,df2],join = 'inner',sort = False ,ignore_index = True )
print(df)
   c  d
0  2  2
1  2  2
2  2  2
3  6  6
4  6  6
5  6  6
```

如果需要横向连接两张表，则可以指定参数 axis=1。下例中因为默认是 outer 连接，所以显示出两张表的并集。

```
df = pd.concat([df1,df2],axis = 1)        #横向连接两张表
print(df)
     a    b    c    d    c    d    e    f
1  2.0  2.0  2.0  2.0  6.0  6.0  6.0  6.0
2  2.0  2.0  2.0  2.0  6.0  6.0  6.0  6.0
3  NaN  NaN  NaN  NaN  6.0  6.0  6.0  6.0
4  2.0  2.0  2.0  2.0  NaN  NaN  NaN  NaN
```

merge()函数的连接方式与 concat 不同，它是以类似数据表合并的方式进行连接的。其基本的语法格式如下。

```
pd.merge(obj1, obj2, how = 'inner', on = 'key')
```

参数 obj1 代表连接左侧的 DataFrame；参数 obj2 代表连接右侧的 DataFrame。

参数 how 默认为 inner，表示取连接结果的交集。当设置为 outer 时，则表示取两者的并集。如果 how 设置为 left 和 right，则分别表示以左侧为轴连接(左连接)和以右侧为轴连接(右连接)。

参数 on='key'是用来指定合并两表所在的列，表示以该列为基准进行合并。

接下来用一个例子说明 merge()函数的用法。首先创建两个 DataFrame 对象。示例代码如下。

```
df_obj1 = pd.DataFrame({'y' : ['b', 'b', 'a', 'c', 'a', 'a', 'b'],'data1' :
['1','2','3','4','5','6','7']})
df_obj2 = pd.DataFrame({'y' : ['a', 'b', 'd'],'data2' : ['8','9','10']})
print (df_obj1)
print (df_obj2)
   y data1
0  b     1
1  b     2
2  a     3
3  c     4
4  a     5
5  a     6
6  b     7
   y data2
0  a     8
1  b     9
2  d    10
```

然后分别通过 merge()函数的两种连接方式进行连接。

```
print(pd.merge(df_obj1, df_obj2))      #不加任何参数,相当于内连接 inner
print(pd.merge(df_obj1, df_obj2, how = 'outer',on = 'y'))  #以 y 列为基准取两者并集
   y  data1  data2
0  b      1      9
1  b      2      9
2  b      7      9
3  a      3      8
4  a      5      8
5  a      6      8
   y  data1  data2
0  b      1      9
1  b      2      9
2  b      7      9
3  a      3      8
4  a      5      8
5  a      6      8
6  c      4    NaN
7  d    NaN     10
```

在上面的第一行代码的输出中,不添加任何其他参数则会默认为 inner 内连接,可以获得两个对象的交集。如果添加了参数 how='outer'和 on='y',则表示以两个对象的 y 列为基准获取并集,因此这两行代码的输出是有所区别的。

以上示例是通过同名的 y 列来进行两表的连接。如果需要将两个不同名的列进行连接呢?merge()函数提供了 left_on='key'和 right_on='key'参数来指定左侧或右侧需要合并的列名。

为了示范该用法,可以先通过 rename()函数给上例的两个对象改一下列名。

```
df_obj1 = df_obj1.rename(columns = {'y':'y1'})  #更改列名为 key1
df_obj2 = df_obj2.rename(columns = {'y':'y2'})  #更改列名为 key2
print (df_obj1)
print (df_obj2)
  y1 data1
0  b     1
1  b     2
2  a     3
3  c     4
4  a     5
5  a     6
6  b     7
  y2 data2
0  a     8
1  b     9
2  d    10
```

然后通过 left_on 和 right_on 的方式进行两者的连接。

```
print("outer->")
print(pd.merge(df_obj1, df_obj2, left_on='y1', right_on='y2', how='outer'))
print ('left->',)
print(pd.merge(df_obj1, df_obj2, left_on='y1', right_on='y2', how='left'))
outer->
    y1 data1   y2 data2
0    b     1    b     9
1    b     2    b     9
2    b     7    b     9
3    a     3    a     8
4    a     5    a     8
5    a     6    a     8
6    c     4  NaN   NaN
7  NaN   NaN    d    10
left->
   y1 data1   y2 data2
0  b     1    b     9
1  b     2    b     9
2  a     3    a     8
3  c     4  NaN   NaN
4  a     5    a     8
5  a     6    a     8
6  b     7    b     9
```

如果需要连接的两表之间没有共同列,也可以采用 join()函数进行连接。join()函数是以 index 为轴的方式进行连接的,这种连接方式并不能具体指明某一列为轴。示例代码如下。

```
df1 = pd.DataFrame(np.full((3, 2),1),columns=['a','b'],index=[1,2,3])
df2 = pd.DataFrame(np.full((3, 2),6),columns=['c','d'],index=[1,2,4])
print(df1.join(df2))                    #以 df1 的索引为基准连接 df2
print(df1.join(df2,how='outer'))        #df1 和 df2 的并集
print(df1.join(df2,how='right'))        #以 df2 的索引为基准连接 df1

   a  b    c    d
1  1  1  6.0  6.0
2  1  1  6.0  6.0
3  1  1  NaN  NaN
     a    b    c    d
1  1.0  1.0  6.0  6.0
2  1.0  1.0  6.0  6.0
3  1.0  1.0  NaN  NaN
4  NaN  NaN  6.0  6.0
     a    b  c  d
1  1.0  1.0  6  6
2  1.0  1.0  6  6
4  NaN  NaN  6  6
```

append()函数在之前讲解列表时就介绍过。在 Pandas 库中也可以使用 append()函数连接多个 DataFrame 或 Series。示例代码如下。

```
df1 = pd.DataFrame(np.full((3, 4),2))
df2 = pd.DataFrame(np.full((3, 4),3))
df3 = pd.Series(['a','b','c','d'])
print(df1.append(df2))
print(df1.append(df3,ignore_index = True ))

   0  1  2  3
0  2  2  2  2
1  2  2  2  2
2  2  2  2  2
0  3  3  3  3
1  3  3  3  3
2  3  3  3  3
   0  1  2  3
0  2  2  2  2
1  2  2  2  2
2  2  2  2  2
3  a  b  c  d
```

使用 append()的函数方法去连接对象为 Series 类型时，需要设置参数 ignore_index=True；否则会抛出异常。

除了连接多张表外，从外部导入相关预分析文档或者把分析结果转存成其他格式也是 Pandas 库中常用的功能。在 Pandas 库中可以导入多种文档类型，如 csv、excel、sql、json、html 等，其导入方法也相对简单。以 csv 文档为例，只需要用到 pd.read_csv()就能转换为 DataFrame 中的对象。而要写入 csv 文件，使用 to_csv()函数即可。如果希望导出的数据不包含索引列，则可使用 index=False 参数。

同样，也可以通过 Excel 表格的形式进行数据的导入和导出操作。但导入到 DataFrame 中的对象仅限于数据，类似图形、公式这样的内容是无法被导入的。导出为 Excel 文档的语法是 to_excel()。

如果要读取网页类型的 HTML 文档，除了使用 pd.read_html()外，还需要安装其他的库作为配套使用的支持，如 htmllib5、lxml 或者 BeautifulSoup 等。

除了上述常用基本操作外，Pandas 库还有许多其他使用方式。具体各类的详细用法可参阅官方网站 http://pandas.pydata.org/pandas-docs/stable/reference/index.html。

5.6 编程实例：判断字符数量

5.6.1 任务要求

在日常生活中，经常会遇到需要统计文档字符个数这样的任务。通常编辑文档会使用

Office 或者 WPS 组件中的 Word 软件，因此会习惯使用审阅→字数统计菜单命令。如果使用了 Python 语言，如何设计一个函数可以通过输入一行字符来判断所输出的中英文字符、空格、数字和其他字符的个数呢？

5.6.2 任务分析和说明

要完成这个任务，首先需要了解 Python 语言中对应中英文字符、空格、数字等都有哪些判别方法。

Python 语言已经发展到第 3 版了，默认的语言编码格式为 UTF-8。在该版本中，相对于中英文、数字等格式的判断都可以根据其编码格式中固有的代码段来进行判断。

比如，在 Unicode 这种统一的编码格式中（UTF-8 属于 Unicode 编码类型），相对于中文字符的代码段是'\u4e00'～'\u9fa5'，英文字符的代码段是'\u0041'～'\u005a'及'\u0061'～'\u007a'代码段，数字的代码段区间为'\u0030'～'\u0039'等。此外，还有半角、全角等特殊的代码形式，这些代码格式和区间都可以通过查询相关技术文档获取。

因此，要完成此次项目任务，可能会有读者通过 if 语句，使用代码区间段的过滤形式来达到目的，这样的方法自然是可行的，读者可以自行尝试一下。但本例是想通过该任务的完成再引入若干个新函数的使用方法来更简单地达成目标。在 Python 3 中有几个现成的函数正是为了此类任务而设的，它们分别是 isalpha()、isspace()和 isdigit()函数。顾名思义，isalpha()函数是用来判断是否为字符型的，而 isspace()和 isdigit()函数则分别用来判断是否为空格或者数字型的。

5.6.3 任务实例代码

有了这 3 个函数，再了解了中英文字符的代码段区间，外加使用 if 条件判断语句，就可以很快地完成当前的任务目标。

下面是该任务的示例代码。

```
def count(str):
    #str = input('请在下方输入需要统计的字符:\n')
    chinese = 0         #中文字符初值
    alpha = 0           #英文字符初值
    space = 0           #空格初值
    digit = 0           #数字初值
    others = 0          #其他字符初值
    for i in str:       #遍历输入字符串中的字符
        if i.isalpha() :                             #判断是否为中英文字符型
            if ('\u4e00'<= i <= '\u9fa5'):           #判断是否为中文字符
                chinese + = 1                        #当结果为真则中文字符值+1
            else :alpha + = 1                        #当结果为假则英文字符值+1
        elif i.isspace():                            #判断是否为空格
            space + = 1                              #当结果为真则空格值+1
        elif i.isdigit():                            #判断是否为数字
```

```
            digit += 1                      # 当结果为真则数字值 + 1
        else:
            others += 1                     # 当以上条件都不满足则其他字符值 + 1
    print(
    '中文字符 = %d,英文字符 = %d,空格 = %d,数字 = %d,其他字符 = %d' % (chinese,alpha,
space,digit,others))

str = input('请在下方输入需要统计的字符:\n')
count(str)
```

输出：

```
请在下方输入需要统计的字符:
eee,曲项向天歌!
中文字符 = 5,英文字符 = 3,空格 = 0,数字 = 0,其他字符 = 2
```

本章内容着重讲解了 Python 的函数、模块以及 NumPy 和 Pandas 这两种常用的第三方库。由于 Python 引用对象的特性导致其函数的传递方式较其他编程语言有所不同，尤其是在传递可变数据类型和变长参数时，读者需要注意其执行结果可能会产生的变化。在使用 import 和 from 语句进行模块导入时，还需了解 Python 的各类内置属性变量。它们既可以被当成变量函数使用，也可以被调取其属性的特征。而作为最知名的第三方库 NumPy 和 Pandas，它们的使用方法很多，说明手册也很长。本章仅作为入门性质的讲解对这两个库的基本操作做了一个简要的介绍和范例说明。

习题

5-1 请编写一个程序能够让输入的字符串或数字逆序排列，如输入 123 输出 321。

5-2 请编写一个程序：输入为若干数值组成的列表，而输出分别为这些数值中的最大值、最小值和均值(保留小数点后两位)。

5-3 请编写一个函数可以检查用户输入的对象(字符串、元组、列表)是否含有空值。

5-4 有一个函数 f(n)其值为 n 的平方(n 为正整数)。请编写一个程序，输入为正整数 a 和 b，输出要计算出满足 a<n 且 b * f(n)=n 的正整数 n 的个数。

5-5 请设计一个函数，要求输入为某年某月某日来判断这一天是星期几。

5-6 请编写一个程序，输入为一组英文字符串，输出计算出该组字符串的大写字母个数及总字符数。

5-7 我们的货币单位从 1 分、5 分、5 角、1 元、5 元、10 元、20 元、50 元到 100 元不等。请编写一个函数程序：输入任意小于 100 元的金额(保留小数点后两位)，计算出可以换算成多少种类型的钱币(如 65.5 元可以换算成一张 50 元、一张 10 元、一张 5 元以及一枚 5 角的硬币)。

第6章　面向对象编程

面向对象编程（object oriented programming，OOP）是一种较新的编程理念。它认为世界上的一切皆为对象，是以建立对象模型来体现出抽象思维过程的一种编程方法。面向对象的编程方法是在结构化设计方法出现很多问题的情况下应运而生的。

传统的结构化设计方法，类似于C语言的设计方法，其解题思路是基于程序运行步骤、层层调取子过程内的具体操作来实现。但对于各类应用系统的开发，单纯使用这样的开发思路会导致系统开发和维护过程日趋复杂。而面向对象方法则不同，它是基于对象模型来反映世界上的物质特征的，采用这样的方法能够更客观地描述事物的特征及其变化规律。

学习要点

- 面向对象编程。
- Python的面向对象。
- 属性和方法。
- 继承。
- 重写与重载。
- 装饰器。

6.1　面向对象编程概述

Tips：任何编程方法都有其适合的场景，面向对象方法的结果可控性较差，并不能精准地处理流程，因此系统开发都是采用面向对象和面向过程两种方法结合在一起来针对不同的适用场景进行针对性的编程，它们彼此相互依存、不可或缺。

6.1.1　面向对象的含义

面向对象的编程与面向过程（结构化）的编程方法相对应。早期的编程方法多是面向过程的。例如，要计算5＋2＋3－1，就需要一步步通过计算得到结果。而复杂的运算则可以通过函数的调用一步步完成既定操作。所以，面向过程的编程方法强调的是运算过程的步骤，这样的方法适合对象在单一场景下的具体操作。例如，在下班回家吃饭这一场景中，通常人们会经过买菜、洗菜、炒菜等一系列的过程步骤才能吃到可口的饭菜。这个规则的处理过程可称为结构化方法。

但回家吃饭这个场景只有一个选择吗？当然不是，人们也许会点外卖、也许会去饭馆、也许不吃饭。

在同样的场景下，需求的变更会导致传统的面向过程的编程方法的修改和维护变得不易。用户的需求总是根据环境而变化的，而不断产生的新需求会导致各类函数方法不断重新调用或者重写，各类函数方法会越来越多而导致系统维护不便。

而面向对象的编程方法则与面向过程有本质的不同，它更接近于人类社会对自然的描述。它认为："世界是由各种各样具有自己的运动规律和内部状态的对象所组成的；不同对象之间的相互作用和通信构成了完整的现实世界。因此，人们应当按照现实世界这个本来面貌来理解世界，直接通过对象及其相互关系来反映世界。这样建立起来的系统才能符合现实世界的本来面目。"

在面向对象的编程中，是以一切事物皆为对象的理念来设计程序。它更侧重在多个不同场景下对象功能的描述。例如，小王在学校是一名学生，他可以更新各类学校系统的信息。而小王也是学生会主席，他可以进入独立社联系统管理学生会各类人事任命和活动。同时小王业余兼职学校的健身操助教，他也负责相关班级出勤率的系统考勤工作。小王这一对象在不同场景下会有不同的功能操作。如果采用面向对象的方法对小王这一对象在多个子系统内进行描述则较为简单。只需要定义小王的类、属性和方法，而并不需要关心其具体操作的流程步骤。

这样的定义会让对象角色的需求进一步修改变得更加容易。一旦小王系统内又有了新的角色，只需进一步定义其所属类别、属性和方法即可。

当用户需求不断变化时，如游戏中角色功能的增加、互联网中各类用户需求的完善或者企业 ERP 管理系统等需要功能扩展方面的软件开发，都是面向对象编程方法适用的场合。

6.1.2 面向对象编程的特点

通常软件开发中所面临的问题主要集中在软件的结构复杂、用户的需求不断变更，或者因为系统过于复杂所导致的维护不便等方面。而面向对象的编程方法以对象为基础，一切围绕着对象的行为、属性、功能来设计，这就让传统的结构化软件开发过程化繁为简，也满足了用户需求不断变更的特征，缩短了软件的开发周期，简化了软件的维护过程。

但结构化编程方法依然在现代编程中不可或缺。大型的应用程序还需要自顶而下的结构化设计，才能更好地处理系统功能之间的关系。因此，面向对象和面向过程的编程方法是两种在系统开发领域相互依存、不可替代的方法，而不是彼此替代的关系。在当前的软件开发过程中，面向对象的编程方法更多地体现在那些需要可扩展性系统功能的设计中。

6.1.3 面向对象与面向过程

面向对象和面向过程编程方法在设计理念上有着本质的不同。以把大象关在冰箱中为例，使用面向过程的结构化设计方法需要以下 3 个步骤。

(1) 打开冰箱。

（2）把大象装进冰箱。

（3）把冰箱门关闭。

这种方法是基于所需行为的过程步骤来设计的，其设计理念是基于过程。而若采用面向对象的设计思路来设计，则需要与以上不同的几个步骤。

（1）冰箱门打开。

（2）冰箱存储大象。

（3）冰箱门关闭。

在这种思路内所体现的是以冰箱为对象来设计的，其设计理念是基于对象——冰箱。

实际上，"面向过程和面向对象的区别并不像人们想象得那么大，面向对象的大部分思想在面向过程中也能体现。但面向过程最大的问题在于随着系统的膨胀，面向过程将无法应付，最终导致系统的崩溃。面向对象的提出正是试图解决这一软件危机，目前看来，似乎有一定成效，但仍任重道远。"这是作者艾兰·库伯编著的《软件创新之路》一书中所提出的观点。

比较面向对象和面向过程这两种方法，通常面向过程的开发方法所开发出的系统性能会高些，因为在面向对象中，类的调用需要实例化，会消耗系统资源的开销。常用于对资源性能要求较高的领域，如单片机、嵌入式开发等。而面向对象的设计方法由于其易维护、易扩展和复用的特点，更符合大型复杂系统所要求的高内聚、低耦合的设计特征，因此，在大型管理信息系统的开发中或者在用户需求不断变化的互联网应用程序中，多采用面向对象编程方法或与面向对象结合结构化方法的设计。

6.2 Python 的面向对象

6.2.1 类和对象

在面向对象的编程方法中认为一切皆为对象，而对象类型的本质就称为类。

在 Python 中的类是使用 class 来定义的。在类中可以包含各种代码语句，这就类似于在函数或模块中所使用的语句，类也是 Python 程序的一种组织单元。其语法格式如下。

```
class 类名
```

类的书写很简单，如上例所示，class 后面紧跟的是所定义的类名。

但在 Python 3 之后，在定义类时习惯给类加上 object 参数，示例代码如下。

```
class 类名(object)
```

这样的书写方式也称为"新式类"定义。若在 Python 3 版本后未指定 object，则系统会默认其继承自 object 类，而在 Python 3 以前的版本则需要自行指定。

从面向对象的角度来看，类封装了对象的行为和数据，Python 中类的变量就是对象的数据，而类内的函数就是对象的行为方法。

在 Python 3 的语法体系中，已经将承载的任何内容统称为对象(object)，而其基本的数据类型都属于类级别。示例代码如下。

```
print(str,list,dict,set)
```

输出：

```
<class 'str'> <class 'list'> <class 'dict'> <class 'set'>
```

当使用 print()语句对关键字 str、list、dict、set 进行输出时，会发现其返回值都带有 class。因此，对象在 Python 中就泛指其所指定的某个内容，如某个函数对象、整数对象、字符串对象等。

那么如何理解类和对象的关系呢？以字典类型的数据为例。

```
a = {'name' :'lisa','height' :168,'weight' :'52kg' }
print(a['name' ])
```

输出：

```
lisa
```

在该例中变量 a 为一个字典。name、height 和 weight 分别为 key 值；而 lisa、168 和 52kg 则为 key 值所对应的 value 值。如果把 key 值看作类，其所对应的 value 值则为类所对应的具体对象。比如，name 为类，则 lisa 就是 name 所对应具体对象的实例。在 name 类中可以有若干个不同的对象实例，可以是 lisa 也可以是 roy 或者其他名称。

在 Python 中，如果变量是表示数据的特征(静态属性)而函数是表示其实现功能(动态属性)的话，那么具有相同数据特征和实现功能的一类事物就称为类，而对象则是这类事务中具体的类的实例。

从面向对象的角度看，类封装了对象的特征和实现功能。Python 中类的变量就变成对象的数据特征，而函数就是类中对象的实现功能。

6.2.2 类对象和实例对象

在 Python 中存在有两种对象，即类对象和实例对象。类对象是在执行 class 语句时创建，而实例对象则是在调用类时创建。类对象只有一个，而实例对象可以有多个。类对象及其所对应的实例对象都有各自的命名空间(变量作用域)。因此，类和对象之间就产生了一种类似于“继承”的关系。

1. 类对象

与使用 def 创建函数的方法类似，class 也是一个可执行的语句。Python 在执行 class 语句后创建了一个类对象和一个变量。该变量名称就是类名称，变量引自类对象。

下面是创建了一个计算三角形面积和长方形面积的类 Cal。

```
class Cal:                     # 定义 Cal 类
    initial = 0                # 类属性(公有属性)
    def square(x,y):           # 计算长方形面积
        return x * y
    def triangle(x,y):         # 计算三角形面积
        return x * y/2
print(Cal.initial)             # 通过类名调用类属性
print(Cal.triangle(3,4))
print(Cal.square(3,4))
```

输出：

```
0
6.0
12
```

在该例中，Cal 就是一个类对象。通常类名的首字母大写（不是强制性的，只是在各类语言中习惯使用首字母大写来作为类名称，而变量名通常为全小写）。在类中赋值语句所创建的变量是类的数据属性。只有类似 initial＝0 这样的顶层赋值语句所创建的变量才属于类对象。类中的数据可以使用"对象名.属性名"的方式来调用，如在上例中使用了 print (Cal.initial)来调用 Cal 类中 initial 的值。

类中的 def 语句定义的函数属于类的方法属性。可以使用对象名.函数名()方式进行访问。例如，上例中的 print(Cal.triangle(3,4))语句，输出了 Cal 类中 triangle()函数方法的运算值。

在类中的对象赋值和函数方法是由所有的实例对象共享的。

2. 实例对象

实例对象是通过对类的调用创建的。每个实例对象都会继承类的属性，并且拥有自己的命名空间（变量作用域），因此实例对象就拥有了其私有属性。类中函数的第一个参数默认为 self，这表示引用该函数方法的对象实例。在函数中对 self 参数赋值的过程就创建了实例对象的属性。

下例依然使用创建三角形面积和长方形面积的类 Cal，不过采用了实例对象的调用方法实现且在该例中使用了构造函数__init__()。

```
class Cal:
    initial = 0
    def __init__(self,a,b):
        self.x = a
        self.y = b
    def triangle(self):
        return self.x * self.y/2
    def square(self):
        return self.x  *  self.y
n = Cal(3,4)                   # 实例化对象 n
print(n.triangle())            # 输出实例对象 n
m = Cal(5,6)                   # 实例化对象 m
print(m.square())              # 输出实例对象 m
```

输出：

```
6.0
30
```

(1) __init__是 Python 的构造函数(构造函数主要用于初始化所创造的对象,也就是给变量赋初始值),该函数的参数是实例化后需要传入的参数。

(2) __init__()函数中定义了两个参数 a 和 b。因为类内部调用必须使用 self 访问,因此,在这两个参数前要加入 self 作为第一个参数。

(3) self 一般只在类的函数方法中才会出现。通过__init__()函数创建了 self 参数表示要传递的是类的实例对象,而不是类本身。实际上,self 并不是 Python 语言的关键字,因此理论上也可以使用其他名称命名,但为了规范,通常习惯于使用 self 参数作为传递类实例对象的常用名称。self 参数类似于 Java 和 C#语言中的 this 参数,或者 C++中的 self 指针。

(4) 在__init__()函数内使用了 self. x=a 和 self. y=b 两个语句,表示把参数对象 a 和 b 传递给了类的实例对象 self. x 和 self. y。

(5) 通过 n=Cal(3,4)语句实例化了对象 n,然后通过 print(n. triangle())调用了实例对象 n 的 triangle()方法来获取其计算值。

(6) 在该例中还使用了 m=Cal(5,6)语句,这表示通过 Cal 类又创建了另一个实例对象 m,通过给 m 对象不同的赋值来获取不同的结果,表示该实例对象 m 也拥有了独属自己的命名空间。

6.3 属性和方法

除了类和对象外,属性和方法也是面向对象的特有的概念。属性就是指类内所封装对象的数据,而方法是指类对数据所进行的各类操作。

6.3.1 属性

从面向对象的角度看,Python 中所存在的各类变量就是属性,而表示对象行为的各类函数就称为方法。因此,属性和方法就跟变量和函数的使用方式一样,会有其各自的作用域。在日常开发中并不推荐在类的外部给调用的对象增加属性,如果在运行时未能找到属性则程序会报错。

Tips:对于 Python 的属性划分,不同书籍所写的内容略不相同。笔者认为,简单来说 Python 的属性可划分为类属性、实例属性和内置属性。而从属性的可见性角度来说,Python 也可划分为公有属性、受保护的属性和私有属性。为了便于理解,笔者会从类属性和实例属性使用的角度进一步阐释公有属性、受保护属性和私有属性的定义与方法。

1. 类属性

类属性就是类对象所拥有的属性。类对象的属性默认情况下属于全体的类对象,因此类属性是类的公有属性,它可以被类对象直接访问或者在类外被其他对象直接调用,因此类属性就相当于一个全局变量来使用。

下面是属性在类的内部调用与在类的外部调用的区别示例。可以看出,在类的外部调用属性不会影响到原本类内部的属性值,而外部实例对象调用类的方法在使用上则更加灵活。

```
class Cattr:
    name = 'lisa'                        #类属性
    age = 18                             #类属性
    if (name == 'lisa'):                 #类内调用
        age = 22
print(Cattr.name)
print(Cattr.age)
a = Cattr()
if (a.name == 'lisa'):                   #外部调用
    a.age + = 2
print(a.age)
print(Cattr.age)                         #外部调用没有影响类对象 age 的属性
```

输出:

```
lisa
22
24
22
```

在该例中,name 是 Cattr 的类对象,lisa 是类对象 name 的属性。在类的内部可以进行各种调用并输出,同时外部对象 a 也可以通过调用 name 的属性来进行运算并输出。在该例中也可以看到对象 a 的外部调用并没有影响到原本 Cattr 类内 age 的属性。

而从属性的可见性角度来说,也可划分为公有属性、受保护属性和私有属性。那么什么是公有属性、受保护属性和私有属性呢?

(1) 公有属性与类属性、全局变量的概念类似,可以被内部和外部对象任意调用。

(2) 受保护属性虽然也可以允许被外部对象直接访问,但通常并不建议这样操作。

(3) 私有属性是拒绝被外部对象直接访问。

公有属性类似于类属性的定义,而受保护的属性和私有属性的创建,就需要通过创建对象的名字来划分。受保护的属性前加一个下画线,类似于_age 的定义;而私有属性前则需要加两个下画线,如__tel。示例代码如下。

```
class Cattr:
    name = 'lisa'          #类属性,公有属性
    _age = 18              #受保护的属性
    __tel = 1330987901     #私有属性
```

```
print(Cattr.name)       #全局调用
print(Cattr._age)       #可被外部调用但不建议这样做
print(Cattr.__tel)      #外部直接调用时无法显示
```

输出：

```
lisa
18
```

在上例通过类对象直接调用时，会发现公有属性 Cattr.name 和受保护属性 Cattr._age 都可以被直接输出，但私有属性 Cattr.__tel 却无法显示。这说明类对象的私有属性无法被外部对象直接访问。

那么通过实例对象的方式来调用呢？与上例类似，依然创建一个 Cattr 类，通过类的实例对象 a 调用该类，会发现 Cattr 类的私有属性依然无法被实例对象访问。

```
class Cattr:
    name = 'lisa'           #类属性,公有属性
    _age = 18               #受保护的属性
    __tel = 1330987901      #私有属性
a = Cattr()
if (a.name == 'lisa'):      #外部调用
    a._age + = 2            #受保护的属性在实例对象内被修改
print(a._age)
print(a.__tel)
```

输出：

```
20
Traceback (most recent call last):
  File "C:/Users/Lilia/PyCharmProjects/5/类属性.py", line 34, in <module>
    print(a.__tel)
AttributeError: 'Cattr' object has no attribute '__tel'
```

当创建了实例对象 a=Cattr()后，使用 a._age+=2 语句在实例对象 a 中可正常修改 Cattr 类中受保护的属性，但却依然无法访问实例对象 a 的私有属性。这说明 Cattr 类中的私有属性依然无法直接被实例对象访问。

既然受保护的属性可以被外部直接访问，那么其存在的价值又有哪些呢？这样受保护的属性命名方式是无法使用 import 语句导入的，对防止外部未经授权的访问会起到保护作用。

实际上，从 Python 属性的可见性角度来说，Python 中所有的属性类型都是“伪私有”类型。通过有效的名称改写方法，都能够从外部访问到 Python 的私有属性。在下述讲解中会给出更翔实的例子来说明在 Python 中如何修改对象的私有属性。

2. 实例属性

实例属性是指实例对象的属性。它与类属性不同，它只与具体的某个实例对象存在关

联，通过同一个类对象所创建出的若干个实例对象之间并不存在必然的公有属性。因此，实例属性所强调的是“私有”的概念。对于其他实例对象来说，该实例对象的属性是不可见的。

要创建实例对象的属性，可以通过“self. 对象的属性＝参数”方式来创建，如 self. name＝name。

下面创建了名为 Huawei 的类，并设置了其共有属性 location 和若干实例对象属性，如 name、age 和 tel。其中 tel 是私有属性。通过 Huawei 的实例对象 sup 和 emp 调用 Huawei 类时，可以修改其共有属性、受保护属性，却无法调用 Huawei 类的私有属性。

```
class Huawei(object):
    location = '苏州'                                    #类属性,公有属性
    def __init__(self, name, age,tel):                 #初始化属性
        self.name = name                               #self 传递属性 name
        self._age = age                                #self 传递受保护的属性_age
        self.__tel = tel                               #self 传递私有属性__tel

sup = Huawei('陈强',28,'1803587790')                   #实例对象 sup
sup.location = '深圳'                                  #在实例中修改类属性
sup._age = 38                                          #修改实例对象 sup 受保护属性_age
emp = Huawei('王洪伟',35,'13389706665')                #实例对象 emp

print(sup.location,sup.name,sup._age)
print(emp.location,emp.name,emp._age)
print(sup.__tel)
```

输出：

```
深圳 陈强 38
苏州 王洪伟 35
Traceback (most recent call last):
  File "C:/Users/Lilia/PyCharmProjects/5/实例属性.py", line 38, in <module>
    print(sup.__tel)
AttributeError: 'Huawei' object has no attribute '__tel'
```

上例创建了 Huawei 类并通过创建 3 个不同类型的属性，包括公有属性 location 和 name、受保护属性_age 和私有属性__tel 来进行不同实例对象的赋值输出。可以看出，sup 和 emp 这两个被创建的实例对象属性除了 location 类属性是相同的外，并没有其他公有属性。因此，对于 sup 和 emp 这两个实例对象来说，它们强调的是彼此“私有”的概念。

在实例中修改了类属性 sup. location＝'深圳'，它只会影响到该实例属性的输出而不会影响到类属性本身，因此在通过另一个实例对象 emp. location 进行调用时，依然显示原本的类属性“苏州”。

受保护属性_age 除了无法通过 import 语句导入外，实际上更多的是一种“强调”或者“标明”的概念。因此，通过赋值语句 sup. _age＝38，受保护的_age 属性也与其他公有属性一样，无法拒绝被修改。

但私有属性却不一样，同样在实例对象中直接调用了私有属性 sup. __tel，系统就会抛

出异常(类对象 Huawei 中并不存在属性__tel)。

Tips:如果需要在类外修改类属性,要通过对类对象的实例引用去修改。这种方式所修改的是实例属性,而不会影响到类属性自身。除非删除该实例属性;否则该实例对象在之后的引用中都会以其自身的实例属性的定义为优先原则。

但上个例子的重点并不是说明私有属性是无法被修改的。它只是说明私有属性无法“直接”被修改。

因为 Python 在处理双下画线前缀的变量名时,会自动在对象名称前加入“_类名”。只要能够获取正确的类名,任何私有属性都可以在类的外部进行直接访问。

依然以上例为例进行说明。将上例中的最后一句代码 print(sup.__tel)修改为带有“_类名”的引用。

```
print(sup._Huawei__tel)

1803587790
```

这时会看到原本类 Huawei 的私有属性__tel 也能够被正常输出了。

Tips:实际上,私有属性只是 Python 对数据保护做的一种特殊处理形式,它会使外部无法直接通过 import 语句形式引用该私有对象,或者屏蔽外部通过直接访问的形式窃取一些受保护信息。但实际上,当外部成员了解了程序的结构、类名等具体信息时,还是无法通过这种手段真正做到变量隐私保护。

3. 内置属性

在 Python 中,实例对象默认继承了类对象的所有属性和方法,通过 dir()函数可以获取对象的属性和方法。

下面是一个 Tiger 类,它的属性有 initial 和__attack;同时,它还有 walk 和 hungry 两个方法。通过 dir(Tiger)方法可以输出 Tiger 类的所有类属性;而当实例化 Tiger 为 x 对象时,通过 dir(x)输出的是该实例对象的属性。通过 dir()形式就可以把私有属性的所属类名直接展示出来。

```
class Tiger(object):
    initial = 'stay'
    __attack = 'None'
    def walk(self):
        print("I'm leisurely walking.")
    def hungry(self):
        print("I'm looking for some foods. ")
print('类属性: ',dir(Tiger))
x = Tiger()
print('实例属性',dir(x))
```

```
类属性: ['_Tiger__attack', '__class__', '__delattr__', '__dict__', '__dir__', '__doc__', '__eq__',
'__format__', '__ge__', '__getattribute__', '__gt__', '__hash__', '__init__', '__init_subclass__',
'__le__', '__lt__', '__module__', '__ne__', '__new__', '__reduce__', '__reduce_ex__', '__repr__',
'__setattr__', '__sizeof__', '__str__', '__subclasshook__', '__weakref__', 'hungry', 'inital',
'walk']
实例属性 ['_Tiger__attack', '__class__', '__delattr__', '__dict__', '__dir__', '__doc__',
'__eq__', '__format__', '__ge__', '__getattribute__', '__gt__', '__hash__', '__init__', '__
init_subclass__', '__le__', '__lt__', '__module__', '__ne__', '__new__', '__reduce__', '__
reduce_ex__', '__repr__', '__setattr__', '__sizeof__', '__str__', '__subclasshook__', '__
weakref__','hungry', 'initial', 'walk']
```

在上例中，以双下画线开始和结尾的变量都是内置属性方法，它们也属于系统的私有属性方法。initial 是类属性也是公有属性，而 hungry 和 walk 是所创建的两个方法名称。程序中所创建的私有属性__attack 通过 dir()函数所展现的名字正是“_类名__私有属性”这样的格式：_Tiger__attack。

在上例中所展现的这些常用内置属性，都可以通过合适的引用方式来调取其内容。下面是接上例的内容继续加入代码语句。

```
print('1:',Tiger.__name__)          # 输出 Tiger 类的名称(Tiger)
print('2:',Tiger.__dict__)          # 以字典形式输出 Tiger 类的属性({...})
print('3:',Tiger.__module__)        # 输出 Tiger 类定义所在的模块名称(__main__)
print('4:',Tiger.__class__)         # 输出 Tiger 类所对应的类(<class 'type'>)
print('5:',x.walk.__name__)         # 输出实例对象 x 的 walk 方法名称(walk)
print('6:',x.__class__)             # 输出实例对象 x 所对应的类(<class '__main__.Tiger'>)
print('7:',type(x))                 # 新式类__class__和 type()输出相同
print('8:',x.walk.__class__)        # 输出实例对象 x 的 walk 方法所对应的类(<class 'method'>)
print('9:',x.__getattribute__)      # 获取实例 x 的属性对象
```

输出：

```
1: Tiger
2: {'__module__': '__main__', 'initial': 'stay', '_Tiger__attack': 'None', 'walk': <function
Tiger.walk at 0x0000023CB71BE9D8>, 'hungry': <function Tiger.hungry at 0x0000023CB71BEA60>,
'__dict__': <attribute '__dict__' of 'Tiger' objects>, '__weakref__': <attribute '__weakref__' of
'Tiger' objects>, '__doc__': None}
3: __main__
4: <class 'type'>
5: walk
6: <class '__main__.Tiger'>
7: <class '__main__.Tiger'>
8: <class 'method'>
9: <method-wrapper '__getattribute__' of Tiger object at 0x0000023CB702B160>
```

(1) 在使用 dir()函数时，__name__并未出现在类的内置属性中，但它是 Python 语法中最常见属性方法之一，可用来显示具体对象的名称。

(2) __dict__可以用来以字典格式的方法输出相应对象的属性。

(3) __module__则可以输出相应对象所在的模块名称。

(4) __class__是新式类，对象可以直接通过其__class__属性来获取自身类型，其结果与type()获取的结果相同。

(5) 在 Python 3 的新式类中增加了__getattribute__方法，这是获取对象属性的一种方法。不过当下的编程人员还是习惯使用装饰器的方法(@property 后面章节会有介绍)来获取对象属性。

(6) 因为类的内置属性众多，这里就不一一举例说明了。在之后进一步用到相应的属性时再做使用上的说明。

6.3.2 方法

Python 语言在面向对象的理念下，类内的属性对应的是变量，而方法实际上对应的就是之前所讲到的函数。同样，方法与属性一样，也分为公有方法、受保护方法、私有方法和内置方法。

公有方法、受保护方法和私有方法的定义也与属性类似。要表示受保护方法或私有方法只需在相应的方法名称前添加单下画线或者添加双下画线。

下面是一个游戏场景的设计。在老虎 Tiger 类中有 3 个初始化参数，即 breed、performance 和 health，它们分别代表了老虎品种 breed、老虎攻击性能 performance 和老虎生命值 health。在 Tiger 类中还分别设计了 3 种方法，即公有方法 walk、受保护方法_hungry 及私有方法__attack，它们分别可以完成相应的方法操作。公有方法 walk 可以输出"I'm leisurely walking."，受保护方法_hungry 通过运算可输出 self. health－＝40，也就是说，设定饥饿时的老虎的生命值为原有值减 40。而私有方法__attack 可以计算饥饿后老虎的攻击值为 self. roles＝self. health/100 * self. performance，也就是说其攻击值等于(原有生命值－40) * 原有攻击值。

```
class Tiger(object):
    def __init__(self,breed,performance,health):
        self.breed = breed
        self.performance = performance
        self.health = health
    def walk(self):
        print("I'm leisurely walking." )
        pass
    def _hungry(self,health):
        self.health- = 40
        return "my health only %d" % (self.health)
        pass
    def __attack(self):
        self.roles = self.health/100 * self.performance
        return "my attack is %d" % (self.roles)
        pass
role1 = Tiger('华南虎',80,100)
print(role1.breed,role1.performance,role1.health)
print(role1.walk())
```

```
print(role1._hungry(100))
print(role1.__attack())
```

输出：

```
华南虎 80 100
I'm leisurely walking.
None
my health only 60
Traceback (most recent call last):
  File "C:/Users/Lilia/PyCharmProjects/5/4 方法.py", line 21, in <module>
    print(role1.__attack())
AttributeError: 'Tiger' object has no attribute '__attack'
```

当使用role1＝Tiger('华南虎',80,100)实例化Tiger对象为role1后，实例化对象role1就表示华南虎的初始攻击性能为80，初始生命值为100。

当分别调用公有方法role1.walk()和受保护方法role1._hungry(100)时，系统会返回：

```
I'm leisurely walking.
None
my health only 60
```

也就是说，通过实例化对象访问类中公有方法和受保护方法时，系统都可以正常运行。但在系统的输出结果会出现一行None。

> ***Tips***：这行None是因为在walk方法中使用了print而未使用return语句造成的。walk方法修改为使用return语句即可规避此类问题。

而当实例化对象role1调用了Tiger类中的__attack()私有方法，则系统也会抛出异常“AttributeError: 'Tiger' object has no attribute '__attack'”，这些特征与在不同类型的属性中调用的结果是类似的。

若要在外部调用私有方法__attack，只需要在__attack前加入“_类名”，类似_Tiger__attack即可。示例代码如下。

```
print(role1._Tiger__attack())
```

输出：

```
my attack is 48
```

这里需要强调的是，__init__只是函数初始化的构造方法。在定义Tiger类时，实际上是在定义一个使用该Tiger类的实例：role1＝ Tiger('华南虎',80,100)。在Python运行该行语句时会把role1的属性参数传递给Tiger类中的__init__('华南虎',80,100)。在定义初始化构造函数时，上例使用了def __init__(self,breed,performance,health)语句。其中的self表示对象本身。walk方法并未曾调用任何参数，_hungry则调用了传入的health生命值参数，而__attack 方法在运行中也调用了传入的参数 performance 和 health。因此，使用 self 参数后就可以方便地在方法内调用各类实例对象了。

内置方法与内置属性、内置函数是相似的含义。因为 Python 系统内的这些内置属性也都可以执行一定的函数操作。之前在讲内置属性时已经阐述了部分内置函数的使用方法。本章着重介绍__init__方法，实际上 Python 语言中还存在一个意义与__init__方法相反的函数__del__。这个__del__方法是用来释放对象的自动执行功能的，如在执行该方法后去关闭一些资源、文件、数据等。

6.3.3　__str__和__repr__方法

通过学习前文可知，使用 str()函数来把对象转换为字符串的形式，而使用 repr()函数则可以解析当前对象所表达的内容，它们两者都有转换和解析的含义。从面向对象的角度来看，Python 语言可把代码分为类、对象、属性和方法等。那么从面向对象的角度，如何看待__str__和__repr__这两种魔术方法呢？

之所以称之为魔术方法，是因为在 Python 官网的解释中，所有以双下画线开始和结尾的方法，都统称为 Magic Method，如__init__方法也是魔术方法的一种。

在 Python 中的__str__和__repr__方法在编程使用中也经常遇到，因此这里就做一下对比和介绍。

在面向对象编程中会常常遇到所获取的对象只是存在于内存的一个地址对象的情况，示例代码如下。

```
class Room:
    def __init__(self,size,color):
        self.mysize = size
        self.mycolor = color
my = Room(20,'red')
print(my)
```

输出：

```
<__main__.Room object at 0x000001F3D95A1160>
```

在该例中，如果直接输出 Room 类的实例对象 my，虽然传入了参数(20,'red')，却依然返回的是一个内存地址对象＜__main__.Room object at 0x000001F3D95A1160＞。这往往在调试程序时会使程序员苦恼。

如果在程序中使用了__str__和__repr__中的一个，通常就可以让对象的结果直接显示出来，而不用再使用其他方法去获取内存的对象。示例代码如下。

```
class Room:
    def __init__(self,size,color):
        self.mysize = size
        self.mycolor = color
    def __str__(self):
        return ("%d m2 and %s color is a nice room!" % (self.mysize,self.mycolor))
```

```
my = Room(20,'red')
print(my)
```

输出：

```
20 m2 and red color is a nice room!
```

在上例中，通过定义 def __str__(self)方法，就可以按照既定格式返回相应的字符串解析值，而非原本为一个内存地址的对象格式。因此可以说，__str__方法可以实现从实例对象到字符串的转化。

同样，通过__repr__方法也一样可以达到相同的目的，示例代码如下。

```
class Room:
    def __init__(self,size,color):
        self.mysize = size
        self.mycolor = color
    def __repr__(self):
        return ("%d m2 and %s color is a nice room!" % (self.mysize,self.mycolor))
my = Room(20,'red')
print(my)
```

输出：

```
20 m2 and red color is a nice room!
```

既然两种方法都可以达到同一目的，那么两者之间是否就毫无区别了呢？依然以上例为例，把使用了这两种方法的语句通过返回值标识出来。示例代码如下。

```
class Room(object):
    def __init__(self,size,color):
        self.mysize = size
        self.mycolor = color
    def __repr__(self):
        return '使用了__repr__'

    def __str__(self):
        return "使用了__str__"
my = Room(20,'red')
print(my)
print(repr(my))
```

输出：

```
使用了__str__
使用了__repr__
```

可以看出，虽然在 Room 类中包含有两种方法，即__repr__和__str__，当使用 print

(my)语句进行输出时只会显示出使用的是__str__方法。而采用 print(repr(my))语句，则类似于 CPython 环境下的执行语句 my，这时 Room 类所调用的方法是__repr__方法。(PyCharm 语言环境中的输出只能使用 print 语句，而其他类似 CPython 环境或者 IDLE 环境，可以直接通过语句 my 来执行输出结果，它就相当于 repr(my)。)

Tips：通常使用__str__方法可以让程序的字符串返回结果可读性更强，而使用__repr__方法则主要用于执行和处理当前表达式或者变量的内容(并不一定返回的是字符串形式)。从执行的角度来看，__repr__方法所适应的程序范围更加宽泛。

6.4 继　　承

继承是面向对象编程中所特有的特征之一。通过程序之间的继承，新创建的类可以获得现有类的属性和方法。新类通常称为子类或者派生类，而被继承的当前类则称为父类或者超类。

在新类中还可以定义各种新的属性和方法来完成对父类性能的扩展。

6.4.1 简单继承

在子类继承父类时，默认的是继承父类的公有属性和方法，不能直接继承父类的私有属性和方法。但子类依然可以通过"__类名__私有属性/方法名"的方式进行访问。

下面是一个简单的类继承代码。

```
class Father:
    house = 'big'
    __tel = '13066745900'
    def show(self):
        return ('我是父类的公有方法')
    def __show(self):
        return ('我是父类的私有方法')
class Mother:
    pass
class Son(Father):
    pass
class Daughter(Mother,Father):
    pass
x = Son()
print(Son.house,Son._Father__tel)    #查看继承的所有属性
print(x.show())                      #查看由 Son 所创建的实例对象 x 所继承 Father 的公有方法 show
print(x._Father__show())             #查看对象 x 所继承 Father 的私有方法__show
print(Daughter.__bases__)            #查看 Daughter 继承的所有父类
print(Daughter.__base__)             #仅查看 Daughter 继承的第一个父类
```

输出：

```
big 13066745900
我是父类的公有方法
我是父类的私有方法
(<class '__main__.Mother'>, <class '__main__.Father'>)
<class '__main__.Mother'>
```

（1）在该例中所创建的 Father 类、Mother 类为父类，而 Son 类和 Daughter 类为子类。其中，Son 类继承自 Father 类，而 Daughter 类则分别继承自 Mother 类和 Father 类。

（2）若要让创建出的子类去继承父类，只需要在子类后加入父类的名称即可，如 class Son(Father)。子类也可以继承自多个父类，如 class Daughter(Mother,Father)。Daughter 类就继承自 Mother 和 Father 两个类，所继承的父类之间用逗号隔开即可。

（3）通过 print(Son.house,Son._Father__tel)语句可以查看当前子类 Son 所继承自 Father 父类中的所有属性(含公有属性和私有属性)。

（4）在创建了 Son 类的实例对象 x 后，通过 print(x.show())可以查看实例对象 x 所继承 Father 类中的公有方法 show，也可以通过 print(x._Father__show())增加"_类名"来突破私有方法访问限制的形式，来查看父类中的私有方法__show。

（5）__bases__和__base__都是 Python 类中的内置属性。其中，__bases__属性可以显示当前子类所继承的所有父类；而__base__属性则可以显示当前子类所继承的第一个父类。

6.4.2 定义子类和调用父类

除了继承自父类的属性和方法外，在子类中还可以定义专属于自己的属性和方法。如果子类定义的属性和方法名与父类相同，就表示子类的实例对象调用了父类中所定义的属性和方法。

因此，在定义子类时，需要调用父类中所定义的属性和方法。通常在只存在单继承的关系中是可以直接通过类名去调取父类属性的。例如，在子类相关方法内使用"父类名.方法名"方式，即可完成对父类的调用。

但当子类继承自多个父类时，这种直接通过类名调用父类属性的方式会因查找父类顺序或者重复调用等因素而出现问题，而使用 super()函数方法可以规避此类问题。

super()函数是调用父类的一种方法，通过它可以查找父类或者父类的父类，直至找到相应的属性为止。通常它是用来解决多重继承下的子类定义问题的，但因为其结构清晰、语句简洁，现在也广泛地应用到各类定义子类的语句中。

通常它的语法较为简单，具体格式如下。

```
super(类名,self).method()
```

（1）在 Python 3 中已经把该语法精简为 super().method()。

（2）method()是指所调用父类的相关方法名。

(3) 父类在使用__init__方法时使用了 self 作为第一个参数,而在 super 语句中的__init__方法却并不包含 self。

为了进一步理解 super()函数定义子类的用法,还是以之前所讲的 Tiger 类的游戏作为范例,重新设计了 Dog 子类,通过使用 super 方法来调用 Tiger 父类。

```
class Tiger(object):
    def __init__(self,breed,performance,health):
        self.breed = breed
        self.performance = performance
        self.health = health
    def attack(self):
        self.roles = self.health/100 * self.performance
        return "my attack is %d" %(self.roles)
class Dog(Tiger):
    def __init__(self,breed,performance,health):
        super().__init__(breed,performance,health)
    def barking(self):
        return ('旺,旺……')

d = Dog('田园犬',60,100)
print(d.breed,d.performance,d.health)
print(d.attack())
print(d.barking())
```

输出:

```
田园犬 60 100
my attack is 60
旺,旺……
```

(1) 为了讲述方便,该范例对比之前所讲的游戏设计范例有一些简化,请读者自行甄别。

(2) 在该例中,首先设计了 Tiger 父类以及其相应的行为方法,如 attack。而子类 Dog 继承了 Tiger 类的属性和方法。

(3) 在 Dog 子类的定义中,使用语句 def __init__(self,breed,performance,health),其中的属性参数与父类保持相同,用来确保与父类属性之间的对应关系。

(4) 在对 Dog 子类的定义中,使用了 super().__init__(breed,performance,health)语句来定义与父类的继承关系,它表示子类 Dog 继承了父类 Tiger 的相关属性和方法。如果在 Python 2 中,则该语句可以写成 super(Dog,self).__init__(breed,performance,health)。

(5) 在本例中实际上只存在单继承关系,因此也可以使用"父类名.方法名"这种对父类的调用方式,如使用 Tiger.__init__(breed,performance,health)来替代 super().__init__(breed,performance,health)。

(6) 除了继承关系外,还可以通过语句 def barking(self)来定义 Dog 子类的专属方法。

6.4.3 多重继承

多重继承，顾名思义，就是继承来自多个父类的属性和方法。

比如，为了做用户行为的数据分析，就需要把用户的人群进行细分。用户可以被分为男性和女性，他们可以是职场达人或者全职在家，其在职岗位也可以通过职业来划分。还可以按照用户的年龄划分为 45 岁以上、30～45 岁和 30 岁以下，统计每个年龄段的消费习惯。同时，可以根据用户的在线购买金额划分一年购买金额少于 1 万元和大于 1 万元的，还可以根据用户的消费时间把用户区分为习惯夜间消费的还是日间消费的等。

若要不断细分下去，类的数量会呈指数级增长。但如果采用多重继承的方法设计，则这项分类工作会简单很多。

首先类的层次依然按照男性和女性进行区分，第一个父类为用户 User 类，用户类又分为 Female 和 Male 子类。

```
class User(object):
    pass
class Female(User):        #Female 是 User 的子类
    pass
class Male(User):          #Male 是 User 的子类
    pass
```

然后按照用户是否在家、在职及其职业属性作进一步区分。

```
class Homestay(Female,Male): #Homestay 是 Female 和 Male 类的子类
    pass
class Employee(Female,Male): #Employee 是 Female 和 Male 类的子类
    pass
class Position(Female,Male): #Position 是 Female 和 Male 类的子类
    pass
```

按照用户消费金额的大小，又区分用户为消费大于 1 万元的和小于 1 万元的。

```
class Less10000(object):        #Less10000 类定义
    def less(self):
        return ('您的节约是个好习惯!')
    pass
class More10000(object):        #More10000 类定义
    def more(self):
        return ('您在本站的购买节约了好多钱呢!')
    pass
```

用户的消费习惯也可以通过日间和夜间消费来划分。

```
class Dayconsume:
    pass
```

```
class Nightconsume:
    pass
```

假设教师群体属于消费小于1万元且习惯于日间消费的，教师类的设计就可以用以下多重继承的方式进行。

```
class Teacher(Employee,Less10000,Dayconsume):
    pass
x = Teacher()
print(x.less())
print(Teacher.__bases__)
```

输出：

```
您的节约是个好习惯!
(<class '__main__.Employee'>, <class '__main__.Less10000'>, <class '__main__.Dayconsume'>)
```

(1) Teacher 类继承了多个不同划分层次的父类，如 Employee、Less10000 和 Dayconsume。

(2) 通过实例化 Teacher 类为 x 对象，就可以获取实例对象 x 内的父类中的行为，如通过 print(x.less())可以输出 Teacher 的实例对象 x 所继承自 Less10000 父类的行为方法 less。

(3) __bases__内置属性可以输出该类继承的所有父类。

6.4.4 Mixin 继承

Python 语言作为以面向对象开发为主的一种动态语言，对多重继承的编程开发是相当友好的，其中最为典型的就是 Mixin 继承。

Mixin 是一种面向多重继承的开发方式，它也属于类的一种。Mixin 类中包含了一组特定的函数组合。它可以将多个类的功能单元进行组合利用，从而生成满足当下需求的新类。但这又与传统的类继承有所不同。

因为 Mixin 方式并不像传统类继承那样作为任何类的子类，也不关心与何种类进行组合使用，而是仅在运行时动态地与其他所需类进行组合使用。因此，Mixin 类有以下诸多的开发优点。

(1) 它可以在不修改任何源代码的情况下对已有的现存类进行扩展，并保证现有各类内组成部分的正确划分。

(2) 它可以根据需要使用现存类的已有功能进行组合，来实现“新”类而不用另外重新创建。

(3) 它避免了类继承的局限性，可以根据新业务的需要动态地通过组合形式来创建“新”子类。

下面是一个自动驾驶汽车的 Mixin 类。

汽车通常可以是交通工具类，但自动驾驶功能若作为汽车的父类并不合理，因为目前不是所有的汽车都可以继承自动驾驶这个功能。在给具体的某类增加某种功能时，可以使用

Mixin类来完成设计，这样就不用把汽车类区分为可以自动驾驶的和不可以自动驾驶，然后再把自动驾驶写成类，让自动驾驶的汽车来继承自动驾驶的功能属性这样麻烦，而只需要把自动驾驶这个功能作为Mixin类加入某种类型的汽车对象实例中就可以了。

```
class Car(object):
    def run(self):
        return '我是汽车我能跑!'
class AutoMixin(object):
    def autorun(self):
        return '我能自动跑!'
class AutoCar(Car,AutoMixin):
    pass
tesla = AutoCar()
print(tesla.run())
print(tesla.autorun())
```

输出：

```
我是汽车我能跑!
我能自动跑!
```

在这个例子中，AutoCar子类继承了Car和AutoMixin类，实现了多重继承。为了说明AutoMixin类是一个Mixin属性的类，需要在该类的名字后加入Mixin来标明。这表示该类只是作为一种功能的实现来添加到子类AutoCar中，而并不是作为AutoCar的父类存在。

在使用Mixin类时还需要注意以下事项。

(1) Mixin类都表示实现的某种功能而不是特指某种实体。

(2) Mixin类要实现的功能应单一明确。如果要实现多个不同的功能，就需要写多个Mixin类。

(3) Mixin类并不依赖于子类实现。子类即使没有继承Mixin类依然可以正确运行，只不过少了Mixin类中所特指的某个功能而已。

(4) Mixin类只是组合功能的概念，与创建的父类不同，并不会产生下级类覆盖上级类内属性和方法的现象。

(5) 但设计Mixin类时要注意，尽量避免在不同Mixin类中定义相同的方法，这容易导致类的命名空间受到污染，也就是说方法变量的作用域指代不明。

6.5 重写与重载

重写和重载在中文字面上的语义是非常近似的，但在编程语言中的定义还是有所区别。

6.5.1 重写

重写(overriding)是指子类覆盖父类的方法，要求子类的返回值、方法名和参数都相同。

当子类的方法无法满足需求时，就可以通过对子类方法的重写来覆盖父类。这种方法也称为方法覆盖。

下面是一个重写的示例，在雇员类 Employees 中创建了 3 个属性，即 name、position、tel，并用函数 output()来输出这 3 个属性。合同工类 Contractors 继承了雇员类并重写了所继承的 3 个属性的值，通过函数 show()返回父类 Employees 的 output()输出。通过子类实例对象的调用可以覆盖父类对象的输出。

```
class Employees(object):
    def __init__(self,name,position,tel):
        self.name = name
        self.position = position
        self._tel = tel
    def output(self):
        return (self.name,self.position,self._tel)
class Contractors(Employees):
    def __init__(self,name,position,tel):           #重写__init__方法
        Employees.__init__(self,name,position,tel) #给参数变量重新赋值
        self.name = '李明'
        self.position = '华东区销售'
        self._tel = '13099887890'
    def show(self):                            #定义 show 方法来返回来自父类的输出
        return Employees.output(self)
a = Employees('xx','xxx','xxxx')               #创建父类 Employees 实例对象 a
print(a.output())
b = Contractors('默认','默认','默认')           #创建子类 Contractor 实例对象 b
print(b.show())                                #子类对象覆盖重写了父类对象
print(a.output())                              #父类对象的输出依然是('xx','xxx','xxxx')
```

输出：

```
('xx', 'xxx', 'xxxx')
('李明', '华东区销售', '13099887890')
('xx', 'xxx', 'xxxx')
```

(1) 在该例中，首先创建了 Employees 父类，并定义了两种方法。一个方法是__init__，用来传递初始参数 name、position 和 tel；一个是 output 方法来返回传入的变量参数 name、position 和 tel。

(2) 在继承了父类 Employees 的子类 Contractors 中，重写了__init__方法，给传入的参数变量重新进行了赋值操作。这里要注意的是，需要重写的子类的方法名、参数和返回方式都需要和父类保持一致。

(3) 在子类 Contractors 中还定义了一个 show 方法，它是用来返回父类 Employees 中的 output 方法。

(4) 当通过父类 Employees 的实例对象 a 给父类对象赋值时('xx','xxx','xxxx')，父类输出即为('xx','xxx','xxxx')。

(5) 但当给子类 Contractors 的实例对象 b 赋值为('默认','默认','默认')时,这时子类的 show 方法所返回的值为子类__init__方法所定义的值('李明','华东区销售','13099887890')。这说明子类对象的方法已经覆盖了父类方法的输出。

(6) 再次通过输出父类的实例对象 a 的方法 output(),可以看出父类的属性和方法依然没变。

6.5.2 重载

重载(overloading)是指从父类继承过来的方法要重新定义,就像给变量赋新的值那样。它在父类和子类中有相同的方法名称,但方法内的参数列表却并不相同。

重载是一种让类以统一的方法处理不同数据类型的一种方式,一般是为了解决可变的参数类型或者可变的参数个数等问题。子类和父类中的方法功能实际上并不相同,往往需要重写为另一个方法而不必使用重载。

由于 Python 属于高级的动态语言,无须事先声明变量的类型,并且在函数方法中可以接受任何类型的参数,如可变参数、关键字参数等,因此对参数类型或者参数数量不同的方法,一般都无须考虑重载,可以通过 Python 参数自身的多态性特征或其他方式找到应对之策。

Python 语言的编程灵活度高且支持各类模块化的操作,重载功能对于 Python 开发来说并无太大需求,所以很多时候也常说 Python 是不支持重载方法的,或者说在 Python 语言的编写过程中无须使用重载方法就可以达到既定的目的。

如果编程人员习惯使用该方法,Python 3 的标准库 functools 中提供了一个 singledispatch 模块。它也被称为单分派泛函数,可以把类的某个方法定义成多个重载的变体形式以便于使用。它的作用类似于 Java、C++中的函数重载方法。需要使用的读者可自行参考官方网站中的说明。

虽然 Python 并不支持重载方法,但不表示无法通过 Python 编程实现重载。

下面是 Python 实现重载功能的范例。该例与上例类似,创建了雇员类 Employees,它有 3 个属性和函数 output()对传入的属性值进行输出。合同工类 Contractors 继承自雇员类,并添加了一个属性 pay。这是与重写方法不同的地方——参数个数发生的变化,通过子类 Contractors 的实例对象 a.show()对父类 Employees 的方法进行了重载。

```
class Employees(object):
    def __init__(self,name,position,tel):
        self.name = name
        self.position = position
        self._tel = tel
    def output(self):
        return (self.name,self.position,self._tel)
class Contractors(Employees):                          #重载__init__方法
    def __init__(self,name,position,tel,pay):
        self.pay = pay                                 #给重载方法的新参数 pay 赋值
        Employees.__init__(self,name,position,tel)#子类中调用父类方法
```

```
        def show(self):
            Employees.output(self)
            return ("合同工 %s 的工资是 %s" %(self.name,self.pay))  #格式化输出子类中的新对象

a = Contractors('李晓华','产线 A','',800) #创建子类实例对象 a
print(a.show())                            #子类的实例对象 a 重载了其所继承的__init__方法
```

输出：

```
合同工李晓华的工资是 800
```

(1) 该例与 6.5.1 小节的重写范例类似，仅是在子类 Contractors 中添加了参数 pay，且在子类 show 方法内格式化输出了子类中所添加的 pay 值。

(2) 虽然在子类 Contractors 中仅添加了一个参数，但这就是与重写方法的区别所在，因为重写方法中要求两者的返回值、方法名和参数都相同。

(3) 由于 Python 并不算支持重载方法，因此，Python 的重载举例最常见的就是围绕着构造函数__init__进行。

6.5.3 运算符重载

运算符重载是指让类的实例对象能够使用 Python 中的内置运算符来进行操作。自定义的类对象能够对 Python 的内置运算符赋予新的规则，这样就能覆盖多数内置类型的运算。它就像类对象与 Python 对象的一个接口，以类的方式处理和调用 Python 的内置函数方法。这种方法让程序变得更加简洁、易懂。

6.5.2 小节所提到的__init__、__repr__、__str__等方法实际上也属于 Python 运算符方法的一种。这些以前后双下画线命名的类方法与 Python 对象的运算方法之间有着固定的映射关系。比如，当类的实例对象继承了__add__方法时，就触发了对象表达式内出现的"+"运算，而__sub__方法则对应了"−"运算等。

1. 常用的运算符重载方法

Python 所支持的运算符重载方法较多，表 6-1 为常用的运算符重载方法。

表 6-1　常用的运算符重载方法

类 方 法	方 法 说 明	方 法 含 义
__init__	构造函数	a=Class(args)实例对象初始化
__del__	析构函数	删除对象并回收
__repr__	打印转换	print(a), repr(a)
__str__	打印转换	print(a), str(a)
__add__	加法运算	a+b, a+=b
__sub__	减法运算	a−b, a−=b
__mul__	乘法运算	a*b, a*=b

续表

类 方 法	方法说明	方法含义
__truediv__	除法运算	a/b，a/=b
__mod__	求余计算	a%b，a%=b
__call__	调用函数	a()
__getattr__	获取未知属性	a. undefine
__getattribute__	获取属性	a. any
__setattr__	属性赋值	a. any=value
__getitem__	获取索引、切片	a[key],For If
__setitem__	索引、切片赋值	a[key]=value
__contains__	成员关系测试	item in a
__len__	获取长度	len(a)
__iter__	迭代	iter(a) For in
__next__	迭代	next(a) For in
__radd__	右加	+a
__iadd__	+=	a+=b
__lt__	小于<	a< b
__le__	小于等于	a <= b
__eq__	等于	a == b
__ne__	不等于	a != b
__gt__	大于	a > b
__ge__	大于等于	a >= b
__new__	创建	在__init__之前创建对象

2. 简单的加减运算符重载

下面是一个简单的针对类对象运算符加、减、乘运算的重载方法。

```
class Calc(object):
    def __init__(self,value):
        self.num = value
    def __add__(self,other = 0):   #制定 self + other 的运算规则
        return self.num + other.num
    def __sub__(self,other = 0):   #制定 self - other 的运算规则
        return self.num - other.num
    def __mul__(self, other):      #制定 self * other 的运算规则
        return self.num * other

a = Calc(5)                        #创建类 Calc 实例对象 a 并初始化
b = Calc(3)      #创建类 Calc 实例对象 b 并初始化
print(a + b)     #调用__add__方法执行实例对象的 a + b 运算
print(a - b)     #调用__sub__方法执行实例对象的 a - b 运算
a = a * 3
print(a)         #调用__mul__方法执行实例对象的 a * 3 的运算
```

输出：

```
8
2
15
```

在该例的类对象内，分别调用了__add__、__sub__、__mul__方法重写了运算符加、减、乘的运算。通过实例对象 a 和 b 对运算符(+、-、*)的调用，类似于使用 Python 的内置方法那样，更容易处理实例对象的各类运算。

3. 属性、索引、切片运算符重载

设置和获取属性值以及索引和切片的运算符重载在 Python 的使用中也较为常见。示例代码如下。

```
class Apples(object):
    def __getattr__(self, item):
        return (item,'from getattr')
    def __setattr__(self, key, value):
        self.__dict__[key] = value
    def __getitem__(self, item):
        return (self.__dict__[item],'from getitem')
    def __setitem__(self, key, value):
        self.__dict__[key] = value
a = Apples()
print(a.color)          #类中未设置 color 属性时，调用__getattr__方法返回为 color
a.quantity = 50         #通过__setattr__方法设置类实例对象 a 的属性 quantity = 50
print(a.quantity)       #类实例对象 a 调用了__setattr__方法输出为 50

a['color'] = 'red'      #通过__setitem__函数设置实例对象 a 的 key(color)值为 red
print(a['color'])       #类实例对象 a 调用了__getitem__函数输出为 red
print(a['quantity'])    #类实例对象 a 调用了__getitem__函数输出为 50
```

输出：

```
('color', 'from getattr')
50
('red', 'from getitem')
(50, 'from getitem')
```

(1) 在该例中，__getattr__方法是用来访问对象属性的方法。只有当类或实例对象的属性不存在时才会调用该方法，如在上例中并未给 Apple 类赋予 color 属性。当使用 print(a.color)语句时就返回了 color 这个未定义的属性。__getattr__方法可以避免对象属性的未定义所导致的抛出异常。

(2) 在 Python 中还存在一个类似的__getattribute__方法，它同样也是访问对象属性的方法。但与__getattr__方法不同的是，它是针对所有对象属性的调用。如果同时定义了__getattribute__、__getattr__这两种方法，除非出现 AttributeError 异常，或者__getattribute__方法显式地调用了__getattr__方法；否则__getattr__方法是不会被调用的。另外，

__getattribute__方法使用不当，比如在__getattribute__(self，attr)方法下存在通过 self.attr 访问的属性，则可能会造成不断地获取属性值所导致的递归异常。

(3) __setattr__是用来设置对象属性的方法，通常被赋值的对象属性和值会存入实例属性字典__dict__中。在上例中的代码 a.quantity＝50，是通过__setattr__方法把实例对象 a 的属性 quantity 值设置为 50。

(4) __getitem__和__setitem__方法是针对索引、切片类型的数据操作的。与__setattr__方法类似，通常__setitem__方法所赋值的对象和值也是存入到实例对象的字典__dict__中。

(5) 当实例对象 a 以切片的形式 a['color']＝'red'赋值时，则通过__setitem__方法进行。而当通过切片形式 print(a['quantity'])来获取实例对象 a 的属性 quantity 时，则 Python 是调用了__getitem__方法来取值的。

4. __call__重载

在 Python 中的函数都是可调用的对象，而实际上类的实例也可以是一个可调用的对象。__call__是为了将一个实例对象当作函数来调用时所使用的方法。

在 Python 中，能用一对括号()括起来的对象称为可调用对象(callable)，函数和类都属于可调用对象。但如果在类中使用了__call__ 方法，那么实例对象也将成为一个可调用对象，这样就可以通过调用它们将一个函数当作参数来对待，并传到另外的函数中等。它的语法格式如下。

```
__call__(self, [args...])
```

__call__允许一个实例对象像函数那样被调用，这就意味着 a()与 a.__call__()的作用是相同的。同时，也意味着__call__可以让类的实例对象好像函数的方法那样去使用，也可以将它们当作一个参数传递到另外的函数方法中去。

看下面的示例。雇员类 Employees 中初始化了两个参数 name 和 position，并通过__call__()方法把 monthlypay 参数传入到实例对象 a 中。这样通过 a(monthlypay＝8000)或者 a(8000)就可以调用到 Employees 类的实例对象 a 中所对应的__call__方法。通过调用实例对象 a 的 payroll 方法也可以再次进行扣税后的计算等。

```
class Employees(object):
    def __init__(self, name, position):
        self.name = name
        self.position = position

    def __call__(self, monthlypay):
        self.payroll = monthlypay * 12
        return ('任职在%s的%s工资总额是%d' % (self.position,self.name,self.payroll))

a = Employees('任洪','商务1部')
beforetax = a(monthlypay = 8000)
print(beforetax)
aftertax = a.payroll * 0.8
print ('扣税后%s的%s的实际工资是%d' % (a.position,a.name,aftertax))
```

输出：

```
任职在商务 1 部的任洪工资总额是 96000
扣税后商务 1 部的任洪的实际工资是 76800
```

6.6 装饰器

装饰器(decorator pattern)是一种编程模式。概括来说，装饰器的作用就是为已经存在的函数或对象添加额外的功能。它可以让其他函数在不需要做任何代码变动的前提下增加额外功能。

装饰器的返回值是一个函数对象，当需要做性能测试、事务处理、校验权限、插入日志等这类有切面需求的任务时，就可以利用装饰器编程模式抽离出与函数本身无关的代码并继续重用。

若要简单地去理解装饰器的话，可以把它当成是一种能包装函数的函数。装饰器可以将传入的函数或者类做一定的处理(如增加某种功能)，并返回修改之后的对象。这样就可以在不修改原函数的基础上增加某种所需执行的功能。

6.6.1 闭包与装饰器

1. 闭包

装饰器实际上也可以看成一个闭包(closure)。Python 中的装饰器模式就是利用闭包形式来实现的。因此，要理解装饰器编程模式，就需要先了解一下什么是闭包以及闭包的运行方式。

首先从字面上解释闭包。闭包是指由函数及其相关的引用环境组合而成的实体。

这样的解释会较为绕口且不容易理解，那么可以从含义上来解释，闭包是指当函数定义了一个内部函数时，这个内部函数使用了外部函数的变量(非全局变量)且外部函数的返回值是内部函数的引用，那么这个内部函数就被认为是一个闭包。下面就用一个简单的例子来加以说明。

```
def a(x):
    x+ =2
    def b(y):
        return ("等于 %s!" %(y+x))
    return b
f=a(2)
print(f(6))
```

输出：

```
等于 10!
```

在该例中，外部函数 a 内嵌套了内部函数 b，内部函数 b 使用了外部函数 a 的变量 x，且外部函数 a 的返回值是内部函数 b。这就是一个简单的闭包结构，简单来说就是外部函数的返回值是对内部函数的引用。

通常更简化的闭包结构也可以是没有参数的。示例代码如下。

```
def a():
    def b():
        print('第一个功能')
        print('第二个功能')
    return b
x = a()
print(x())
```

输出：

```
第一个功能
第二个功能
None
```

在该例中的外部函数 a 的返回值为函数 b。当 x 赋值为 a()函数时，使用 print(x())所获取的是函数 a 内 b 的返回值。

在这样闭包的结构内，若想增加某个功能又不影响原本的函数结构是非常容易实现的。示例如下。

```
def a(c):
    def b():
        print('第一个功能')
        c()
        print('第二个功能')
    return b

def c():
    print('附加功能')
x = a(c)
print(x())
```

输出：

```
第一个功能
附加功能
第二个功能
None
```

在该例中增加了外部函数 c。只需要在原有的内部函数 b 内增加外部函数 c，就可以将外部函数 c 的方法加入原有的函数方法内。

这样的方式就实现了不修改原来函数结构又增加了新功能的目的。

2. 装饰器

装饰器的编程环境与闭包类似，当程序采用类似闭包的编程方式时，就可以使用装饰器

@符号来生成一个简短的被装饰的函数。仍然以上例为例来说明装饰器的使用方式。

```
def a(c):
    def b():
        print('第一个功能')
        c()
        print('第二个功能')
    return b
@a
def c():
    print('附加功能')
print(c())
```

输出：

```
第一个功能
附加功能
第二个功能
None
```

在该例中，使用了@a 方法来表示函数 a 在函数 c 的运行中是作为装饰器存在的。@a 方法类似于封装了函数 a 并让它作为后续代码的运行环境。

6.6.2 类装饰器

类装饰器与上述所讲的函数装饰器是类似的，它们都可使用@语法，只不过类装饰器是在类对象中运行的。但由于类本身不可以直接被调用，因此，需要使用__call__方法把类当作函数的方法那样去调用。

```
class Employees(object):
    def __init__(self, name, position):
        self.name = name
        self.position = position

    def __call__(self, monthlypay):
        print('%s的%s' % (self.position,self.name))
        def a(num):
            monthlypay(num)
        return a

@Employees('任洪','商务1部')
def payroll(x):
    pay = x * 12
    print("年薪为",pay)

payroll(8000)
```

输出：

```
商务 1 部的任洪
年薪为 96000
```

（1）上例所示是一个采用类装饰器并带有参数的范例。它通过__init__传入了参数name 和 position 作为类 Employees 的初始化运行。使用__call__方法可以让类当作函数方法那样被装饰器调用，如@Employees('任洪','商务 1 部')。

（2）在类外部的函数 payroll 作为新加入的功能放在了 Employees 类内的__call__方法中。在__call__方法内的函数 a 内有一个参数 num，它是作为外部 payroll 函数的形参，而monthlypay(num)就对应为外部 payroll 函数的方法。

（3）当使用了类装饰器语句@Employees('任洪','商务 1 部')时，就表示外部函数 payroll 的运行中加载了 Employees 类模块。因此，当使用 payroll(8000)语句给函数赋值时，Employees 类模块就调用了__call__方法去执行 payroll 函数内的方法命令。

6.6.3　内置装饰器

1. @property

@property 也称为属性装饰器(将它也称为属性修饰器)，它是 Python 内置装饰器中使用最普遍的一个。它的作用是可以将一个方法变成属性。这样就可以在调用类的方法时像引用类的字段属性那样去使用。在被修饰的方法内部可以实现各类的处理逻辑运算，通过@property 提供了对外统一的调用方式。经过@property 装饰的函数方法返回的不再是一个函数，而是一个 property 对象。示例代码如下。

```
class Person(object):
    def __init__(self, name):
        self.name = name
    @property
    def say(self):
        print ('您好!', self.name)

p = Person('Tom')       # 根据类 Person 创建实例对象 p
print (p.name)
p.say                   # 可以像调用属性一样调用@property 修饰的方法

Tom
您好! Tom
```

在该例中，使用了@property 修饰所创建的 say 方法。这就让 say 方法可以在外部实例对象 p 中像引用类的属性那样直接去调用，这样就可以通过 p. say 直接调用类中的 say方法了。

在@property 中还有 3 种装饰器的修饰方法，即 setter、getter 和 deleter。

由于在真实的项目中，为了安全往往需要设置某些变量为私有属性。为了便于外部调用这些私有属性，或者把某些输入内容写保护，就可以用到这些修饰方法了。getter 和 setter 分别是用来获取和设置属性的方法，而 deleter 是用来删除所设置的属性。

比如，下面的示例使用了 setter 方法，就可以在类外部的实例对象中调用私有属性。

```
class Student(object):
    name = '某同学'
    __score = 60
    def __init__(self,name,score):
        self.name = name
        self.__score = score
    @property
    def score(self):           #score 方法返回了私有属性__score
        return self.__score
    @score.setter
    def score(self,score):  #setter 方法将 score 方法变为公有属性
        self.__score = score
    @score.deleter
    def score(self):           #deleter 方法可删除 score 方法中所设置的属性
        del self.__score


if __name__ == '__main__':
    s = Student('王华',78)
    print(s.name,s.score)  #通过外部实例对象调用私有属性 score
    s.score = 90
    s.name = '李明'
    print(s.name,s.score)  #通过 setter 方法修改私有属性 score 的值为 90
    del s.score
    print(s.name,s.score)  #通过 deleter 方法删除了所设置的属性 90
```

输出：

```
王华 78
李明 90
李明 60
```

(1) 在该例中，使用@property 修饰了 score 方法，让 score 方法可以在外部调用。该修饰器默认使用了 getter 方法。

(2) 再通过@score.setter 方法将私有属性__score 作为方法 score 的返回值，这样就便于外部调用内部的私有属性，也可以在外部重新定义类内部的属性值。因此，在外部实例对象 s 调用并修改了 s.score 的属性值时，都可以根据外部定义的属性输出对象值。

(3) @score.deleter 方法是定义可以通过外部来删除 score 方法所定义的属性。在使用了 del s.score 语句后，会发现再次输出 s 对象后，该值恢复为原 Student 类的对象值。

Tips：通过@property 装饰器的 getter 方法可以获取函数或类内部的属性，通过 setter 方法不仅可以获取还可以修改函数或者类内部的属性，而通过 deleter 方法可以删除函数或者类内部的属性。

2. @staticmethod

@staticmethod 称为类静态方法,可以将类内的方法修饰为静态方法。它无须使用 self 参数或者自身的类参数 cls(cls 参数是指类本身),在类没有创建实例的情况下,可以直接通过类名来调用,就好像使用普通函数那样。这样就可以达到类与实例对象之间关系解绑的效果。

既然@staticmethod 方法与普通的函数并无不同,为何不直接使用函数呢?因为使用@staticmethod 就相当于把函数嵌入到类中,表明该函数是属于类的,但该函数并不需要调用这个类。通过类的继承等方式,就能够更方便地编写代码,让程序更加清晰、易懂。示例代码如下。

```
class Person(object):
    def __init__(self,name,age):
        self.name = name
        self.age = age
    @staticmethod
    def payroll(monthlypay):
        return monthlypay * 12

p = Person('陈小雨',28)
print(p.name,p.age)
print(p.payroll(8000))          #通过实例对象 p 调用 payroll 方法
print(Person.payroll(8000))     #通过类名直接调用 payroll 方法
```

输出:

```
陈小雨 28
96000
96000
```

> ***Tips***:PEP8 是一种 Python 的编码规范。在该规范中定义了 self 参数通常用作实例方法的第一参数,而 cls 参数则通常用作类方法的第一参数。即用 self 来传递当前类对象的实例,而使用 cls 来传递当前的类对象。

3. @classmethod

@classmethod 被称为类方法,它也不需要使用 self 参数。该方法的第一个参数是类本身(参数 cls),它可以将类自身作为方法来调用,因此该函数与类本身处于一种绑定的关系。当使用继承关系时,若类方法绑定了父类,即使在父类被删除后依然能够被正常调用,而静态类方法则会抛出异常。示例代码如下。

```
class A :
    a = '能显示'
    @staticmethod
    def display():          #类静态方法返回变量 a
        return A.a
```

```
    @classmethod
    def show(cls):      #类方法返回变量 a
        return cls.a
class B(A):
    pass

print('类静态方法',B.display())
print('类方法',B.show())
del A
print('删除父类后的类方法',B.show())
print('删除父类后的类静态方法',B.display())
```

输出：

```
类静态方法 能显示
类方法 能显示
删除父类后的类方法 能显示
    return A.a
NameError: name 'A' is not defined
```

在该例中的子类 B 分别调用了类静态方法 display 和类方法 show 进行输出。但当删除了父类 A 后，子类 B 中的类方法 show 依然可以正常读取，但子类 B 中的类静态方法 display 却抛出异常。

另外，通过这样的类方法的绑定还可以构造出新的方法。示例代码如下。

```
class Display(object):
    def __init__(self,list):
        self.list = list
    @classmethod
    def slice(cls,obj):                    #类方法构造出新函数
        s = obj[::3]                       #每隔三个数切片
        return s

print(Display.slice([1,2,3,4,5,6,7,8])) #通过类对象 Display 调用类方法 slice
a = Display([1,2])                         #类实例化为 a 对象
print(a.slice([11,22,33,44]))              #通过实例对象 a 调用类方法 slice
```

输出：

```
[1, 4, 7]
[11, 44]
```

在该例的 Display 类中，slice 方法内构建了一个切片操作方法。在使用@classmethod 修饰 slice 方法后，就可以在类外部通过类名 Display 或者是其实例化后的对象 a 来调用该 slice 切片方法。这样就可在需要重构类时，不需要修改类的构造函数__init__，只需要添加新的方法并用@classmethod 类方法封装就能达到代码重构的目的。

本章小结

本章重点讲解了Python语言中面向对象的概念。无论是面向对象还是面向过程的编程方法，都是在编程过程中相互补充、不可替代的。对于面向对象编程方法而言，Pythcn对象的类和属性、方法的使用与面向过程的编程方法有所区别。Python的类对象是在执行class语句时创建，而实例对象则是在调用类时创建的。属性是指类内所封装对象的数据，方法是指类对数据所进行的各类操作。在Python学习中重写和重载的方式也有所区别。继承性、封装性以及参数的多态性继承也是面向对象编程中所特有的特征之一。装饰器部分属于Python编程的高阶应用，在初步学习时以消化和理解为主。

习题

6-1　面向对象和面向过程的编程方法有哪些区别？

6-2　如何在子类中调用父类？

6-3　self参数在构造函数__init__中的使用意义是什么？

6-4　Mixin继承和普通继承之间的区别是什么？

6-5　直接调用类对象的方法有哪些？

6-6　__call__方法重载的意义是什么？

6-7　请根据6.6.3小节的范例编写一段使用@property属性装饰器的代码。

第7章 数据分析的应用

Python 语言由于其语法的简洁、插件库类型的多样性被广泛应用于计算机的各个领域，如网络爬虫、Web 开发、数据分析和可视化、机器学习（人工智能）等各个领域。本章即以 Python 语言在数据分析领域的应用为例来讲解 Python 语言在网络爬虫、数据分析和可视化方面的应用。

学习要点

- 正则表达式的作用。
- 网络爬虫的编写实践。
- 数据分析。
- 数据可视化。

7.1 数据分析项目介绍

7.1.1 项目要求

通过对网站“豆瓣电影 Top 250”中电影数据的采集和清洗整理，获取相关电影的各类数据，如电影排名、导演、主演、发行年份、出品国家/地区、影片类型、影评人数、评分等。然后根据获取的有效数据进行各类统计分析（内容如下），并把分析结果以适当的图表形式展示出来。

(1) 在这些影片中最受观众欢迎的前 10 位导演。

(2) 在这些影片中最受观众欢迎的前 10 位演员。

(3) 哪些影片类型最受观众欢迎，请选取前 10 位最受观众欢迎的影片类型显示出来。

7.1.2 项目分析与说明

要完成该任务，首先需要通过合适的技术手段对网站的公开数据进行采集和处理。对于本项目而言，首先要选择合适的开发工具/扩展库对网站数据进行采集，而数据的采集还需要正则表达式作为数据的筛选工具。对于采集到的不规范格式数据还需要进行清洗和整理，以便后续的分析使用。统计分析阶段可利用 Python 开发工具综合分析项目需求，通过 Pandas、NumPy 等扩展库的技术手段提高开发效率。最后图表的显示阶段则可利用

Python 自带的 MatplotLib 扩展库来实现对分析图表的可视化展示。

7.2 数据分析的必备知识：正则表达式

7.2.1 正则表达式概念

正则表达式(regular expression，在代码中常简写为 regex、regexp 或 RE)是计算机科学中的一个通用的概念。它可以使用单个字符串来描述和匹配符合某个句子规则的字符串，是对字符串操作的逻辑公式。

这个公式是由事先定义好的一些特定字符或字符组合构成，它们是一组带有规则的字符串形式。这个带有规则的字符串表达了一种对字符串匹配和过滤的逻辑。使用它可以匹配、检索、替换那些符合这些规则的文本内容。很多高级程序语言都支持使用正则表达式的方式来对字符串进行操作。

7.2.2 正则表达式的数据筛选规则

正则表达式描述的是某种字符串匹配的特定模式，用来检索某段文本/字符串内是否含有这些特定的字符串，并将它们过滤筛选出来。

比如，使用加号(+)可以匹配至少出现一次的字符串。正则表达式的内容如果是 hel+o，则意味着可以匹配 helo、hello、helllllo 等字符串。而使用星号(*)意味着匹配出现 0～*N* 次的字符。比如 a* 这个正则表达式就可以匹配 a、aa、aaaa aa 等字符串。星号和加号最大的不同是星号允许字符串出现 0 次，也就是说字符串为空的情况下也是可以被检索出的。

正则表达式的语法与数学表达式类似，可以由单个字符、字符集合或者各类字符集的任意组合外加上正则表达式的操作符构成，其用法十分灵活便利。

在 Python 语言中的常用操作符如表 7-1 所示。

表 7-1 正则表达式的常用操作符

字符	描 述
.	匹配除换行符以外的任意字符，它可以匹配字符串内所有出现的一个字符
[ ]	字符集，对单个字符给出取值范围。比如，[abc]表示 a、b、c，[a-z]表示 a 到 z 单个字符
[^]	非字符集，对单个字符给出排除范围。比如，[^abc]表示非 a 或 b 或 c 的单个字符
*	匹配前面的字符串零次或多次。比如，zo* 能匹配 z 以及 zoo。* 等价于{0,}
+	匹配前面的字符串一次或多次。比如，co+ 能匹配 co 以及 cold 中的 co，但不能匹配 c。+等价于 {1,}
?	匹配前面的字符串零次或一次。比如，pyt? 能匹配 py 和 Python 中的 py、pyt。? 等价于 {0,1}
{n}	匹配前一个字符串 n 次。比如，o{2}能匹配 zoo 中的两个 oo，但是不能匹配 sock
{n,}	匹配前一个字符串至少 n 次。比如，o{2,}能匹配 zooooooo 中的所有 o，但不能匹配 sock 中的一个 o。(o{1,}等价于 o+；o{0,}等价于 o*)

续表

字符	描　述
{n,m}	匹配前一个字符串 n～m 次（n≤m，非负，在逗号和两个数之间不能有空格）。比如，o{1,3}能匹配 foooood 中的前 3 个 o(o{0,1}等价于 o?)
|	匹配两项之间的选择（或）。比如，abc|def 表示 abc、def
( )	分组标记。比如，(abc)表示 abc，(abc|def)表示 abc、def
\d	匹配数字。等价于[0-9]
\w	匹配任意国家的字母（含汉字）、数字和下画线。等价于[A-Za-z0-9_]
\s	匹配任何空白字符，包括空格、制表符、换页符等，其等价于 [\f\n\r\t\v]（Unicode 下的正则表达式会匹配全角空格符）
\S	匹配任何非空白字符，其等价于 [^\f\n\r\t\v]
\n	匹配一个换行符，其等价于 \x0a 和 \cJ
\r	匹配一个回车符，其等价于 \x0d 和 \cM
\t	匹配一个制表符，其等价于 \x09 和 \cI
^	匹配字符串的开头。比如，^abc 表示 abc 且在一个字符串的开头
$	匹配字符串结尾。比如，abc $ 表示 abc 且在一个字符串的结尾
\b	匹配单词边界（单词与前后的符号之间的位置）。单词可以是中文字符、英文字符、数字；符号可以是中文符号、英文符号、空格、制表符、换行符
\B	匹配非单词边界（单词与单词、符号与符号之间的边界）

(1) 该表最后四项为正则表达式的定位符。由于它们紧靠换行或者单词的边界，其前后都不能有超过一个以上位置，因此不可以使用类似“^ *”这样的表达方式。

(2) 要匹配文本开始的字符串可直接使用“^”操作符，但该符号在中括号[ ]内使用时会有另外的含义（非，如[^0-9]是指非数字字符），因此这两种表述方式要区分开。

(3) 注意操作符是区分大小写的。

虽然正则表达式的操作符种类繁多，但实际使用时也是有特定技巧的。比如，目前就有很多在线网站提供生成正则表达式的表述方法。另外，表 7-2 也提供了部分常用的正则表达式使用实例。

表 7-2　常用正则表达式使用实例

常用的正则表达式	匹 配 描 述
^[A-Za-z]+ $	由字母组成的字符串
^[A-Za-z0-9]+ $	由字母和数字组成的字符串
^-? \d+ $	整数形式的字符串
^[0-9] * [1-9][0-9] * $	正整数形式的字符串
^d{m,n} $	m～n 位的数字（常用于密码校验）
^.{m,n} $	长度为 m～n 位的任意字符
[1-9]\d{5}	中国境内邮政编码，6 位
[\u4e00-\u9fa5]	匹配中文字符（采用 UTF-8 编码约定了中文字符的取值范围）
\d{3}-\d{8}|\d{4}-\d{7}	国内电话号码，512-68803531
^w+([－+.]w+) * @w+([－.]w+) * .w+([－.]w+) * $	E-mail 地址

续表

<table>
<tr><th>常用的正则表达式</th><th>匹配描述</th></tr>
<tr><td>[a-zA-z]+://[^s]*</td><td>互联网的 URL 地址</td></tr>
<tr><td>(^d{15}$)|(^d{18}$)|(^d{17}(d|X|x)$)</td><td>身份证号(15 位、18 位数字),最后一位是校验位,可能为数字或字符 X</td></tr>
<tr><td>^d{4}-d{1,2}-d{1,2}</td><td>日期格式(2019-09-12)</td></tr>
<tr><td>((?:(?:25[0-5]|2[0-4]\d|[01]?\d?\d)\.){3}(?:25[0-5]|2[0-4]\d|[01]?\d?\d))</td><td>IP 地址</td></tr>
</table>

7.2.3 正则表达式的应用实践

1. 导入正则表达式标准库 re

在 Python 语言中是通过内置的 re 标准库来使用正则表达式的,re 库模块提供了所有正则表达式的相关功能。由于正则表达式的匹配和筛选功能的突出,它通常会被用于网页爬虫、数据清洗和分析等方面。

要在 Python 中使用内置的 re 库,只需要在文件前引入该文件即可。

```
import re
```

正则表达式通常有两种表示方式,一种是原生字符串类型 raw string,它是不包含转义字符的字符串,也就是说,在该原生字符串内的"\"符号不会被转义成其他内容。它与普通字符串 string 类型的区别是,在使用时需要前面加上小写的字符 r,如 r'[^0-9]'或者 r'^-?\d+$'。

普通的字符串 string 类型也可以表达正则表达式,但由于转义字符"\"的存在,在使用时需要更加小心,如'[0-9]\\d{4}'。为了避免语法语义的转换疏漏,这里建议在 Python 中的正则表达式采用原生字符串类型的语法(re 标准库对于两种语法形式都是支持的)。

2. re 库的常用函数

在 re 库内有几个常用的功能匹配函数,如表 7-3 所示。

表 7-3　re 库的常用函数

函　数	功能描述
re.match()	从一个字符串的开始位置起匹配正则表达式,返回匹配对象
re.search()	扫描整个字符串并返回第一个成功匹配的对象;否则返回 None
re.findall()	扫描整个字符串并以列表的形式返回所有能匹配的子字符串;否则返回 None
re.split()	将整个字符串按照正则表达式匹配结果进行分隔,并以列表的形式返回
re.finditer()	扫描整个字符串中匹配正则表达式的所有子字符串,把结果作为迭代器返回
re.sub()	在一个字符串中替换所有匹配正则表达式的子字符串,返回替换后的字符串
re.compile()	用于编译正则表达式并生成一个正则表达式(pattern)对象,它是一种面向对象的方法。该对象可拥有上述所有的函数方法,用于正则表达式的匹配和替换

1）re.match()

re.match()函数是从一个字符串的开始位置起匹配正则表达式，返回匹配对象；否则返回 None。其具体的语法格式如下。

```
re.match(pattern, string, flags = 0)
```

（1）pattern：匹配的正则表达式。

（2）string：要匹配的字符串。

（3）flags：标记符，用于控制正则表达式的匹配方式，默认 flags＝0 表示不进行特殊指定。

flags 是标记位，可以控制如是否区分大小写、多行匹配等。在 Python 的 re 库内常用的 flags 标记符如表 7-4 所列。

表 7-4　re 库内常用的 flags 标记符

标记符	描　述
re.I	忽略正则表达式的大小写，[A-Z]能够匹配小写字符
re.M	正则表达式中的^操作符，能够将给定字符串的每行当作匹配开始
re.S	正则表达式中的.操作符，能够匹配所有字符，默认匹配除换行外的所有字符
re.u	根据 Unicode 字符集来解析字符

如果需要标注多个标志符，则可以通过|来指定。如 re.I | re.M 被设置成 I 和 M 标志。下面是使用 re.match()函数来匹配正则表达式的范例。

```
str = 'Http://www.sina.com.cn/Index/1122334455'
print(re.match(r'www',str))          #从起始位置匹配字符串 www,没有返回 None
print(re.match(r'Http',str))         #从起始位置匹配字符串 Http,返回匹配对象
print(re.match(r'. * sina',str))     #从起始位置匹配正则表达式. * sina
print(re.match(r'. * [a - z]',str,re.I|re.S).group())#从起始位置匹配正则表达式. * [a - z]
```

输出：

```
None
<re.Match object; span = (0, 4), match = 'Http'>
<re.Match object; span = (0, 15), match = 'Http://www.sina'>
Http://www.sina.com.cn/Index
```

（1）在本例中首先设置了 str 变量为 http 形式的某个网址 Http://www.sina.com.cn/Index/1122334455'，并用 re.match()函数进行匹配。

（2）re.match()函数的 pattern 参数（正则表达式）为 r'www'，表示从字符串 str 的开始位置对字符串 www 进行匹配，因为 str 的开始位置是 Http，并未找到 www，因此返回 None。

（3）当使用 r'Http'作为正则表达式时，可以匹配当前字符串 str 的起始位置，因此返回匹配的对象<re.Match object；span＝(0，4)，match＝'Http'>。

（4）当使用正则表达式“r'. * sina'”对 str 进行匹配时，. * sina 表示任意字符匹配 0 到多次直到出现 sina。由于 match()函数是从起始位置开始匹配，因此其匹配的结果为

Http://www.sina。

(5) 当使用了“r'. * [a-z]' ”作为正则表达式时表示匹配所有小写字母的字符串。该语句还在 flags 标记位上使用了 re.I|re.S 语法。re.I 表示忽略大小写，re.S 则表示用“.”来匹配包括换行符内的所有字符。在 re.match()函数外还使用了.group()方法。该方法表示获取匹配后的字符串，因此，该语句的返回结果为其匹配后的字符串 Http://www.sina.com.cn/Index。

在该例中，group()是 re 库匹配对象的方法，除了该方法外，还有 start()、end()、span()等，如表 7-5 所示。

表 7-5 re 库匹配对象的方法

匹配对象的方法	描 述
group()	可以获得匹配后的字符串
start()	获得所匹配字符串在原字符串中的开始位置
end()	获得所匹配字符串在原字符串中的结束位置
span()	同时获得所匹配字符串在原字符串中的开始位置和结束位置

```
str = '<html><head></head><body></body></html>'
print(re.match(r'.+',str).group())        #从起始位置匹配正则'+'并获得匹配后的字符串
print(re.match(r'.*?>',str).group())      #从起始位置匹配 r'.*?>',group()获得匹配后的字
                                          #符串
print(re.match(r'.*?>',str).start())      #用正则表达式匹配字符串开始位置
print(re.match(r'.*?>',str).end())        #用正则表达式匹配字符串结束位置
print(re.match(r'.*?>',str).span())       #用正则表达式匹配 str,返回 start()和 end()
```

输出：

```
<html><head></head><body></body></html>
<html>
0
6
(0, 6)
```

(1) 在该例中，首先通过 re.match(r'.+',str)语句，从起始位置匹配正则表达式 r'.+'，然后通过 group()方法获得匹配后的字符串<html><head></head><body></body></html>。在该句中，使用了 r'.+'意味着返回值是可变的，可以是一个长度也可以是多个长度的子字符串。re 库默认取符合匹配规则最长的子字符串。

(2) 在 re.match(r'.*?>',str).group()语句中，正则表达式 r'.*?>用来匹配第一个符号“>”前的任意字符。因此，获得匹配后的字符串为<html>。

(3) 使用 re.match(r'.*?>',str).start()和 re.match(r'.*?>',str).end()可以分别获取用正则表达式所匹配的字符串的开始位置和结束位置。

(4) 使用 re.match(r'.*?>',str).span()语句可以同时获取用正则表达式所匹配字符串的起始位置和结束位置(0,6)。

当正则表达式用来匹配不同长度的字符串时，Python 的 re 库默认采取了贪婪原则，返回值为最长的子字符串。如上例所示的 r'.+'，其返回值就是所有符合匹配原则的子字符

串。为了让正则表达式的匹配更加符合某些需求，可以在操作符后增加问号“?”，将默认的贪婪匹配转化为最小匹配。

比如，*? 表示前一个字符的0次或者N次扩展的最小匹配；+? 表示前一个字符1次或N次扩展的最小匹配；{m,n}? 表示扩展前一个字符m至n次（含n次）的最小匹配等。

2) re.search()

re.search()函数是用来扫描整个字符串并返回第一个成功匹配的对象；否则返回None。其具体的语法格式与re.match()类似，也有3个同样使用规则的参数pattern、string、flags。

对于正则表达式所匹配的返回结果而言，除了之前列举的几个匹配对象方法外，还存在几个主要的属性，如表7-6所示。

表7-6 re库匹配对象的属性

匹配对象的属性	描 述
.string	待匹配的文本
.re	匹配时使用的patter对象（正则表达式）
.pos	正则表达式搜索文本的开始位置
.endpos	正则表达式搜索文本的结束位置

下面是一个匹配字符串中的邮政编码的实例。

```
str = "苏州的邮政编码是215000,上海的邮政编码是210000"
print(re.search(r'[1-9]\d{5}',str))      #扫描全部字符串返回匹配正则表达式的第一个对象
print(re.search(r'[1-9]\d{5}',str).pos) #.pos表示正则表达式搜索字符串的开始位置
print(re.search(r'[1-9]\d{5}',str).endpos) #.endpos表示正则表达式搜索字符串的结束位置
print(re.search(r'[1-9]\d{5}',str).re) #.re表示匹配时使用的pattern对象(正则表达式)
print(re.search(r'[1-9]\d{5}',str).string)  #.string表示待匹配的字符串
```

输出：

```
<re.Match object; span=(8, 14), match='215000'>
0
29
re.compile('[1-9]\\d{5}')
苏州的邮政编码是215000,上海的邮政编码是210000
```

(1) 在该例中，使用了re.search(r'[1-9]\d{5}',str)语句来扫描str中的全部字符串，并返回匹配正则表达式r'[1-9]\d{5}'的第一个对象。其中，正则表达式r'[1-9]\d{5}'表示开始值不为0的6位数字（邮政编码）。因此，该语句返回了符合正则表达式规则的第一个对象<re.Match object; span=(8, 14), match='215000'>。

(2) 在其后的四句程序语句中，分别调用了匹配结果的4个属性（pos、endpos、re和string）来展示其属性的执行结果。

(3) .pos属性返回正则表达式搜索字符串的开始位置0。

(4) .endpos属性返回正则表达式搜索字符串的结束位置29。

(5) .re属性返回匹配时使用的pattern对象re.compile('[1-9]\\d{5}')。

(6) .string表示待匹配的字符串“苏州的邮政编码是215000,上海的邮政编码是210000”。

(7) 如果匹配的结果是列表形式，则匹配对象的属性和方法都不适用。

3）re. findall()

re. findall()函数是用来匹配整个字符串中符合正则表达式规则的子字符串，并以列表类型来返回这些可匹配的子字符串。它的语法与之前所讲的两个函数类似，也有 3 个使用方法相同的参数 re. findall(pattern，string，flags＝0)。

下面用一个匹配所爬取网址的示例讲解 re. findall()的用法。

```
str = '<html><head></head><body><link href = "http://www.qq.com"><link href = "http://www.sina.com"></body></html>'
print(re.findall(r'<link href = ".*?>',str)) #把正则表达式内的所有信息匹配出来
print(re.findall(r'<link href = "(.*?)">',str))
                                #把符合正则过滤规则的括号内的信息匹配出来
```

输出：

```
['<link href = "http://www.qq.com">', '<link href = "http://www.sina.com">']
['http://www.qq.com', 'http://www.sina.com']
```

(1) 在该例中的变量 str 被赋予一个网页格式的数据，其中有两组以 http 开头的网址需要被匹配出来。

(2) 在第一组函数 re. findall()的输出语句中使用了正则表达式为 r'<link href＝". * ? >'，它是指把正则表达式内的所有信息都匹配出来，也就是 r' '引号内的所有信息。因此，其结果输出['<link href＝"http://www. qq. com">'，'<link href＝"http://www. sina. com">']。

(3) 在第二组 re. findall()函数内的正则表达式略有不同，它在. * ? 的表述外加上了小括号()，意味着要匹配的内容发生在小括号()内。因此，该行语句执行的结果为['http://www. qq. com'，'http://www. sina. com']。这个没有网页标记的结果才符合预期。

re. findall()函数与之前所讲的 re. match()和 re. search()最大的区别是，前者是匹配所有的字符串并以列表形式返回所有结果，而后两者都仅匹配一次，获取结果后即返回。

4）re. split()

re. split()函数可以将整个字符串按照正则表达式匹配的结果进行分隔，并以列表的形式返回。

它的语法与之前所讲的几个函数类似，但 re. split(pattern，string，maxsplit＝0，flags＝0)函数有 4 个参数。除了参数 pattern、string、flags 和之前所讲的其他几个函数参数的使用方法都类似外，它还有一个特有的参数 maxsplit。maxsplit 是指最多的分隔数量，其剩余部分会作为最后一个元素输出。

下面是一个同时采用多种符号分隔字符串的示例。

```
str = '赵丽颖、肖战：王一博,孙俪,刘涛 周星驰'
print(re.split(r'、|,|：| |,',str))                #使用或|来分隔字符串
print(re.split(r'、|,|：| |,',str,maxsplit = 3))   #maxsplit 参数可确定分隔数量
print(re.split(r'、|,|：| |,',str,maxsplit = 7))
```

输出：

```
['赵丽颖', '肖战', '王一博', '孙俪', '刘涛', '周星驰']
['赵丽颖', '肖战', '王一博', '孙俪,刘涛 周星驰']
['赵丽颖', '肖战', '王一博', '孙俪', '刘涛', '周星驰']
```

(1) 该例中变量 str 是一组采用了多种符号分隔的字符串,同时需要注意的是,符号前后的空格也有所不同。

(2) 在第一组输出语句 re.split(r'、|,|:||,',str)中,正则表达式为"r'、|,|:||,'",它采用了"或|来"把原本连接符号不规范的字符串转化成规范的列表形式,这样更便于后续的数据分析使用。需要注意的是,在使用了"或|"时,后续的符号标点是否存在空格也与分隔语句的写法密切相关。

(3) 第二组输出语句加入了参数 maxsplit=3,它是把该组的分隔数量确定为 3,如果有剩余部分则把所有剩余部分归档到最后一组列表数据。由于该字符串已经被正则表达式分隔为 6 组数据,因此,实际上该组的输出结果为 3+1 组数据['赵丽颖','肖战','王一博','孙俪,刘涛 周星驰']。

(4) 第三组输出语句的参数 maxsplit 设为 7,由于该字符串被匹配分隔为 6 组数据,因此也只能输出该 6 组数据['赵丽颖','肖战','王一博','孙俪','刘涛','周星驰']。

5) re.finditer()

re.finditer()函数与 re.findall()函数类似,也是可以扫描整个字符串中匹配正则表达式的所有子字符串,但与 re.findiall()函数返回的列表类型的结果不同,re.finditer()函数是把匹配后的结果作为迭代对象返回。示例代码如下。

```
str = "徐华 tel: 1387766××××,章晓天 tel: 1897760××××"
a = re.finditer(r'[0-9]\d{10}',str)
print(a)
print(next(a))
print(next(a).group())
```

输出:

```
<callable_iterator object at 0x000002097ADC74E0>
<re.Match object; span = (7, 18), match = '1387766××××'>
1897760××××
```

(1) 该例的目的是在 str 字符串中找到手机号码并匹配出来。

(2) 在该例中使用了 re.finditer()函数来匹配字符串变量 str 中的手机号码,匹配手机号码的正则表达式为 r'[0-9]\d{10}'。

(3) 通过对函数的直接输出结果可知,其返回的是一个迭代对象<callable_iterator object at 0x000002097ADC74E0>。

(4) 通过 next()方法可以显示迭代对象的内容。

(5) 通过 print(next(a))语句直接返回的迭代对象是<re.Match object; span=(7, 18), match='1387766××××'>。

(6) 通过在上述语句后加入 group()方法所返回的是匹配对象的值。

6) re.sub()

re.sub()函数的作用是在一个字符串中替换所有匹配正则表达式的子字符串，并返回替换后的字符串。re.sub(pattern，repl，string，count=0，flags=0)函数的参数除了之前所讲到的 pattern、string、flags 外，还有 repl 和 count。

repl：替换匹配字符串的字符串。

count：匹配的最大替换次数。

依然以上例的字符串 str 加以说明。

```
str = "徐华 tel: 1387766××××,章晓天 tel: 1897760××××"
print(re.sub(r'徐华',repl = '王艳',string = str))
```

输出：

```
王艳 tel: 1387766××××,章晓天 tel: 1897760××××
```

(1) 在 re.sub()函数中，正则表达式 r'徐华'用于匹配所替换的对象，参数 repl='王艳'指代所需要替换的内容，并用 string=str 的表述方式指明需匹配替换的原始字符串。

(2) 由于替换目标 string 和所替换内容 repl 应当被清晰地指明，因此这里建议 string 和 repl 参数不应被省略。该语句的语法写为 re.sub(r'徐华','王艳',str)也是有效的，但并不建议这样写。

7) re.compile()

re.compile()函数是一个与上述函数功能都有所不同的函数。它是一个正则表达式的编译器，用于编译正则表达式并生成一个正则表达式(pattern)对象。在编译生成对象后，就可以在该对象中使用上述所有的 6 种方法对目标进行匹配或替换操作。因此，它是一种面向对象的函数方法。该函数的使用优势在于当需要多次对同一类正则表达式进行匹配或替换时，它的使用可以简化输入操作，加快运行速度。

re.compile(pattern,flags=0)函数有两个参数，其参数意义与之前所讲类似。下面举例说明其相关用法。

```
str = '<a href = http://www.sina.com><span>节前要闻</span></a><a href = http://www.qq.
com><span>补仓技巧</span></a>'
patt = re.compile(r'<a href = (.*?)><span>(.*?)</span></a>')
print(patt.findall(str))
```

输出：

```
[('http://www.sina.com', '节前要闻'), ('http://www.qq.com', '补仓技巧')]
```

(1) 该例是为了在网页数据中找到某新闻的网址和相应的新闻标题。

(2) 假设某网页的相关数据为变量 str，使用 re.compile()函数编译正则表达式的表述内容去获取网页数据中的网址和标题。其正则表达式为 r'<a href=(.*?)><span>(.*?)</span></a>'，在括号内是需要匹配的内容。

(3) 把 re. compile()编译的对象赋值给变量 patt,这时 patt 就是待编译对象,可以对其进行各类匹配操作。

(4) 当使用 patt. findall(str)语句后,就表示通过 re. findall()函数对网页信息 str 进行 patt 中的正则匹配规则过滤,其执行结果为[('http://www. sina. com', '节前要闻'),('http://www. qq. com', '补仓技巧')]。

需要注意的是,在以该种面向对象的方式使用其他 6 个函数时,由于正则表达式已经被 re. compile()函数预编译过,因此在其语法中就不需要再写入正则表达式了,只需要给出需要匹配的原字符串即可。

7.3 获取网页数据的基础技能

正则表达式可以用来匹配和筛选各种类型数据,但作为抓取当下互联网网页中的数据技能,仅仅了解正则表达式的筛选机制还远远不够。比如,要通过 Python 获取网页信息,当下最便捷的方法是额外安装支持爬取网页的扩展库 requests 或者 beatifulsoup4,而为了让网页服务器便于认证本地用户的合法性,还需要了解网页的 headers 信息等。

7.3.1 网络爬虫的定义

近几年随着大数据分析的兴起,网络爬虫的概念逐渐被大众所了解。网络爬虫,顾名思义就是爬取网页数据的一种程序工具。它是按照一定网页标记的书写规则,可自动抓取互联网网页相关信息的程序或者脚本。它通常是为了特定目标抓取某类特定主题内容的网页,为用户的统计分析提供数据基础。

因此,作为基于互联网数据的分析,网络爬虫程序的编写是获取数据源的一个重要环节。

7.3.2 获取网页 Headers 信息

通过 Python 来编写网络爬虫,就需要模拟浏览器向目标服务器发出请求,因此该服务器所能接纳的相关请求数据是否符合该服务器页面的请求规则就显得非常重要。通常服务器所允许的常用规则可以通过该页面 Headers 内的信息中获取。比如,该页面可通过何种方法来获取页面数据,该页面允许的浏览形式和语言、服务器的主机名称、Cookie 信息(用户名和密码)、用户的代理信息(操作系统、浏览器内核和厂家)等。

因此,如何查看页面的 Headers 信息是编写爬虫程序的重要一环。通常来说,可以直接通过带有"开发者工具"的浏览器来查询,如谷歌公司的 Chrome 浏览器就自带"开发者工具"这个功能。

打开 Chrome 浏览器并找到需要获取的网页,然后单击右侧的"自定义及控制 Google Chrome"按钮(该按钮就是"当前用户"图标右侧纵向的 3 个点)。在该按钮的下拉菜单中找到"更多工具"命令,再从"更多工具"的级联菜单中找到"开发者工具"子命令,单击它即可打开该功能,如图 7-1 和图 7-2 所示。

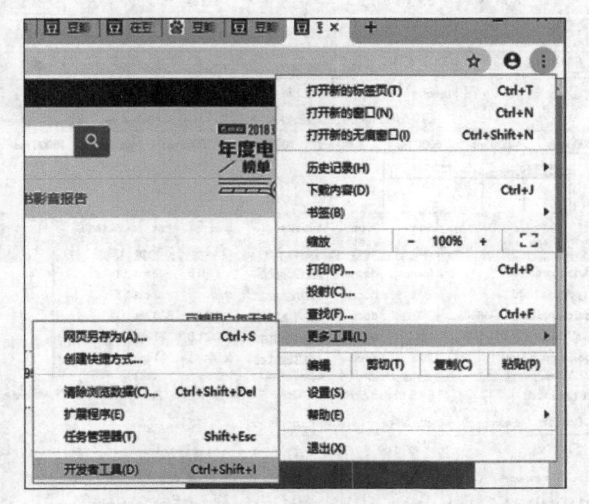

图 7-1　选择 Chrome 浏览器的“开发者工具”选项

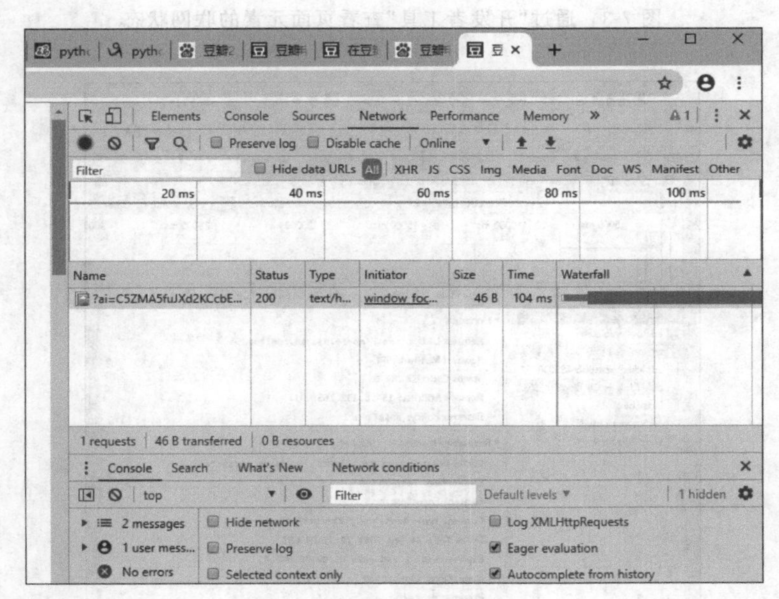

图 7-2　“开发者工具”选项栏

在“开发者工具”内,单击 Network 下的 Doc 选项栏,然后按 F5 键来刷新当前页面,这时会看到当前网页及各子网页元素的联网状态,如图 7-3 所示。

在左侧中部的 Name 列中单击第一个名称(top250),也就是当前需获取的网页名称。比如,图 7-3 所示是希望获取“豆瓣电影 TOP 250”的相关信息,就单击 top250(将鼠标指针放在该名称下可以自动显示该页面的超链接地址)。这时在 Name 右侧就能显示出该页面的 Headers 信息,如图 7-4 所示。

在 Headers 信息中主要分为三部分:一部分是 General 信息;一部分是 Response Headers 信息;还有一部分对成功爬取网页来说至关重要,即 Request Headers 信息。

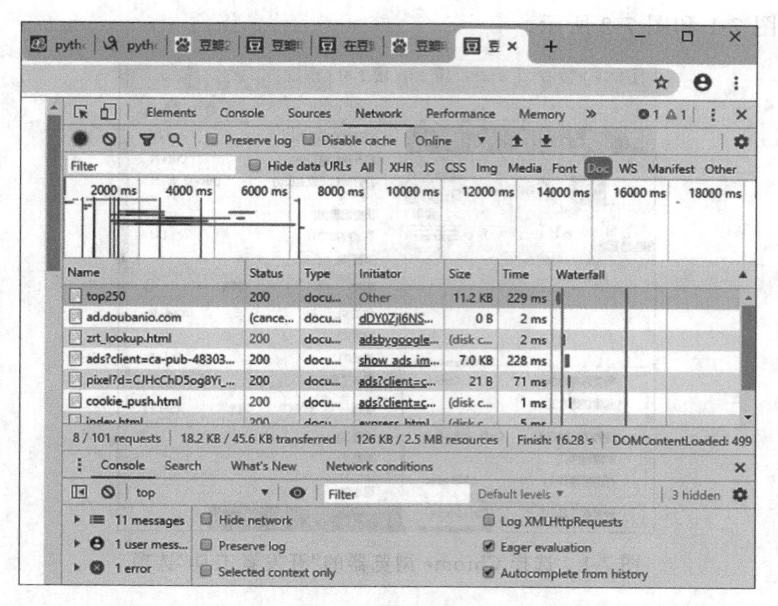

图 7-3 通过“开发者工具”查看页面元素的联网状态

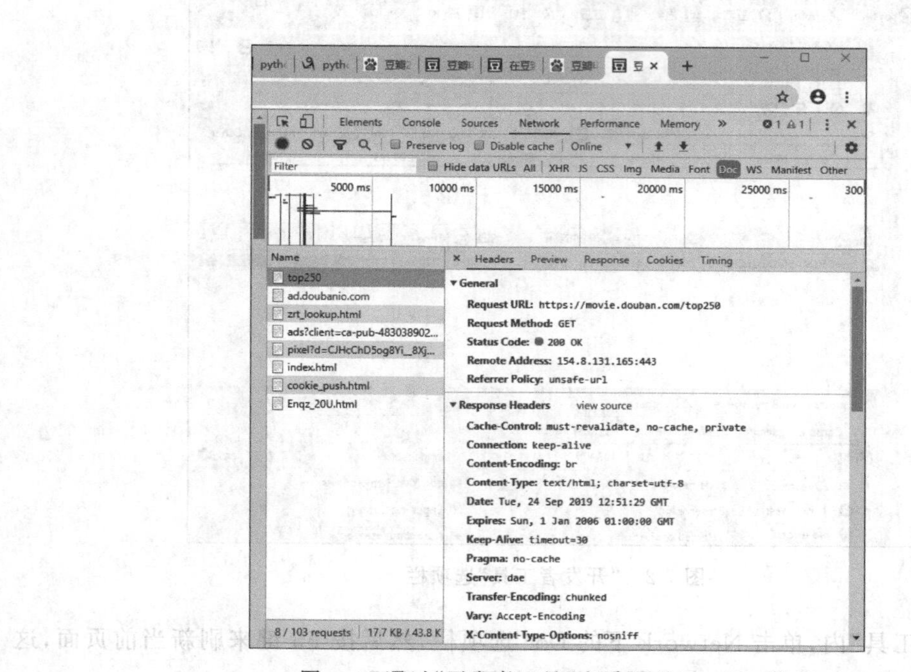

图 7-4 通过“开发者工具”查看网页 Headers 信息

(1) 在 General 常规头信息中通常放入所访问的页面超链接 URL、网页请求的方法、响应的状态码等信息。

(2) 在 Response Headers 响应头信息中通常放入的是服务器发送的数据类型和编码格式，服务器对该页面的最后修改时间、客户端请求页面资源的时间、服务器的连接形式及时长等相关服务器响应本地请求的相关信息。

(3) 在 Request Headers 请求头信息的内容对于爬取页面数据来讲是最为重要的。这些信息中包括可接受的请求数据类型、编码格式和语言、连接方式、Cookie 信息(用于标明用户身份)、服务器主机名称及用户代理信息等。其中几个爬虫编程中会常用的请求头部信息在表 7-7 中罗列出来。

表 7-7 网络爬虫中常用的 Request Headers 选项

Headers	描 述
Cookie	用户的身份认证信息(用户名、密码等)
Host	被请求服务器的主机信息
User Agent	用户的操作系统版本、浏览器内核、浏览器厂商等信息

Tips:在本书成书过程中,该网站的 Headers 相关信息已经修改。用原有的简单 URL 的方式已无法获取到数据,程序反馈 418 <RequestsCookieJar[]>。也就是说,该网站已经改为采用 Cookie 的形式来获取数据,强制需要写入 Headers 内的相关信息。因此,在成书后又修改了一次,改为当前可用的 Headers,便于获取数据。如果本书内的后续程序在读者学习时,由于网站的更新又无法进行数据的采集爬取,可修改 Headers 信息为该网址的最新版本,并适当添加部分 Headers 内的重要信息便于数据的爬取。

7.3.3 Requests 库获取网页信息

在了解了如何查阅网页的 Headers 头信息后,就可以通过 Python 自身的模块 urllib 或者利用其扩展库来进一步获取网页内容数据了。

目前在网络爬虫的编写领域较为流行的 Python 扩展库一个是 Requests,另一个当属 BeautifulSoup4。它们都有一个共同的特征,就是使用起来很简洁、方便。下面就以 Requests 库为例来讲解 Python 获取网页数据的方式。

1. Requests 库简介

在 Python 语言中内置了基于 HTTP 网页协议的请求库 urllib,它提供了一些基础接口,能够让 Python 程序更加轻易地访问互联网网页内容。而 Requests 库是 Python 3 的一个扩展库,它是基于 Python 的内置库 urllib 进行编写的,使用起来比 urllib 库更加便捷,且功能强大。它不仅支持各类网络传输协议,可以使用 Session 和 Cookie 保持连接对话、支持文件上传和下载、根据 URL 超链接的数据自动编码、可自动实现持久连接 keep-alive,而且对原有的内置库 urllib 进行了封装,使得 Requests 完成相关浏览器的各类操作过程都更加清晰明了,且代码简明易懂。

2. 安装和导入 Requests 库

在 PyCharm 框架中安装 Requests 库的方法与安装其他扩展库类似,只需要选择 File→Settings 菜单命令就可以进入设置 Settings 的界面。然后再单击左侧下拉菜单的 Project Interpreter 项目解释器,就可以看到图 7-5 所示的界面。

单击右侧的+按钮,在弹出界面的查询框中输入 Requests 库的名称 requests 进行查询和下载即可,如图 7-6 所示。

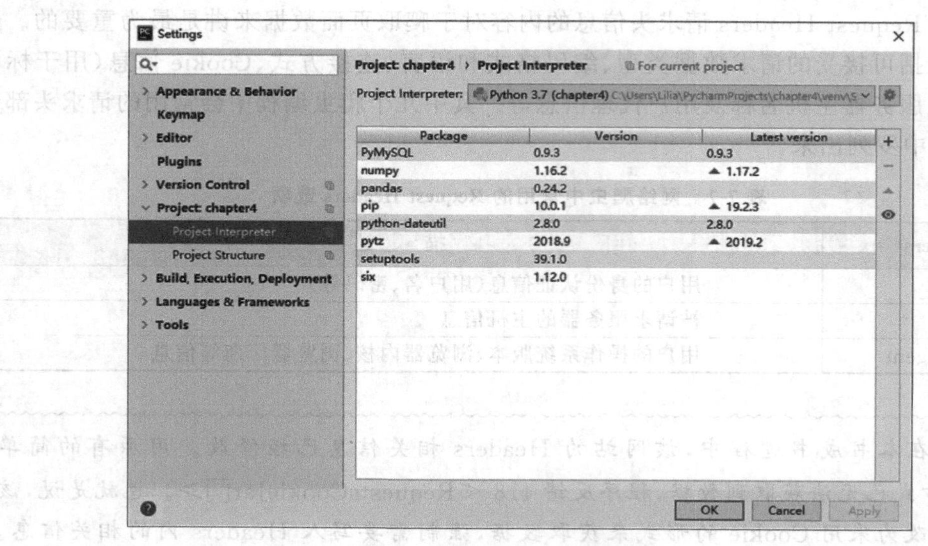

图 7-5　Project Interpreter 项目解释器设置界面

Available Packages
requests
requests
requests-aeaweb
requests-aliyun
requests-async
requests-auth
requests-auth-mashery
requests-aws
requests-aws-sign
requests-aws4auth
requests-aws4auth-redux
requests-awsv2-auth
requests-bce
requests-bearer
requests-cache
requests-cache-latest
requests-ccwienk
requests-celery-adapters
Description
Python HTTP for Humans.
Version
2.22.0
Author
Kenneth Reitz
mailto:me@kennethreitz.org
http://python-requests.org
Specify version 2.22.0
Options
Install Package
Manage Repositories

图 7-6　Requests 库的安装

导入该库的方法十分简单,依然使用 import 语句。

```
import requests
```

3. 获取网页数据

对网页发出的请求,通常可以使用 Get 或者 Post 方法获取网页的相关数据。

Get 方法是通过 URL 的方式来获取/提交数据的,因此 Get 方法所能获取/提交的数据量就跟超链接 URL 数据传输所能达到最大值有关。而 Post 方法所获取的数据量则受限于服务器的配置或内存的大小。

Get 和 Post 方法都是 HTTP 协议所允许的请求方式。HTTP 协议是基于 TCP/IP 网络传输层的一种协议，无论是 Get 还是 Post 方法都使用该传输协议。因此，本质上它们两种方法都是以明文形式在网络上传输，都并不太安全。相对 Post 方法而言，Get 方法的安全性更差些。所以，发送一些敏感信息时建议不要使用 Get 方法。

下面就通过示例来介绍两种方法使用上的不同。

1) requests. get()

使用 get()函数的语法格式如下。

```
requests.get(url = ,params = None , ** kwargs)
```

(1) 其中 url 是必填项，是指获取目标网页的网址。

(2) params 是指目标网页网址 URL 的参数，默认为空。参数可以是字典、字符串形式的数据类型，但不可以是 ASCII 码以外的字符。

(3) ** kwargs 表示以字典类型传入 0 到多个关键字类型的参数。比如，headers＝{'User-Agent'：'Mozilla/5. 0 (Windows NT 10. 0; Win64; x64) AppleWebKit/537. 36 (KHTML, like Gecko) Chrome/77. 0. 3865. 90 Safari/537. 36'}。

假设需要获取"豆瓣电影 TOP 250"的页面数据(其超链接目前为 https://movie. douban. com/top250)，如果简单地通过以下语句获取数据：

```
r = requests.get('https://movie.douban.com/top250')
print(r.content)
```

则程序会反馈 418 ＜RequestsCookieJar[]＞。也就是说，要获取该网站的数据需要写入更多的 Cookie 相关信息。这时读者就可以采用之前所讲的方式，把获取到的 Request Headers 请求头信息的内容加入 Headers 中即可。

Tips：本例只添加了最少化的 Headers 信息即可访问该网址来获取数据，但如果该网址继续改变页面的数据采集策略(在本书成书阶段已经修改过一次)，那么相关的 Headers 信息则需要根据网站的需求进一步修改。

下面是获取该网址的相关代码。

```
import requests
headers = {
    'User - Agent' : 'Mozilla/5.0 (Windows NT 10.0; WOW64) AppleWebKit/537.36 \
    (KHTML, like Gecko) Chrome/76.0.3809.132 Safari/537.36',
    'Host' : 'movie.douban.com',
}
url = 'https://movie.douban.com/top250'
r = requests.get(url,headers = headers)
print(r.content) #以字节形式返回
```

输出：

```
b'<!DOCTYPE html >\n < html lang = "zh - cmn - Hans" class = "">\n < head >\n        < meta http - equiv =
"Content - Type" content = "text/html;...
```

（1）通过 r＝requests.get()方法把目标页面的超链接赋值给变量 r，使用 r.content 语句就可以输出该超链接所含的网页内容(以字节的形式返回)。

（2）Requests 库的 content 方法所返回的是原始二进制的字节流，这样的数据格式也适用于保存和传输图片等二进制文件。

使用上述方法输出的内容是以 b'开头的字节类字符串。如果查看输出的内容，可以使用 r.text 输出。该种方法可以以 Unicode 的格式来显示当前的内容。示例代码如下。

```
import requests
headers = {
    'User - Agent' : 'Mozilla/5.0 (Windows NT 10.0; WOW64) AppleWebKit/537.36 \
    (KHTML, like Gecko) Chrome/76.0.3809.132 Safari/537.36',
    'Host' : 'movie.douban.com',
}
url = 'https://movie.douban.com/top250'
r = requests.get(url, headers = headers)
print(r.text)                  #以 Unicode 格式返回
```

输出：

```
<! DOCTYPE html >
< html lang = "zh - cmn - Hans" class = "">
< head >
    < meta http - equiv = "Content - Type" content = "text/html; charset = utf - 8">
    < meta name = "renderer" content = "webkit">
    ...
```

此外，requests.get()方法还有一些其他常用输出，如可以查看完整的 URL 地址、查看网页的编码格式或者状态码等。示例代码如下。

```
import requests
headers = {
    'User - Agent' : 'Mozilla/5.0 (Windows NT 10.0; WOW64) AppleWebKit/537.36 \
    (KHTML, like Gecko) Chrome/76.0.3809.132 Safari/537.36',
    'Host' : 'movie.douban.com',
}
url = 'https://movie.douban.com/top250'
r = requests.get(url, headers = headers)
print(r.url)                #查看 URL 地址
print(r.encoding)           #查看编码格式
print(r.status_code)        #查看响应码
print(r.cookies)            #返回 cookies
print(r.headers)            #以字典形式存储服务器的响应头信息，若不存在则返回 None
```

输出：

```
https://movie.douban.com/top250
utf - 8
200
< RequestsCookieJar[< Cookie bid = 13knhAfnYo4 for .douban.com/>]>
```

```
{'Date': 'Wed, 25 Sep 2019 09:50:34 GMT', 'Content-Type': 'text/html; charset=utf-8',
'Transfer-Encoding': 'chunked', 'Connection': 'keep-alive', 'Keep-Alive': 'timeout=30',
'Vary': 'Accept-Encoding', 'X-Xss-Protection': '1; mode=block', 'X-Douban-Mobileapp': '0',
'Expires': 'Sun, 1 Jan 2006 01:00:00 GMT', 'Pragma': 'no-cache', 'Cache-Control': 'must-
revalidate, no-cache, private', 'Set-Cookie': 'bid=ixzmct_J-4g; Expires=Thu, 24-Sep-
20 09:50:34 GMT; Domain=.douban.com; Path=/', 'X-DOUBAN-NEWBID': 'ixzmct_J-4g', 'X-
DAE-Node': 'belba6', 'X-DAE-App': 'movie', 'Server': 'dae', 'X-Content-Type-Options':
'nosniff', 'Content-Encoding': 'gzip'}
```

通过浏览器登录“豆瓣电影 Top 250”的网址 https://movie.douban.com/top250 可以发现，该网站含有 10 个子页面，每个页面包含 25 组电影数据。使用上述方法仅可以获取当前第 1 页的相关电影信息。当单击浏览器下方的第 2 页时，该网址的超链接会变为 https://movie.douban.com/top250?start=25&filter=，而单击第 3 页时该网站的超链接则变为 https://movie.douban.com/top250?start=50&filter=，以此类推。

因此，如果需要获取第 2 页的相关电影页面信息，网页后部的参数 start=25&filter= 就可以使用 get 中的参数来指定。示例代码如下。

```
import requests
headers = {
    'User-Agent' : 'Mozilla/5.0 (Windows NT 10.0; WOW64) AppleWebKit/537.36 \
    (KHTML, like Gecko) Chrome/76.0.3809.132 Safari/537.36',
    'Host' : 'movie.douban.com',
}
url = 'https://movie.douban.com/top250'
s = 25
f = ''
r1 = requests.get(url,params = {'start' :s,'filter' :f},headers = headers)
print(r1.url)       # 输出带有参数的超链接
print(r1.text)      # 以 Unicode 的格式输出超链接所指向的网页内容
```

输出：

```
https://movie.douban.com/top250?start=25&filter=
<!DOCTYPE html>
<html lang="zh-cmn-Hans" class="">
<head>
    <meta http-equiv="Content-Type" content="text/html; charset=utf-8">
    <meta name="renderer" content="webkit">
    ...
```

(1) 在该例中 params 采用了字典类型的赋值方式把 25 赋值给了 start。通过 r1.url 可以输出带有参数的超链接为 https://movie.douban.com/top250?start=25&filter=。

(2) 参数 params 可以是字典类型，也可以是以字符串类型赋值给超链接。比如，该语句也可以写成 r1=requests.get(url,params="'start'=s;'filter'=f",headers=headers)。

(3) 超链接中不可以出现除 ASCII 字符之外的其他字符，因此参数的赋值对象也同样必须限定在 ASCII 码内。

2) requests.post()

通过 requests.post()方法也可以获取网站数据，但该方法更多的用于向网站上传数据。其函数的参数会略有不同。示例代码如下。

```
requests.post(url = ,data = None,json = None, ** kwargs)
```

(1) 在该语法中,参数 url 为目标网页的超链接,是必填项。

(2) 参数 data 默认为空,可接受的数据类型有字典、字符串、字节和对象。参数 data 主要用于上传网页的 form 表单信息。

(3) 参数 json 默认为空,也是用于与网站数据交互时使用。它指传入网页的对象以 json 数据格式进行提交。由于 Python 并无 json 数据类型,通常需要导入内置的 json 模块,再通过 json.dumps()转换为字符串对象进行处理。

(4) ** kwargs 表示以字典类型传入 0 到多个关键字类型的参数。

通过使用 post()方法也可以获取网页信息。示例代码如下。

```
import requests
headers = {
    'User - Agent' : 'Mozilla/5.0 (Windows NT 10.0; WOW64) AppleWebKit/537.36 \
    (KHTML, like Gecko) Chrome/76.0.3809.132 Safari/537.36',
    'Host' : 'movie.douban.com',
}
url = 'https://movie.douban.com/top250'
r = requests.post(url,headers = headers)
print(r.url)
print(r.request.headers)              #获取服务器的请求头信息
print(r.text)
```

输出:

```
https://movie.douban.com/top250
{'User - Agent': 'Python - requests/2.22.0', 'Accept - Encoding': 'gzip, deflate', 'Accept': '*/
*', 'Connection': 'keep - alive', 'Content - Length': '0'}
<!DOCTYPE html>
<html lang = "zh - cmn - Hans" class = "">
<head>
    <meta http - equiv = "Content - Type" content = "text/html; charset = utf - 8">
    …
```

requests 库的功能还有很多,如上传文件、身份认证、Cookies、Sessions 等功能。因为本节是围绕着爬取网页数据讲解,读者有兴趣可自行参阅相关文档。

在了解如何通过 Requests 库获取页面信息后,就可以按照需求对指定数据内容进行网页的爬取工作了。

7.4 爬虫编写的任务要求及分析

7.4.1 项目任务要求

编写爬虫程序,对网站“豆瓣电影 Top 250”(网址为 https://movie.douban.com/

top250)中的有效数据(电影排名、导演、主演、发行年份、出品国家/地区、影片类型、影评人数、评分)进行抓取,并以 csv 格式写入文档。

7.4.2 任务分析和说明

要完成网络爬虫程序的编写,通常有以下几个步骤。

(1) 分析该网址下的页面数据结构。

(2) 通过查验该网址的源代码来找出该网址内网页各标记元素的分布规律。

(3) 根据网页标记内数据的分布规律来确定正则表达式的数据筛选方法。

(4) 构建网络爬虫爬取单页面的程序逻辑。

(5) 如果该网站还存在多个分页面数据,还需要确定获取各分页面的链接网址的方法。

(6) 通过类、函数、方法等多种形式来构建爬虫程序。

接下来就按照这个步骤,通过对"豆瓣电影 Top 250"网址相关数据的爬取讲解网络爬虫程序的设计思路。

7.5 编程实例 1:通过正则表达式爬取数据

7.5.1 分析网页数据结构

打开"豆瓣电影 Top 250"所对应的网址 https://movie.douban.com/top250,会出现图 7-7 所示的界面。通过观察可知,该页面共存放 25 条电影记录,分 10 页展示。要获取全部的 250 部电影信息就要抓取这 10 页内的所有相关数据。

图 7-7 "豆瓣电影 Top 250"网页截屏

要获取网页相关数据,首先必须打开网页的源代码,查找到相关数据所在的网页标记。右击该网页,在弹出的快捷菜单中选择"查看网页源代码"命令即可查看到该网页的源代码,如图 7-8 所示。

```
→ C  ⓘ view-source:https://movie.douban.com/top250?start=0&filter=
<!DOCTYPE html>
<html lang="zh-cmn-Hans" class="ua-windows ua-webkit">
<head>
    <meta http-equiv="Content-Type" content="text/html; charset=utf-8">
    <meta name="renderer" content="webkit">
    <meta name="referrer" content="always">
    <meta name="google-site-verification" content="ok0wCgT20tBBgo9_zat2iAcimtN4Ftf5ccsh092Xeyw" />
    <title>
豆瓣电影 Top 250
</title>

    <meta name="baidu-site-verification" content="cZdR4xxR7RxmM4zE" />
    <meta http-equiv="Pragma" content="no-cache">
    <meta http-equiv="Expires" content="Sun, 6 Mar 2005 01:00:00 GMT">

    <link rel="apple-touch-icon"
href="https://img3.doubanio.com/f/movie/d59b2715fdea4968a450ee5f6c95c7d7a2030065/pics/movie/apple-to
    <link href="https://img3.doubanio.com/f/shire/52c9997d6d42db58eab418e976a14d5f3eff981e/css/douba
rel="stylesheet" type="text/css">
    <link href="https://img3.doubanio.com/f/shire/ae3f5a3e3085968370b1fc63afcecb22d3284848/css/separ
rel="stylesheet" type="text/css">
    <link href="https://img3.doubanio.com/f/movie/8864d3756094f5272d3c93e30ee2e324665855b0/css/movie
```

图 7-8 “豆瓣电影 Top 250”源代码截图

7.5.2 查找网页标记规律

要想在抓取数据时准确定位该数据位置，就要分析相应数据所在源代码的标记规律。在打开的网页源代码页面中，先查找到所需字段数据的标记位置，如图 7-9 所示。

```
← → C  ⓘ view-source:https://movie.douban.com/top250?start=0&filter=
88 <ol class="grid_view">
89         <li>
90             <div class="item">
91                 <div class="pic">
92                     <em class="">1</em>
93                     <a href="https://movie.douban.com/subject/1292052/">
94                         <img width="100" alt="肖申克的救赎"
src="https://img3.doubanio.com/view/photo/s_ratio_poster/public/p480747492.webp" class="">
95                     </a>
96                 </div>
97                 <div class="info">
98                     <div class="hd">
99                         <a href="https://movie.douban.com/subject/1292052/" class="">
00                             <span class="title">肖申克的救赎</span>
01                                     <span class="title"> / The Shawshank Redemption</span>
02                                 <span class="other"> / 月黑高飞 /  刺激1995 </span>
03                         </a>
04
05
06                             <span class="playable">[可播放]</span>
07                     </div>
08                     <div class="bd">
09                         <p class="">
10                             导演: 弗兰克·德拉邦特 Frank Darabont   主演: 蒂姆·罗宾斯 Tim Robbins
/...<br>
```

图 7-9 定位爬取目标数据的标记

可以发现在源代码界面中，排名第一的影片《肖申克的救赎》所在的标记有两个，第一个出现的位置是网页标记<img width="100" alt="肖申克的救赎" src...>。它存放了对应图片的位置，但该页面中除了所列的 25 部电影的图片还有其他的图片，对于要准确定位影片名称来说该标记有些指代不清。

第二个出现的网页标记是<span class="title">肖申克的救赎</span>，该标记初步观察可以用来爬取相关信息。而其他的该电影的相关数据，如“导演”“主演”“发行日期”“出品国家/地区”“影片类型”数据存放在<p class="">导演：弗兰克·德拉邦特 Frank Darabont   主演：蒂姆·罗宾斯 Tim Robbins /...
1994 /

 美国 / 犯罪 剧情＜/p＞中；“影片评分”存放在标记＜span class＝"rating_num" property＝"v:average"＞9.7＜/span＞中。

通过观察标记可知，该页面中其他的24部电影信息所在的标记与该影片的规律相同。因此，在确定相关网页标记的规律后，就可以根据其标记通过正则表达式去筛选到所需数据。

7.5.3 通过正则表达式筛选数据

使用前面所讲Requests库的相关方法且代入正则表达式，就可以获取到目标数据。以先获取影片名称为例，其具体代码如下。

```
import requests
import re

headers = {
    'User-Agent' : 'Mozilla/5.0 (Windows NT 10.0; WOW64) AppleWebKit/537.36 \
    (KHTML, like Gecko) Chrome/76.0.3809.132 Safari/537.36',
}
url = 'https://movie.douban.com/top250'
text = requests.get(url,headers = headers).text
title = re.findall(r'<span class = "title">(.*?)</span>', text)#爬取影片名称
print(title)
```

输出：

```
['肖申克的救赎', ' / The Shawshank Redemption', '霸王别姬', '阿甘正传', ' /
 Forrest Gump', '这个杀手不太冷', ' / Léon', '美丽人生', ' / La
vita è bella', '泰坦尼克号', ' / Titanic', '千与千寻', ' / 千と千尋の神
隠し', '辛德勒的名单', ' / Schindler&#39;s List', '盗梦空间', ' / 
Inception', '忠犬八公的故事', ' / Hachi: A Dog&#39;s Tale', '机器人总动员', ' 
/ WALL·E', '三傻大闹宝莱坞', ' / 3 Idiots', '放牛班的春天', ' / Les
choristes', '楚门的世界', ' / The Truman Show', '海上钢琴师', ' / La
leggenda del pianista sull&#39;oceano', '星际穿越', ' / Interstellar', '大话西游
之大圣娶亲', ' / 西游记大结局之仙履奇缘', '龙猫', ' / となりのトトロ',
'熔炉', ' / 도가니', '教父', ' / The Godfather', '无间道', ' / 无
间道','疯狂动物城', ' / Zootopia', '当幸福来敲门', ' / The Pursuit of
Happyness', '怦然心动', ' / Flipped', '触不可及', ' / Intouchables']
```

原本应该输出25组影片名称的数据，但实际上却输出50组。通过进一步比对会发现，同一影片在页面源代码中存在两个＜span class＝"title"＞标记，如图7-10所示。

```
<a href="https://movie.douban.com/subject/1292052/" class="">
    <span class="title">肖申克的救赎</span>
            <span class="title"> / The Shawshank Redemption</span>
        <span class="other"> / 月黑高飞   /  刺激1995</span>
</a>
```

图7-10　TOP 1的影片名称存在雷同的双标记

这种写法并不太规则的网页源代码，实际上存在于很多的互联网页面上。因此，通过需要重构正则表达式，让数据的定位更加准确。其代码如下。

```
import requests
import re
headers = {
    'User-Agent': 'Mozilla/5.0 (Windows NT 10.0; WOW64) AppleWebKit/537.36 \
    (KHTML, like Gecko) Chrome/76.0.3809.132 Safari/537.36',
}
url = 'https://movie.douban.com/top250'
text = requests.get(url,headers = headers).text
title = re.findall(r'<span class = "title">(.[^&]*?)</span>', text) #爬取影片名称
print(title)
print(len(title))                                    #获取爬取影片名称的数量
```

输出：

```
['肖申克的救赎', '霸王别姬', '阿甘正传', '这个杀手不太冷', '美丽人生', '泰坦尼克号', '千与千寻', '辛德勒的名单', '盗梦空间', '忠犬八公的故事', '机器人总动员', '三傻大闹宝莱坞', '放牛班的春天', '楚门的世界', '海上钢琴师', '星际穿越', '大话西游之大圣娶亲', '龙猫', '熔炉', '教父', '无间道', '疯狂动物城', '当幸福来敲门', '怦然心动', '触不可及']
25
```

通过观察网页标记的规律，修改正则表达式的过滤规则后就可获取该页面中存在的25部电影名称的数据。print(len(title))的输出仅是为了查验所获得数据的准确性。

> ***Tips***：该任务中的第一个难点是，导演、主演、影片的发行年份、出品国家/地区以及影片类型存在于同一对标记内。以第一部电影《肖申克的救赎》为例，它的导演、主演、影片的发行年份、出品国家/地区以及影片类型所在的标记是：<p class="">导演：弗兰克·德拉邦特 Frank Darabont   主演：蒂姆·罗宾斯 Tim Robbins /...
1994 / 美国 / 犯罪 剧情</p>。这样存储数据的方法，从网页设计的角度来说并不推荐，但也给出了通过实战举例来提高正则表达式过滤数据方法的机会。

通过观察各类相关数据的一致性特征，下面给出了通过正则表达式是获取“导演”数据的代码。

```
director = re.findall(r'导演:(.*?) ', text,re.S)      #获取导演数据
print(director)
print(len(director))
```

输出：

```
['弗兰克·德拉邦特 Frank Darabont', '陈凯歌 Kaige Chen', '罗伯特·泽米吉斯 Robert Zemeckis', '吕克·贝松 Luc Besson', '罗伯托·贝尼尼 Roberto Benigni', ...]
25
```

该语句在使用正则表达式时增加了一个参数 re.S(大写)。该参数的作用是爬取正则表达式既定范围内的所有字符串。

下面是爬取“主演”信息的代码。

```
actor = re.findall(r'主演:(. * ?)< br >',text,re.S)          #爬取主演信息
print(actor)
print(len(actor))
```

输出:

```
['蒂姆·罗宾斯 Tim Robbins /...', '张国荣 Leslie Cheung / 张丰毅 Fengyi Zha...', '汤姆·汉克斯
Tom Hanks / ...', '让·雷诺 Jean Reno / 娜塔莉·波特曼 ...',   ...]
24
```

在此处可以发现,网页内的某部影片并未展示出其主演信息,导致爬取出的数据只有24条。

Tips:该任务中的第二个难点是,数据缺失值的存在增加了重构表格的难度。这是因为一次性爬取该页面的“主演”数据有缺失值,比如在第一页中的数据标记中,<p class="">导演:奥利维·那卡什 Olivier Nakache / 艾力克·托兰达 Eric Toledano   主...
2011 / 法国 / 剧情 喜剧,该组数据并不包含“主演:”这条记录,仅呈现了“主”这个字,通过“主演:”来筛选信息是筛选不到的。即使本页面通过“主”这个关键字来查找到关键数据,而其后的多页数据中还是有连“主”这个关键字都不存在的网页数据(也就是不存在主演信息)。由于某信息缺失值的存在,增加了爬取数据后重构表格的难度,在这之后的构建爬取方法中会有更详尽的介绍。

通过正则表达式的直接过滤,在爬取影片的“发行年份”数据时,会发现相关年份数据的前面带有换行符。

```
date = re.findall(r'< br >(. * ?) ',text,re.S)        #爬取发行年份
print(date)
print(len(date))
```

输出:

```
['\n                    1994', '\n                    1993', '\n
1994', '\n                    1994', '\n                    1997', '\n
1997', '\n                    2001', '\n                    1993', '\n... ]
25
```

因此,可重构该方法来预先清洗整理爬取的数据,让数据展示得更加规则化。

```
date = re.findall(r'< br >(. * ?) ',text,re.S)        #爬取发行年份
d = []
for i in date:
    x = i.replace("\n" ,'').strip()
    d.append(x)
print(d)                                                   #输出发行年份
print(len(d))
```

输出：

```
['1994', '1993', '1994', '1994', '1997', '1997', '2001', '1993', '2010', '2009', '2008', '2009',
'2004', '1998', '1998', '2014', '1995', '1988', '2011', '1972', '2002', '2016', '2006', '2010',
'2011']
25
```

在此处若用列表解析的方法会让程序更加简洁且运算速度较快，示例代码如下。

```
date = re.findall(r'<br>(.*?) ', text, re.S)      #爬取发行年份
#把循环转换为列表解析的方式会使语句更加简洁且运算速度较快
date_new = [i.replace("\n", '').strip() for i in date]  #用列表解析的方式把发行年份数
                                                        #据的格式进行整理
```

爬取“出品国家/地区”数据的方法如下。

```
coun_ar = re.findall(r'<p class="">.*? / (.*?) / ',text,re.S)
                                                        #爬取出品国家/地区
print(coun_ar)
print(len(coun_ar))
```

输出：

```
['美国', '中国', '美国', '法国', '意大利', '美国', '日本', '美国', '美国 英国', '美国 英国', '美
国', '印度', '法国 瑞士 德国', '美国', '意大利', '美国 英国 加拿大 冰岛', '中国', '日本', '韩国
', '美国', '中国', '美国', '美国', '美国', '法国']
25
```

在爬取“影片类型”时出现了与“发行年份”相似的问题，在每组数据的末尾出现了换行符(\n)，因此也需要通过循环或者列表解析的方式来切除换行符且前后去空。代码如下。

```
type = re.findall(r'<br>.*? / .*? / (.*?)</p>', text, re.S)
                                                        # 爬取影片类型
type_new = [i.replace('\n', '').strip() for i in type]#用列表解析的方式把影片类型的数据格
                                                        #式进行整理
print(type_new)                                         #电影类型
print(len(type_new))
```

输出：

```
['犯罪 剧情', '剧情 爱情', '剧情 爱情', '剧情 动作 犯罪', '剧情 喜剧 爱情 战争', '剧情 爱情 灾
难', '剧情 动画 奇幻', '剧情 历史 战争', '剧情 科幻 悬疑 冒险', ...]
25
```

爬取“影评人数”的代码如下。

```
comments_num = re.findall(r'<div class="star">.*?<span>(.*?)影人评价
</span>',text,re.S)      #爬取影评人数
print(comments_num)
print(len(comments_num))
```

输出：

```
['1624452', '1199942', '1260182', '1453775', '737377', '1201179', '1291518', '651396', '1239316',
'834888', '821376', '1122756', '783350', '874818', '905757', '894490', '876139', '767427', '521373',
'558443', '718745', '1016516', '908740', '1021130', '592856']
25
```

最后，“评分”数据的代码如下。

```
rating = re.findall(r'< span class = "rating_num" property = "v:average"> (. * ?)</span >',
text,re.S)     #爬取评分
print(rating)
print(len(rating))
```

输出：

```
['9.7', '9.6', '9.5', '9.4', '9.5', '9.4', '9.3', '9.5', '9.3', '9.3', '9.3', '9.2', '9.3', '9 2',
'9.2', '9.3', '9.2', '9.2', '9.3', '9.3', '9.2', '9.2', '9.1', '9.0', '9.2']
25
```

通过上述操作，可以满足把相关信息，包括导演、主演、发行日期、出品国家/地区、影片类型、影评人数及评分数据都爬取出来的目的。

7.5.4 单一页面爬虫构建方法

在明确了爬取数据所适合的正则表达式过滤方法后，就可以考虑通过函数/方法的构建来尝试完成单页面的数据爬取任务。

在7.5.3小节提到需要提取的关键数据“主演”中存在缺失值。为了让每一组所提取的电影数据都能够按数据内容一一对应，就需要为每一组的提取数据设定标记。也就是说，为每一部电影设置索引，即使提取到的“主演”数据为空值，也可以把空值项放入该索引所对应的行数据内，这样就不会影响每条记录所对应的行关系。

```
import requests
import re
headers = {
    'User - Agent' : 'Mozilla/5.0 (Windows NT 10.0; WOW64) AppleWebKit/537.36 \
    (KHTML, like Gecko) Chrome/76.0.3809.132 Safari/537.36',
}
url = 'https://movie.douban.com/top250'
text  =  requests.get(url,headers = headers).text                    #爬取该页面链接的内容
list = re.findall(r'< div class = "item">(. * ?)</li>',text,re.S)
                #以每部电影信息为一组标记,通过正则表达式获取该部电影的相关信息
d = {}          #创建字典变量,为了存储爬取后的数据
index = 1       #加设索引,可以把没有爬取出的空值按照索引一一对应
for i in list:
    title  =  re.findall(r'< span class = "title">(.[^&] * ?)</span >', i)[0]     #电影名称
    director  =  re.findall(r'导演:(. * ?) ', i,re.S)[0].replace('/','') #导演
```

```
        if len(re.findall(r'主演:(.*?)[.*<br>]', i, re.S)) > 0:
                                                    #如果存在主演信息,则输出主演数据
            actor = re.findall(r'主演:(.*?)[.*<br>]', i, re.S)[0].replace('/','')
                                          #把获取的列表形式主演数据转换为字符串类型便于分析
        else :
            actor = ''                                  #如果没有主演数据则输出空字符串
        date = re.findall(r'<br>(.*?) ',i,re.S)[0].replace('\n','').strip() #发行年份
        re_coun_ar = r'<p class = "">.*? / (.*?) / '
        coun_ar = re.findall(re_coun_ar, i, re.S)[0]          #出品国家/地区
        re_types = r'<br>.*? / .*? / (.*?)</p>'
        types = re.findall(re_types, i, re.S)[0].replace('\n','').strip()  #影片类型
        re_comments_num = r'<div class = "star">.*?<span>(.*?)影人评价</span>'
        comments_num = re.findall(re_comments_num, i, re.S)[0]          #影评人数
        re_rating = r'<span class = "rating_num" property = "v:average">(.*?)</span>'
        rating = re.findall(re_rating, i, re.S)[0]                     #评分
        d['排名'] = index
        d['影片名称'] = title
        d['导演'] = director
        d['主演'] = actor
        d['发行日期'] = date
        d['出品国家/地区'] = coun_ar
        d['影片类型'] = types
        d['影评人数'] = comments_num
        d['评分'] = rating
        index += 1
        print(d)
```

输出:

```
{'排名': 1, '影片名称': '肖申克的救赎', '导演': '弗兰克·德拉邦特 Frank Darabont', '主演': '蒂姆·罗宾斯 Tim Ro', '发行日期': '1994', '出品国家/地区': '美国', '影片类型': '犯罪 剧情', '影评人数': '1624452', '评分': '9.7'}
{'排名': 2, '影片名称': '霸王别姬', '导演': '陈凯歌 Kaige Chen', '主演': '张国荣 Leslie Cheung  张丰毅 Fengyi Zha', '发行日期': '1993', '出品国家/地区': '中国', '影片类型': '剧情 爱情', '影评人数': '1199942', '评分': '9.6'}
{'排名': 3, '影片名称': '阿甘正传', '导演': '罗伯特·泽米吉斯 Robert Zemeckis', '主演': '汤姆·汉克斯 Tom Hanks ', '发行日期': '1994', '出品国家/地区': '美国', '影片类型': '剧情 爱情', '影评人数': '1260182', '评分': '9.5'}
...
```

(1) 在该方法内,首先确定了以每部电影数据为一组标记思路,通过正则表达式获取该部电影的相关信息。也就是说,以 list=re.findall(r'<div class="item">(.*?)</li>', text,re.S)语句来获取单部电影的相关记录。

(2) 构建字典类型的变量 b{},以便于程序运行正则表达式过滤相关数据后放入该字典内。

(3) 设置索引 index=1,使得 for 语句遍历循环的数据都放入该索引值 1 所对应的字典数据内,然后再使用 index += 1 累进索引值,以便获取所有索引值所对应的数据。

(4) 在 title = re.findall(r'<span class="title">(.[^&]*?)</span>', i)[0]语句

末尾使用了切片操作[0],这是为了让获取的数据以字符串类型展示(如果不加切片操作,则获取的数据类型都是 list 列表类型)。

(5) 由于网页"主演"数据是有缺失项的,为了让主演数据完整展示,使用了 if-else 语句。通过判断所获取的数据是否大于 0,来给演员变量 actor 赋值。如果小于 0,则 actor 为空字符串。

(6) 只有字符串类型的数据才可以直接使用. replace()函数。对于 date=re. findall(r'
(. *?) ',i,re. S) [0]. replace('\n',''). strip()这类语句,由于执行切片[0]操作后是字符串类型的数据,因此可以直接使用. replace()方法,而无须再使用列表解析的形式来整理该数据格式。对于导演变量 director 和主演变量 actor 也是如此,它们可以在切片[0]操作后直接使用. replace('/','')把内部所含的分隔符"/"替换为空格。

通过这样的方法构建,就可以获取当前页面的所有相关数据。没有获取的空值项则以空字符串的形式对应到该部电影的记录中。

7.5.5 获取网站分页面的链接及内容

在明确了可以获取单一页面的数据构建方法后,还需要明确获取相关分页面网址的链接及其内容的编程方法,才可以获取到整个网站内所需的完整数据。

打开该网站的分页面,如单击网页最下方的"后页"按钮,或者直接单击翻页"2",就可以发现该网站的网址已变为 https://movie. douban. com/top250? start=25&filter=,而如果单击第 3 页,则网址变为 https://movie. douban. com/top250? start=50&filter=,其各子网页的网址链接都参照此方法以此类推下去。这时再返回第 1 页,会看到网址链接中也多了参数 start=0 和 filter=。其显示结果为 https://movie. douban. com/top250? start=0&filter=。

通过简单分析可知,该网站每页所呈现的影片数量为 25 组,每翻一页则网址参数也 start 加了 25,其他参数不变。找到该规律后就可以较为便捷地构建出获取各分页面链接方式。

```
import requests
headers = {
    'User-Agent' : 'Mozilla/5.0 (Windows NT 10.0; WOW64) AppleWebKit/537.36 \
    (KHTML, like Gecko) Chrome/76.0.3809.132 Safari/537.36',
}
top250_url = 'https://movie.douban.com/top250?start={}&filter=' #设定爬取页面的链接
                                                                #(有参数)
base_url=[]
base_lists = [top250_url.format(i,headers=headers) for i in range(0, 250, 25)]
                                        #格式化参数,把爬取范围限定在0~250,每次增加25
for i in base_lists:
    base_url.append(i)
print(base_url)                         #获取分页面链接
for i in base_url:
    movie_content=requests.get(i).text  #获取分页面网址链接的内容
   print(movie_content)
```

输出：

```
['https://movie.douban.com/top250?start=0&filter=',
'https://movie.douban.com/top250?start=25&filter=',
'https://movie.douban.com/top250?start=50&filter=',
'https://movie.douban.com/top250?start=75&filter=',
'https://movie.douban.com/top250?start=100&filter=',
'https://movie.douban.com/top250?start=125&filter=',
'https://movie.douban.com/top250?start=150&filter=',
'https://movie.douban.com/top250?start=175&filter=',
'https://movie.douban.com/top250?start=200&filter=',
'https://movie.douban.com/top250?start=225&filter=']
    <!DOCTYPE html>
    <html lang="zh-cmn-Hans" class="">
    <head>
        <meta http-equiv="Content-Type" content="text/html; charset=utf-8">
        <meta name="renderer" content="webkit">
        <meta name="referrer" content="always">
        <meta name="google-site-verification" content="ok0wCgT20tBBgo9_
          zat2iAcimtN4Ftf5ccsh092Xeyw" />
        <title>
    豆瓣电影 Top 250
```

通过以上构建方法就可以获取到相关分页面的链接网址及链接内容了。当然获取子链接网址和内容的编程有很多种逻辑构建，上例所示的逻辑虽然理解起来较为容易，但语句却不够简洁。下面是另一种较为简洁的编写方法。

```
import requests
headers = {
    'User-Agent': 'Mozilla/5.0 (Windows NT 10.0; WOW64) AppleWebKit/537.36 \
    (KHTML, like Gecko) Chrome/76.0.3809.132 Safari/537.36',
}
top250_url = 'https://movie.douban.com/top250?start={}&filter=' #设定爬取页面的链接
                                                                #(有参数)
for lists in range(10):
    base_url = requests.get(top250_url.format(lists * 25),headers=headers)
    movie_content = base_url.text
    print(movie_content)                                        #获取分页面网址链接的内容
```

本章仅以笔者的角度来讲解爬虫的设计过程与示例，读者也可以根据各自项目的需求设计出更简洁的逻辑方法。

7.5.6 全页面爬虫的构建方法

在明确单一页面的爬虫构建方法以及分页面链接内容的获取方式后，就可以通过对两者的组合构建出全部所需页面的爬虫编写方法，然后再把获取的数据写入相关文档，就基本完成了整个爬虫编写的过程，如图 7-11 所示。

下面是爬虫代码的示例。

```
import requests
import re
import csv
headers = {
    'User-Agent': 'Mozilla/5.0 (Windows NT 10.0; WOW64) AppleWebKit/537.36 \
    (KHTML, like Gecko) Chrome/76.0.3809.132 Safari/537.36',
}
url = 'https://movie.douban.com/top250?start={}&filter='
d={}                                      #创建字典变量,为了存储爬取后的数据
index=0                     #加设索引,可以把没有爬取出的空值按照索引一一对应
#创建输出文档 top250_movies.csv
with open('top250_movies.csv', 'w', newline='', encoding='utf-8') as f:
    writer = csv.writer(f)                #在 top250_movies.csv 文档中写入数据
    writer.writerow(['排名','影片名称','导演','主演','发行年份',\
                '出品国家/地区','影片类型','影评人数','评分'])#把表头信息写入第一行

    for i in range(10):
        movie_content = requests.get(url.format(i * 25),headers=headers).text
                                          #获取分页面网址链接的内容
        list = re.findall(r'<div class="item">(.*?)</li>', movie_content, re.S)
                                          #正则获取的每部电影信息为一组标记
        for i in list:
            title = re.findall(r'<span class="title">(.[^&]*?)</span>', i)[0]
            if len(re.findall(r'导演:(.*?)主演', i))>0:
                director = re.findall(r'导演:(.*?) ',i,re.S)[0].replace('/', '')
            else :
                director=re.findall(r'导演:(.*?)<br>',i,re.S)[0].replace('/', '')
            if len(re.findall(r'主演:(.*?)[.*<br>]',i,re.S) )>0:
                actor=re.findall(r'主演:(.*?)[.*<br>]',i,re.S)[0] \
                    .replace('/','').strip()
            else :actor=''
            date=re.findall(r'<br>(.*?) ',i,re.S)[0].replace('\n','').strip()
            re_coun_ar=r'<p class="">.*? / (.*?) / '
            coun_ar = re.findall(re_coun_ar, i, re.S)[0]
            re_types=r'<br>.*? / .*? / (.*?)</p>'
            types = re.findall(re_types, i, re.S)[0].replace('\n','').strip()
            re_comments_num=r'<div class="star">.*?<span>(.*?)影人评价</span>'
            comments_num = re.findall(re_comments_num, i, re.S)[0]
            re_rating=r'<span class="rating_num" property="v:average">(.*?)</span>'
            rating = re.findall(re_rating, i, re.S)[0]
            d['排名'] = index + 1
            d['影片名称'] = title
            d['导演'] = director
            d['主演'] = actor
            d['发行日期'] = date
            d['出品国家/地区'] = coun_ar
            d['影片类型'] = types
```

```
            d['影评人数'] = comments_num
            d['评分'] = rating
            print(d)  # 仅作屏幕输出,如果直接写入文档可不用构建 d{}
            index += 1
            writer.writerow([index,title,director,actor,date,coun_ar,\
                       types,comments_num,rating])
```

输出：

```
{'排名': 1, '影片名称': '肖申克的救赎', '导演': '弗兰克·德拉邦特 Frank Darabont', '主演': '蒂姆·罗宾斯 Tim Ro', '发行日期': '1994', '出品国家/地区': '美国', '影片类型': '犯罪 剧情', '影评人数': '1629982', '评分': '9.7'}
{'排名': 2, '影片名称': '霸王别姬', '导演': '陈凯歌 Kaige Chen', '主演': '张国荣 Leslie Cheung  张丰毅 Fengyi Zha', '发行日期': '1993', '出品国家/地区': '中国', '影片类型': '剧情 爱情', '影评人数': '1204155', '评分': '9.6'}
{'排名': 3, '影片名称': '阿甘正传', '导演': '罗伯特·泽米吉斯 Robert Zemeckis', '主演': '汤姆·汉克斯 Tom Hanks', '发行日期': '1994', '出品国家': '美国', '影片类型': '剧情 爱情', '影评人数': '1263990', '评分': '9.5'}
{'排名': 4, '影片名称': '这个杀手不太冷', '导演': '吕克·贝松 Luc Besson', '主演': '让·雷诺 Jean Reno  娜塔莉·波特曼', '发行日期': '1994', '出品国家/地区': '法国', '影片类型': '剧情 动作 犯罪', '影评人数': '1457191', '评分': '9.4'}
...
```

(1) 在爬虫的构建程序中，使用了语句 with open('top250_movies.csv', 'w', newline='', encoding='utf-8') as f:来创建输出文档 top250_movies.csv。

(2) 使用了 writer.writerow(['排名','影片名称','导演','主演','发行年份','出品国家/地区','影片类型','影评人数','评分'])语句，把需要创建表格的表头信息写入第一行。

(3) 使用 index=0 创建了每部电影的索引，因此，在屏幕输出时会看到其“排名”的输出值是从 0 开始。因为在写入的文档 top250_movies.csv 中增加了自定义表头，所以实际上 index=0 所对应的行记录是该文档的自定义表头信息，这样输出文档的记录就会从 1 开始。

(4) 在筛选“导演”数据时使用了判断语句 if len(re.findall(r'导演:(.*?)主演', i))>0:，这是因为在第 206 行的数据中既不存在“主演”也不存在“ ”数据。如果简单通过 re.findall(r'导演:(.*?) ',i,re.S)这样的方式去筛选数据，则其他行都能够正常显示，但第 206 行所呈现的数据格式类似“普特鹏·普罗萨卡·那·萨克那卡林 Puttipong Promsaka Na Sakolnakorn / 华森·波克彭...
\n 2010”。为了让该行数据能被准确地筛选，增加了 if 判断语句，放在这里仅作为爬虫程序的编程思路来参考。在实际应用中，如果出现极少量的数据因为筛选过滤的规则有缺失，为了追求效率往往可直接在所获取数据上修改。

(5) 在 d['排名']=index+1 语句中 index+1 是因为如果是 index=0 则屏幕输出的排名结果从 0 开始统计。

(6) 实际上，d{}字典变量的构建是为了调试程序和屏幕输出使用，如果只是为了让结果输出到文档 top250_movies.csv 内，便无须构建该字典变量。

```
top250_movies.csv ×
1   排名,影片名称,导演,主演,发行年份,出品国家/地区,影片类型,影评人数,评分
2   1,肖申克的救赎, 弗兰克·德拉邦特 Frank Darabont,蒂姆·罗宾斯 Tim Ro,1994,美国,犯罪 剧情,1980500,9.7
3   2,黄土地, 陈凯歌 Kaige Chen,张国荣 Leslie Cheung  张丰毅 Fengyi Zha,1993,中国,剧情 爱情,146
4   3,阿甘正传, 罗伯特·泽米吉斯 Robert Zemeckis,汤姆·汉克斯 Tom Hanks,1994,美国,剧情 爱情,1501602,9.5
5   4,这个杀手不太冷, 吕克·贝松 Luc Besson,让·雷诺 Jean Reno  娜塔莉·波特曼,1994,法国,剧情 动作 犯罪,1695409,
6   5,美丽人生, 罗伯托·贝尼尼 Roberto Benigni,罗伯托·贝尼尼 Ro,1997,意大利,剧情 喜剧 爱情 战争,947190,9.5
7   6,泰坦尼克号, 詹姆斯·卡梅隆 James Cameron,莱昂纳多·迪卡普里奥 Leona,1997,美国,剧情 爱情 灾难,1449983,9.4
8   7,千与千寻, 宫崎骏 Hayao Miyazaki,柊瑠美 Rumi Hî,2001,日本,剧情 动画 奇幻,1550518,9.4
9   8,辛德勒的名单, 史蒂文·斯皮尔伯格 Steven Spielberg,连姆·尼森 Liam Neeson,1993,美国,剧情 历史 战争,766089,
10  9,盗梦空间, 克里斯托弗·诺兰 Christopher Nolan,莱昂纳多·迪卡普里奥 Le,2010,美国 英国,剧情 科幻 悬疑 冒险,14
11  10,忠犬八公的故事, 莱塞·霍尔斯道姆 Lasse Hallström,理查·基尔 Richa,2009,美国 英国,剧情,996579,9.4
12  11,海上钢琴师, 朱塞佩·托纳多雷 Giuseppe Tornatore,蒂姆·罗斯 Tim Roth,1998,意大利,剧情 音乐,1198825,9.3
13  12,楚门的世界, 彼得·威尔 Peter Weir,金·凯瑞 Jim Ca,1998,美国,剧情 科幻,1062997,9.3
14  13,三傻大闹宝莱坞, 拉库马·希拉尼 Rajkumar Hirani,阿米尔·汗 Aami,2009,印度,剧情 喜剧 爱情 歌舞,1330219,9.2
15  14,机器人总动员, 安德鲁·斯坦顿 Andrew Stanton,本·贝尔特 Ben Bu,2008,美国,科幻 动画 冒险,949331,9.3
16  15,放牛班的春天, 克里斯托夫·巴拉蒂 Christophe Barratier,热拉尔·朱尼奥 Gé,2004,法国 瑞士 德国,剧情 音乐,92
17  16,星际穿越, 克里斯托弗·诺兰 Christopher Nolan,马修·麦康纳 Matthew Mc,2014,美国 英国 加拿大 冰岛,剧情 科
18  17,大话西游之大圣娶亲, 刘镇伟 Jeffrey Lau,周星驰 Stephen Chow  吴孟达 Man Tat Ng,1995,中国
19  18,熔炉, 黄东赫 Dong-hyuk Hwang,孔侑 Yoo Gong  郑有美 Yu-mi Jung,2011,韩国,剧情,645043,9.3
20  19,疯狂动物城, 拜伦·霍华德 Byron Howard  瑞奇·摩尔 Rich Moore,金妮弗·,2016,美国,喜剧 动画 冒险,1247946,9
21  20,无间道, 刘伟强  麦兆辉,刘德华  梁朝伟  黄秋生,2002,中国,剧情 犯罪 悬疑,853505,9.2
22  21,龙猫, 宫崎骏 Hayao Miyazaki,日高法子 No,1988,日本,动画 奇幻 冒险,891175,9.2
23  22,教父, 弗朗西斯·福特·科波拉 Francis Ford Coppola,马龙·白兰度 M,1972,美国,剧情 犯罪,651184,9.3
24  23,当幸福来敲门, 加布里尔·穆奇诺 Gabriele Muccino,威尔·史密斯 Will Smith,2006,美国,剧情 传记 家庭,106411
25  24,怦然心动, 罗伯·莱纳 Rob Reiner,玛德琳·卡罗尔 Madeline Ca,2010,美国,剧情 喜剧 爱情,1234620,9.1
26  25,触不可及, 奥利维·那卡什 Olivier Nakache  艾力克·托兰达 Eric Toledano   主...,,2011,法
```

图 7-11　爬虫所写入的文档内容展示

7.6　编程实例 2：通过 xpath 工具爬取数据

> **Tips**：xpath 是根据网页数据的标记路径来查找页面元素的。它的全称是 XML Path Language，即 XML 路径语言，它是一门在 XML 中查找信息的语言。最初是用来搜寻 XML 文档的，但是它同样也适用于对 HTML 文档的搜索。xpath 的路径功能提供了非常简明的路径选择表达式，几乎可以匹配所有可定位的网页标记节点。

通过正则表达式可以筛选和验证各类数据的输入和输出，但如果仅作为网页数据的获取方式，还有其他更便捷的工具可用。目前，作为一种较为流行的网页数据获取方式，就是通过部分浏览器自嵌入的 xpath 工具来承担数据爬取任务的。

xpath 工具可以定位网页的前端数据元素所在的源代码中标记/属性的位置，这样就免去了类似设计正则表达式这一烦琐而又需要细致观察其数据结构的任务过程。当然它也有一定的不足，那就是对网页的数据格式要求较为严格——网页的设计必须规范化，因为它只能定位到网页的标记/属性级别。在同一组标记/属性内的数据元素很难通过 xpath 工具来清洗、切片或整理。

类似本项目任务这样的部分数据，如"导演""主演"都在同一组标记内且数据又存在缺失项，这就很难直接通过 xpath 的形式来获取所需数据。其数据的采集还是需要在程序中配合使用正则表达式这样一种可以根据字节特点来筛选数据的工具进行。

目前带有 xpath 工具的浏览器中最常用的是火狐 FireFox 和 Chrome。下面就以"豆瓣电影 Top 250"网页中的电影为例，通过 Chrome 浏览器来讲解 xpath 的获取方法。

7.6.1 xpath 工具获取数据所在标记

使用 Chrome 浏览器打开相关网页(豆瓣电影 Top 250),把光标移动到所要获取的网页数据(如电影《美丽人生》)上,右击该数据即可看到一组下拉菜单,在下拉菜单中选择“检查”命令,如图 7-12 所示。

图 7-12 在网页中选择“检查”命令获取网页标记

选择“检查”命令后,在网页的右侧就打开了“开发者工具”栏。其中右侧“开发者工具”栏中所出现的网页标记对应着左侧网页数据所在的位置(如果浏览器未定位好数据所在的网页标记位置,也可以在“开发者工具”栏的 Elements 选项卡的网页标记中自行查找),如图 7-13 所示。

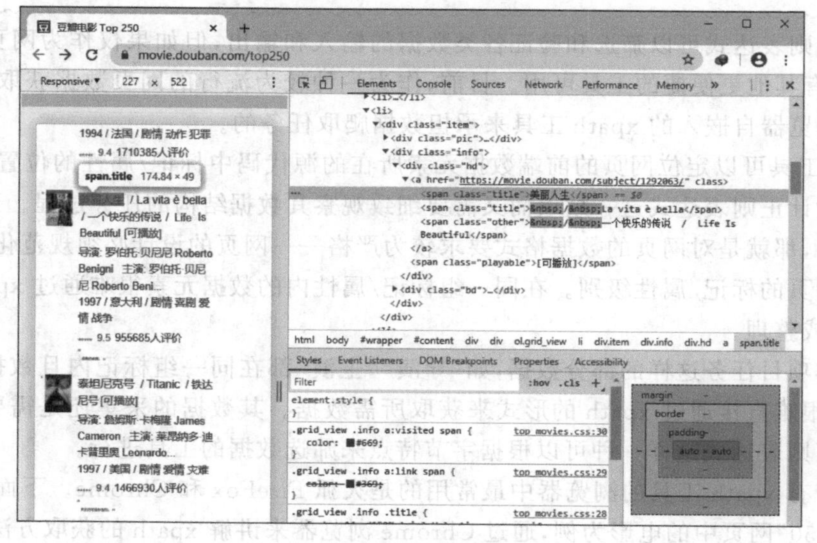

图 7-13 Elements 栏内的网页标记

右击 Elements 选项卡中的相关网页标记，比如，要获取该部电影名称《美丽人生》所在的网页标记，就在弹出的快捷菜单中选择 Copy 命令，然后再在级联菜单中选择 Copy XPath 子命令，就可获取该电影名称所在的网页标记 xpath，如图 7-14 所示。

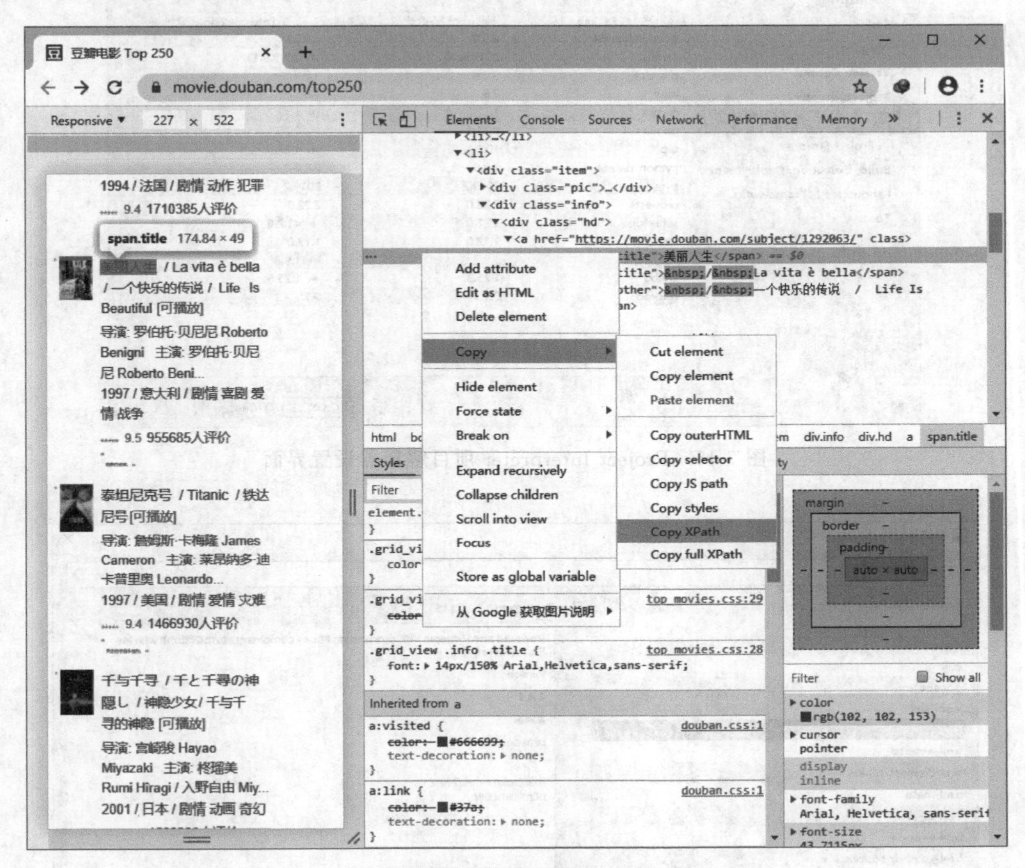

图 7-14　获取数据所在的网页标记位置 xpath

7.6.2　Python 中使用 xpath：lxml 库

1. 安装 lxml 扩展库

要在 Python 语言中使用 xpath 所获取的元素，需要先在 PyCharm 内安装 lxml 扩展库。

lxml 扩展库支持对大部分网页格式的解析，如 HTML、XML 的网页格式，也支持 xPath 的解析方式，且其执行效率较高，是 Python 中的常用网页解析工具。

安装 lxml 扩展库的方法与其他库的安装方法类似，只需要选择 File→Settings 菜单命令，就可以进入 Settings 界面，然后再单击左侧下拉菜单中的 Project Interpreter 项目解释器，就可以看到图 7-15 所示界面。

单击右侧的＋按钮，在弹出的界面查询框中输入 lxml 库的名称 lxml 进行查询和下载即可，如图 7-16 所示。

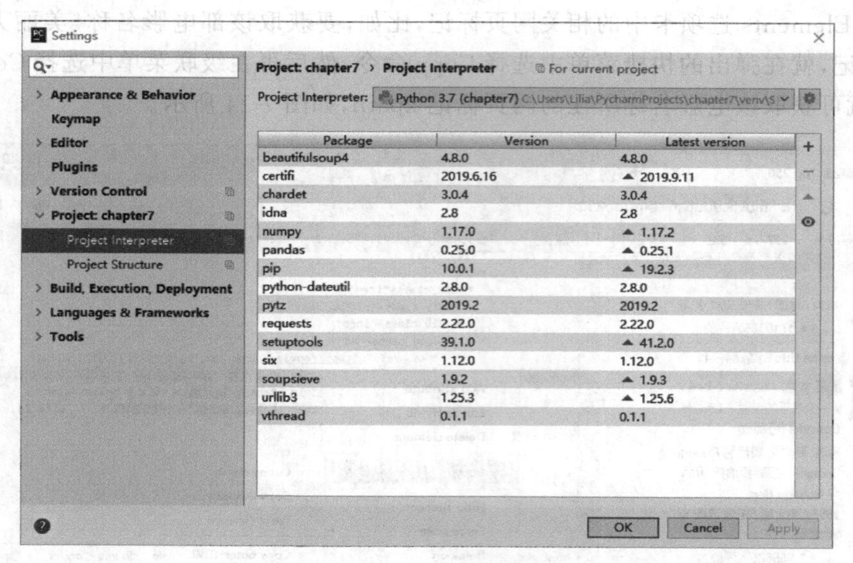

图 7-15 Project Interpreter 项目解释器设置界面

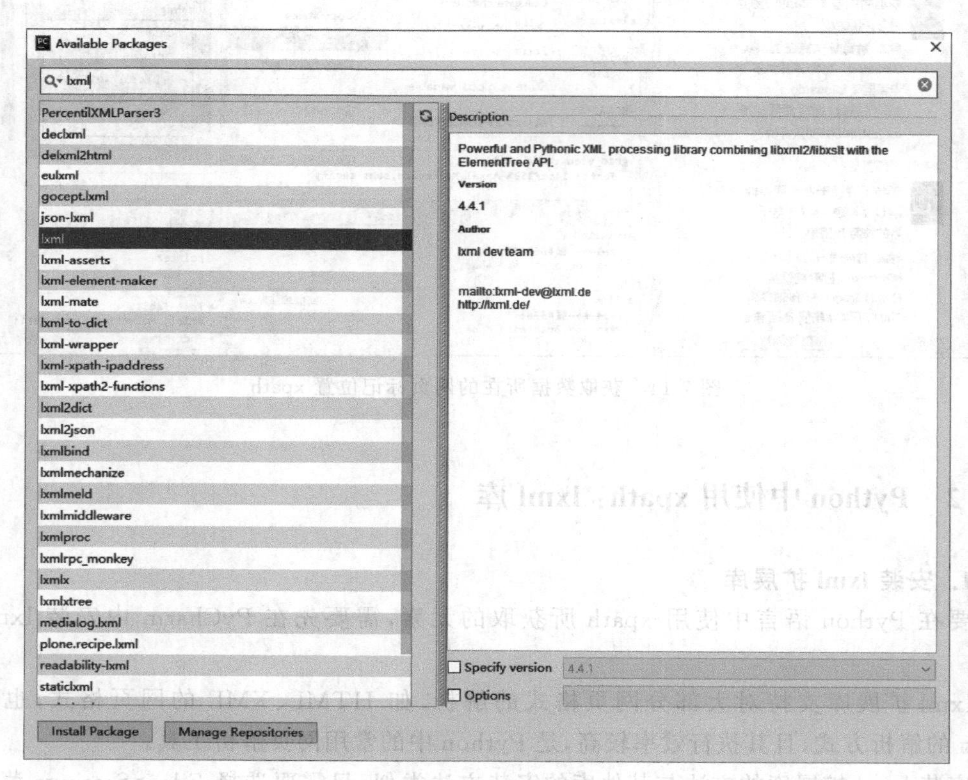

图 7-16 lxml 库的安装

在安装完 lxml 扩展库后，就可以通过导入 lxml 库的文档解析功能，来使用 xpath 工具获取目标对象的数据了。

2. 导入 lxml 库获取数据

要导入 lxml 库并获取页面数据，可以使用以下语句。

```
from lxml import etree

html = etree.HTML('https://movie.douban.com/top250')
print(html)                          #获取网页对象
```

输出：

```
<Element html at 0x1c7ffd3f5c8>
```

可以看出，通过 lxml 库解析出的数据是以 Elements html 对象的形式输出的。

若要通过 lxml 的解析形式获取该网址下所有 10 个子网页链接的内容，可以使用以下代码。

```
import requests
from lxml import etree
headers = {
    'User-Agent': 'Mozilla/5.0 (Windows NT 10.0; WOW64) AppleWebKit/537.36 \
    (KHTML, like Gecko) Chrome/76.0.3809.132 Safari/537.36',
}
url = 'https://movie.douban.com/top250?start={}&filter='
for lists in range(10):
    movie_content = requests.get(url.format(lists * 25),headers=headers).text
    selector = etree.HTML(movie_content)
    print(selector)                          #获取子网页链接的内容
```

输出：

```
<Element html at 0x1f1e3ff2a48>
<Element html at 0x1f1e45bab88>
<Element html at 0x1f1e45af908>
...
```

7.6.3 xpath 通配符和常用表达式

要使用 xpath 工具，还需要了解 xpath 的通配符和表达式的描述规则。表 7-8 所示为 xpath 中常用的一些路径表达式的描述规则。

表 7-8　xpath 常用通配符和路径表达式

表 达 式	描　　述
nodename	选取此节点的所有子节点
/	从当前节点选取直接子节点
//	从当前节点选取子孙节点
.	选取当前节点

续表

表 达 式	描 述
..	选取当前节点的父节点
@	选取属性
*	通配符，选择所有网页元素标记节点与元素名
@*	选取所有属性
[@attrib]	选取具有给定属性的所有元素
[@attrib='value']	选取给定属性具有给定值的所有元素
[tag]	选取所有具有指定元素的直接子节点
[tag='text']	选取所有具有指定元素并且文本内容是 text 的节点

依然以获取“豆瓣电影 Top 250”上的网页数据为例，之前通过单击浏览器上的 Copy XPath 命令，复制出了电影《肖申克的救赎》影片名称所对应的 xpath 地址为

```
//*[@id="content"]/div/div[1]/ol/li[1]/div/div[2]/div[1]/a/span[1]
```

其中，//是指从当前节点中选取子节点；*是通配符，指选择符合要求所有网页元素的标记节点；[@id="content"]是指选取 id="content"所在标记内的所有元素；/div/div[1]/ol/li[1]/div/div[2]/div[1]/a/span[1]是指在 id="content"标记内各级网页标记的路径地址。

在获取到 xpath 的路径地址后，直接在路径最后加上/text()就可以获取到该路径内的元素内容。下面是获取豆瓣电影 Top 250 全页面的电影名称信息。

```
import requests
from lxml import etree
headers = {
    'User-Agent': 'Mozilla/5.0 (Windows NT 10.0; WOW64) AppleWebKit/537.36 \
    (KHTML, like Gecko) Chrome/76.0.3809.132 Safari/537.36',
}
url = 'https://movie.douban.com/top250?start={}&filter='
for lists in range(10):
    movie_content = requests.get(url.format(lists * 25),headers=headers).text
    selector = etree.HTML(movie_content)
    for i in selector:
        title = i.xpath('//*[@id="content"]/div/div[1]/ol/li[1]\
                    /div/div[2]/div[1]/a/span[1]/text()')[0]
    print(title)
```

输出：

```
肖申克的救赎
蝙蝠侠：黑暗骑士
飞越疯人院
被嫌弃的松子的一生
玛丽和马克思
...
```

由于 xpath 所获取的元素是列表类型，因此通过切片操作[0]可以把列表类型的数据转换为字符串形式。

7.6.4　程序实例代码

当知道了如何使用浏览器的“开发者工具”来获取 xpath 信息后，就可以构建出符合要求的爬虫程序了。下面就是利用 xpath 工具来爬取“豆瓣电影 Top 250”相关数据(图 7-17)的程序代码。

```
import requests
from lxml import etree
import csv
import re
headers = {
    'User-Agent' : 'Mozilla/5.0 (Windows NT 10.0; WOW64) AppleWebKit/537.36 \
    (KHTML, like Gecko) Chrome/76.0.3809.132 Safari/537.36',
}
url = 'https://movie.douban.com/top250?start={}&filter='
index = 0
with open('movies.csv', 'w', newline='', encoding='utf-8') as f:
    writer = csv.writer(f)
    writer.writerow(['排名', '电影名称','导演', '主演','发行年份', \
                    '出品国家/地区','影片类型','影评人数','评分'])

    for lists in range(10):
        movie_content = requests.get(url.format(lists * 25),headers=headers).text
        selector = etree.HTML(movie_content)
        all_list = selector.xpath('//*[@id="content"]/div/div[1]/ol/li')
        for item in all_list:
            name = item.xpath('div/div[2]/div[1]/a/span[1]/text()')[0]
            comment_num = item.xpath('div/div[2]/div[2]/div/span[4]/text()')[0][:-3]
            rating = item.xpath('div/div[2]/div[2]/div/span[2]/text()')[0]
            #下面将只对网页标记内的电影信息进行整理
            movie_intro = item.xpath('div/div[2]/div[2]/p[1]/text()')
            director_actor_infos = movie_intro[0].lstrip()#导演和主演信息并删除空格
            #获取标记内的其他信息并分隔为列表
            movie_other_infos = movie_intro[1].lstrip().rstrip().split('\xa0/\xa0')
            #通过正则表达式的方法获取导演信息
            director = re.findall(r'导演:(.*?)[.*\xa0]', \
                         director_actor_infos, re.S)[0].replace('/','')
            #通过正则表达式的方法获取主演信息
            #actor = re.findall(r'主演:(.*)', director_actor_infos,re.S)
            if len(re.findall(r'主演:(.*?)[.*<br>]',director_actor_infos,re.S) )>0:
                actor=re.findall(r'主演:(.*?)[.*<br>]', \
                    director_actor_infos,re.S)[0].replace('/','')
            else :actor=''
            date = movie_other_infos[0]           #发行年份
            coun_ar = movie_other_infos[1]        #出品国家/地区
```

```
        type = movie_other_infos[2]                    #电影类型
        index + = 1

        writer.writerow([index,name,director,actor,date, coun_ar, \
                         type,comment_num,rating])
```

(1) 由于之前小节已经讲解了构建屏幕输出的程序格式，因此本例仅设计了把结果输出到文档 movies.csv。

(2) 虽然 xpath 工具可以完成大部分的任务，但基于本任务内容而言，要切割同一组标记元素内的数据，如“导演”“主演”，还是需要采用正则表达式的筛选方式才能精准地定位到元素。

```
path工具来爬取数据.py ×   movies.csv ×
排名,电影名称,导演,主演,发行年份,出品国家/地区,影片类型,影评人数,评分
1,肖申克的救赎, 弗兰克·德拉邦特 Frank Darabont, 蒂姆·罗宾斯 Tim Ro,1994,美国,犯罪 剧情,1980500,9.7
2,黄土地, 陈凯歌 Kaige Chen, 张国荣 Leslie Cheung  张丰毅 Fengyi Zha,1993,中国,剧情 爱情,14
3,阿甘正传, 罗伯特·泽米吉斯 Robert Zemeckis, 汤姆·汉克斯 Tom Hanks  ,1994,美国,剧情 爱情,1501602,9.5
4,这个杀手不太冷, 吕克·贝松 Luc Besson, 让·雷诺 Jean Reno  娜塔莉·波特曼 ,1994,法国,剧情 动作 犯罪,169546
5,美丽人生, 罗伯托·贝尼尼 Roberto Benigni, 罗伯托·贝尼尼 Ro,1997,意大利,剧情 喜剧 爱情 战争,947190,9.5
6,泰坦尼克号, 詹姆斯·卡梅隆 James Cameron, 莱昂纳多·迪卡普里奥 Leona,1997,美国,剧情 爱情 灾难,1449983,9.4
7,千与千寻, 宫崎骏 Hayao Miyazaki, 柊瑠美 Rumi Hî,2001,日本,剧情 动画 奇幻,1550518,9.4
8,辛德勒的名单, 史蒂文·斯皮尔伯格 Steven Spielberg, 连姆·尼森 Liam Neeson,1993,美国,剧情 历史 战争,76608
9,盗梦空间, 克里斯托弗·诺兰 Christopher Nolan, 莱昂纳多·迪卡普里奥 Le,2010,美国 英国,剧情 科幻 悬疑 冒险,1
10,忠犬八公的故事, 莱塞·霍尔斯道姆 Lasse Hallström, 理查·基尔 Richa,2009,美国 英国,剧情,996579,9.4
11,海上钢琴师, 朱塞佩·托纳多雷 Giuseppe Tornatore, 蒂姆·罗斯 Tim Roth  ,1998,意大利,剧情 音乐,1198825,9.
12,楚门的世界, 彼得·威尔 Peter Weir, 金·凯瑞 Jim Ca,1998,美国,剧情 科幻,1062997,9.3
13,三傻大闹宝莱坞, 拉库马·希拉尼 Rajkumar Hirani, 阿米尔·汗 Aami,2009,印度,剧情 喜剧 爱情 歌舞,1330219,9.
14,机器人总动员, 安德鲁·斯坦顿 Andrew Stanton, 本·贝尔特 Ben Bu,2008,美国,科幻 动画 冒险,949331,9.3
15,放牛班的春天, 克里斯托夫·巴拉蒂 Christophe Barratier, 热拉尔·朱尼奥 Gé,2004,法国 瑞士 德国,剧情 音乐,9
16,星际穿越, 克里斯托弗·诺兰 Christopher Nolan, 马修·麦康纳 Matthew Mc,2014,美国 英国 加拿大 冰岛,剧情 科
17,大话西游之大圣娶亲, 刘镇伟 Jeffrey Lau, 周星驰 Stephen Chow  吴孟达 Man Tat Ng,1995,中国
18,熔炉, 黄东赫 Dong-hyuk Hwang, 孔侑 Yoo Gong  郑有美 Yu-mi Jung ,2011,韩国,剧情,645043,9.3
19,疯狂动物城, 拜伦·霍华德 Byron Howard  瑞奇·摩尔 Rich Moore, 金妮弗·,2016,美国,喜剧 动画 冒险,1247946,
20,无间道, 刘伟强  麦兆辉,,2002,中国,剧情 犯罪 悬疑,853505,9.2
21,龙猫, 宫崎骏 Hayao Miyazaki, 日高法子 No,1988,日本,动画 奇幻 冒险,891175,9.2
22,教父, 弗朗西斯·福特·科波拉 Francis Ford Coppola, 马龙·白兰度 M,1972,美国,剧情 犯罪,651184,9.3
23,当幸福来敲门, 加布里尔·穆奇诺 Gabriele Muccino, 威尔·史密斯 Will Smith ,2006,美国,剧情 传记 家庭,1064
24,怦然心动, 罗伯·莱纳 Rob Reiner, 玛德琳·卡罗尔 Madeline Ca,2010,美国,剧情 喜剧 爱情,1234620,9.1
25,触不可及, 奥利维·那卡什 Olivier Nakache  艾力克·托兰达 Eric Toledano,,2011,法国,剧情 喜剧,695806,9.2
26,蝙蝠侠：黑暗骑士, 克里斯托弗·诺兰 Christopher Nolan, 克里斯蒂安·贝尔 Ch,2008,美国 英国,剧情 动作 科幻 犭
27,控方证人, 比利·怀尔德 Billy Wilder, 泰隆·鲍华 Ty,1957,美国,剧情 犯罪 悬疑,273105,9.6
28,活着, 张艺谋 Yimou Zhang,,1994,中国,剧情 历史 家庭,554915,9.2
```

图 7-17　通过 xpath 来爬取“豆瓣电影 Top 250”的数据

7.7　编程实例 3：通过子页面爬取数据

7.7.1　程序设计思路

要完成本项目的任务，除了可以在 https://movie.douban.com/top250 网址的网页源代码上直接爬取相关数据外，网站中还提供了相关每部电影更详尽的介绍页面。这些主页所链接到的子页面中包含了相关该部电影更详尽的数据，通过对子页面数据的爬取，同样可以构建出任务所需的数据项。

与之前所介绍的爬虫设计方法唯一不同的是，在构建子页面的爬虫代码时，需要先通过“豆瓣电影 Top 250”网页的电影名称获取到其链接的子网页地址，然后再进行爬虫程序的设计。

7.7.2 子页面数据的获取路径

打开 https://movie.douban.com/top250 网址，把光标移动到该部电影的标题上，在网页的右下角就会出现其子网页的具体链接地址，如图 7-18 所示。

图 7-18 每部电影的超链接

当单击影片的标题时，就会打开所链接的子网页，在其中可查看到该部影片更详尽的介绍，如图 7-19 所示。

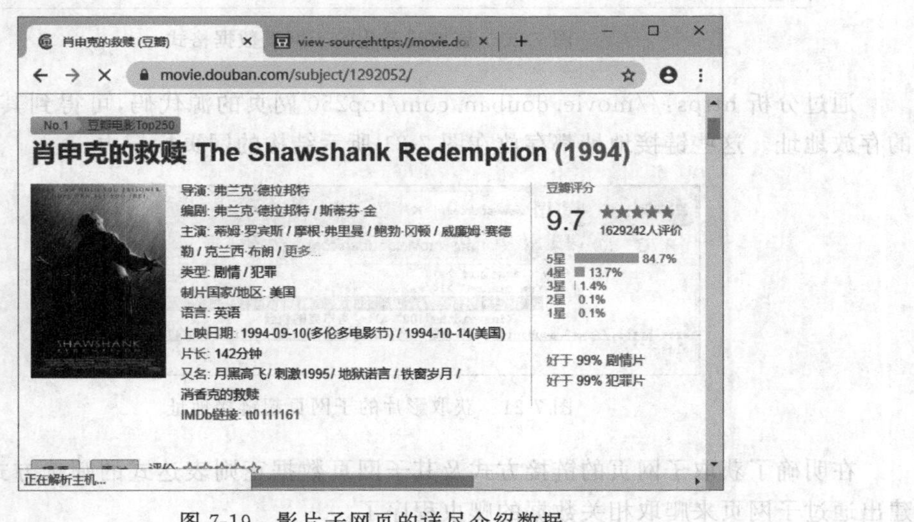

图 7-19 影片子网页的详尽介绍数据

可以看出，这些子网页的电影数据要比直接在“豆瓣电影 Top 250”上所获取到的数据更加全面，而且通过分析其网页源代码得知，每组的相关电影数据都放在相应的网页标记内，其格式更加规范化，也更容易使用正则表达式或者 xpath 工具来爬取到，如图 7-20 所示。

```
<div id="info">
        <span ><span class='pl'>导演</span>: <span class='attrs'><a href="/celebrity/1047973/"
rel="v:directedBy">弗兰克·德拉邦特</a></span></span><br/>
        <span ><span class='pl'>编剧</span>: <span class='attrs'><a href="/celebrity/1047973/">弗兰
克·德拉邦特</a> / <a href="/celebrity/1049547/">斯蒂芬·金</a></span></span><br/>
        <span class="actor"><span class='pl'>主演</span>: <span class='attrs'><a
href="/celebrity/1054521/" rel="v:starring">蒂姆·罗宾斯</a> / <a href="/celebrity/1054534/"
rel="v:starring">摩根·弗里曼</a> / <a href="/celebrity/1041179/" rel="v:starring">鲍勃·冈顿</a> /
<a href="/celebrity/1000095/" rel="v:starring">威廉姆·赛德勒</a> / <a href="/celebrity/1013817/"
rel="v:starring">克兰西·布朗</a> / <a href="/celebrity/1010612/" rel="v:starring">吉尔·贝罗斯</a>
/ <a href="/celebrity/1054892/" rel="v:starring">马克·罗斯顿</a> / <a href="/celebrity/1027897/"
rel="v:starring">詹姆斯·惠特摩</a> / <a href="/celebrity/1087302/" rel="v:starring">杰弗里·德曼
</a> / <a href="/celebrity/1074035/" rel="v:starring">拉里·布兰登伯格</a> / <a
href="/celebrity/1099030/" rel="v:starring">尼尔·吉恩托利</a> / <a href="/celebrity/1343305/"
rel="v:starring">布赖恩·利比</a> / <a href="/celebrity/1048222/" rel="v:starring">大卫·普罗瓦尔
</a> / <a href="/celebrity/1343306/" rel="v:starring">约瑟夫·劳格诺</a> / <a
href="/celebrity/1315528/" rel="v:starring">祖德·塞克利拉</a> / <a href="/celebrity/1014040/"
rel="v:starring">保罗·麦克兰尼</a> / <a href="/celebrity/1390795/" rel="v:starring">芮妮·布莱恩
</a> / <a href="/celebrity/1083603/" rel="v:starring">阿方索·弗里曼</a> / <a
href="/celebrity/1330490/" rel="v:starring">V·J·福斯特</a> / <a href="/celebrity/1000635/"
rel="v:starring">弗兰克·梅德拉诺</a> / <a href="/celebrity/1390797/" rel="v:starring">马克·迈尔斯
</a> / <a href="/celebrity/1150160/" rel="v:starring">尼尔·萨默斯</a> / <a
href="/celebrity/1048233/" rel="v:starring">耐德·巴拉米</a> / <a href="/celebrity/1000721/"
rel="v:starring">布赖恩·戴拉特</a> / <a href="/celebrity/1333685/" rel="v:starring">唐·麦克马纳斯
</a></span></span><br/>
        <span class="pl">类型:</span> <span property="v:genre">剧情</span> / <span
property="v:genre">犯罪</span><br/>

        <span class="pl">制片国家/地区:</span> 美国<br/>
        <span class="pl">语言:</span> 英语<br/>
        <span class="pl">上映日期:</span> <span property="v:initialReleaseDate" content="1994-09-
10(多伦多电影节)">1994-09-10(多伦多电影节)</span> / <span property="v:initialReleaseDate"
content="1994-10-14(美国)">1994-10-14(美国)</span><br/>
        <span class="pl">片长:</span> <span property="v:runtime" content="142">142分钟</span><br/>
        <span class="pl">又名:</span> 月黑高飞 / 刺激1995 / 地狱诺言 / 铁窗岁月 / 消香克的救
赎<br/>
        <span class="pl">IMDb链接:</span> <a href="http://www.imdb.com/title/tt0111161"
target="_blank" rel="nofollow">tt0111161</a><br>

</div>
```

图 7-20　更加规范化的子网页数据格式

通过分析 https://movie.douban.com/top250 网页的源代码，可得到其子网页超链接的存放地址。这些链接地址都存放在图 7-21 所示结构的网页标记内。

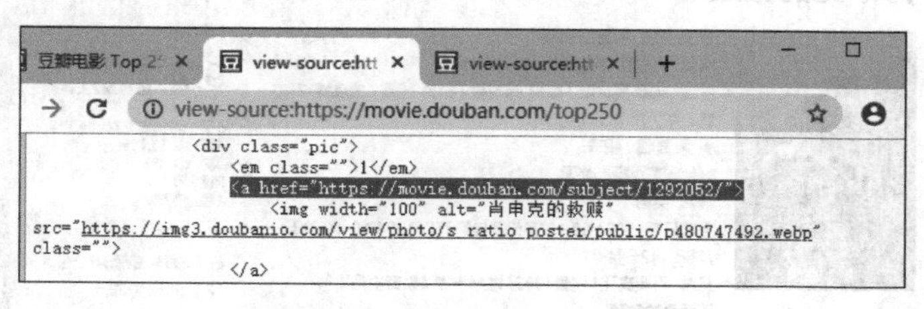


```
<div class="pic">
    <em class="">1</em>
    <a href="https://movie.douban.com/subject/1292052/">
        <img width="100" alt="肖申克的救赎"
src="https://img3.doubanio.com/view/photo/s_ratio_poster/public/p480747492.webp"
class="">
    </a>
```

图 7-21　获取影片的子网页超链接地址

在明确了获取子网页的链接方式及其子网页数据正则表达式的筛选方式后，就可以构建出通过子网页来爬取相关数据的爬虫程序了。

7.7.3　程序实例代码

下面以正则表达式的筛选方式为例，构建出子网页数据爬虫的完整代码。

```
import requests
import re
import pandas as pd
import time

headers = {"User-Agent": "Mozilla/5.0 (Windows NT 10.0; Win64; x64) \
        AppleWebKit/537.36 (KHTML, like Gecko) Chrome/72.0.3626.121 Safari/537.36"}

def get_txt(url):                    #获取网页链接的元素
    response = requests.get(url, headers=headers)
    txt = response.text
    return txt

def get_tag_a(url):                  #获取电影详情的目标链接地址
    a_lists = re.findall(r'<div class="hd">.*?<a href="(.*?)" class="">', url, re.S)
    return a_lists

def get_info(txt):                   #通过正则表达式获取子网页的详细电影信息
    global index                     #设置全局变量放入排名信息
    index += 1
    #影片名称
    re_title=r'<title>(.*?)</title>'                     #获取影评名称的正则表达式
    title = re.findall(re_title, txt,re.S)[0].replace("(豆瓣)", "").strip()
    #导演
    re_director=r'<a href=".*?rel="v:directedBy">(.*?)</a>'
    director = re.findall(re_director, txt)
    director=','.join(director)                          #把列表类型转换为str类型
    #主演(数据过多,仅获取前5位主演信息)
    re_actor=r'<a href="/celebrity.*?" rel="v:starring">(.*?)</a>'
    actor = ','.join(re.findall(re_actor, txt)[0:5])
    #影片类型
    re_types=r'<span property="v:genre">(.*?)</span>'
    types = ','.join(re.findall(re_types, txt))
    #发行日期
    re_date=r'<span property="v:initialReleaseDate".*?">(.*?)</span>'
    date = re.findall(re_date, txt)[0].split('(')[0]
    #制片国家/地区
    re_coun_ar=r'<span class="pl">制片国家/地区:</span>(.*?)<br/>\n'
    coun_ar=re.findall(re_coun_ar, txt)[0].replace('/',',').strip()#分隔符统一为逗号
    #影评人数
    re_comment_num=r'<span property="v:votes">(.*?)</span>影人评价'
    comment_num=re.findall(re_comment_num, txt)[0]
    #评分
    re_score=r'<strong class=".*?"v:average">(.*?)</strong>'
    score = re.findall(re_score, txt)[0]
    yield {
        "排名":index,
```

```
        "电影名称": title,
        "导演": director,
        "主演":actor,
        "影片类型": types,
        "发行国家/地区":coun_ar,
        "上映日期": date,
        "影评人数":comment_num,
        "评分": score
    }

if __name__ == '__main__':
    new_urls = []                                       # 构建列表,放入子网页超链接地址
    url = 'https://movie.douban.com/top250?start = {}&filter = '
    for i in range(10):
        base_txt = requests.get(url.format(i * 25),headers = headers).text
                                            # 获取分页面的元素内容
        a_urls = get_tag_a(base_txt)  # 获取分网页相关信息所指的子网页超链接地址
        for a_url in a_urls:
            new_urls.append(a_url)
    # print(new_urls)
    data = []                               # 构建列表,放入获取的电影数据
    index = 0                               # 设置排名初始值
    for new_url in new_urls:
        new_txt = get_txt(new_url)          # 获取子网页链接的内容
        items = get_info(new_txt)           # 通过正则表达式过滤子网页链接的内容
        for item in items:
            time.sleep(1)                   # 设置时间间隔 1 秒,过于频繁获取数据可能会被封本地 IP
            print(item)                     # 屏幕输出结果
            data.append(item)
    df = pd.DataFrame(data)
    df.to_csv('movie.csv', encoding = 'utf - 8', mode = 'w', index = 0)      # 写入文档
```

输出：

```
{'排名': 1, '电影名称': '肖申克的救赎', '导演': '弗兰克·德拉邦特', '主演': '蒂姆·罗宾斯,摩根·弗里曼,鲍勃·冈顿,威廉姆·赛德勒,克兰西·布朗', '影片类型': '剧情,犯罪', '发行国家/地区': '美国', '上映日期': '1994 - 09 - 10', '影评人数': '1629367', '评分': '9.7'}
{'排名': 2, '电影名称': '霸王别姬', '导演': '陈凯歌', '主演': '张国荣,张丰毅,巩俐,葛优,英达', '影片类型': '剧情,爱情', '发行国家/地区': '中国', '上映日期': '1993 - 01 - 01', '影评人数': '1203681', '评分': '9.6'}
{'排名': 3, '电影名称': '阿甘正传', '导演': '罗伯特·泽米吉斯', '主演': '汤姆·汉克斯,罗宾·怀特,加里·西尼斯,麦凯尔泰·威廉逊,莎莉·菲尔德', '影片类型': '剧情,爱情', '发行国家/地区': '美国', '上映日期': '1994 - 06 - 23', '影评人数': '1263532', '评分': '9.5'}
{'排名': 4, '电影名称': '这个杀手不太冷', '导演': '吕克·贝松', '主演': '让·雷诺,娜塔莉·波特曼,加里·奥德曼,丹尼·爱罗,彼得·阿佩尔', '影片类型': '剧情,动作,犯罪', '发行国家/地区': '法国', '上映日期': '1994 - 09 - 14', '影评人数': '1456583', '评分': '9.4'}
{'排名': 5, '电影名称': '美丽人生', '导演': '罗伯托·贝尼尼', '主演': '罗伯托·贝尼尼,尼可莱塔·布拉斯基,乔治·坎塔里尼,朱斯蒂诺·杜拉诺,赛尔乔·比尼·布斯特里克', '影片类型': '剧情,喜剧,爱情,战争', '发行国家/地区': '意大利', '上映日期': '1997 - 12 - 20', '影评人数': '738858', '评分': '9.5'}
```

```
{'排名': 6, '电影名称': '泰坦尼克号', '导演': '詹姆斯·卡梅隆', '主演': '莱昂纳多·迪卡普里奥,
凯特·温丝莱特,比利·赞恩,凯西·贝茨,弗兰西丝·费舍', '影片类型': '剧情,爱情,灾难', '发行国
家/地区': '美国', '上映日期': '1998 - 04 - 03', '影评人数': '1203584', '评分': '9.4'}
...
```

由于子网址中的“主演”数据过多,本例仅节选爬取了最多6个主演信息。

7.8 数据的清洗和整理过程

7.8.1 数据的清洗

数据的清洗也称为Data Cleaning,是指对获取的数据进行查验和校正的过程,把它整理成为符合需求的数据格式。

由于很多数据是从多个业务系统中抽取出来的,很多字段还会有缺失值,或者是数据类型错误和冲突等事件发生,因此要按照业务需求对这些“脏数据”进行清洗,包括检查数据的缺失值、无效值和一致性等问题。通常不合规的数据主要有不完整数据、错误数据及重复数据这三类。

数据的一致性检查是根据变量的合理取值范围和相互关系,检查数据是否超出合理范围或者逻辑上有矛盾,而对于无效值和缺失值的处理则可以通过估算和删除的方法进行处理。

估算通常简单的办法是采用样本的均值、中间值或者众数来替代无效值或缺失值;而删除则可以通过删除体量较小且对研究对象影响不大的缺失值样本来达到数据清洗的目的。

由于不同的处理方法对分析的结果都会产生影响,尤其是缺失值与研究对象之间有明显的相关性。因此在采集过程中应该尽量避免无效值或者缺失值太多,以保证数据的完整性。

但基于本项目而言,在之前的小节内,如在“7.5.3　通过正则表达式筛选数据”小节中,已经在采集数据阶段对获取的数据进行了清洗,并且在后续的其他小节内也都是在采集阶段已经完成了对采集到的数据进行清洗和整理的过程。下面是7.5.3小节的第一个代码示例,当时网站所采集到的数据即是不规范的需要被清洗的数据。

```
import requests
import re


headers = {
    'User - Agent': 'Mozilla/5.0 (Windows NT 10.0; WOW64) AppleWebKit/537.36 \
    (KHTML, like Gecko) Chrome/76.0.3809.132 Safari/537.36',
}
url = 'https://movie.douban.com/top250'
text = requests.get(url,headers = headers).text
```

```
title = re.findall(r'< span class = "title">(. * ?)</span >', text)        # 爬取影片名称
print(title)
```

输出：

```
['肖申克的救赎', ' / The Shawshank Redemption', '霸王别姬', '阿甘正传', ' / Forrest Gump', '这个杀手不太冷', ' / Léon', '美丽人生', ' / La vita è bella', '泰坦尼克号', ' / Titanic', '千与千寻', ' / 千と千尋の神隠し', '辛德勒的名单', ' / Schindler&#39;s List', '盗梦空间', ' / Inception', '忠犬八公的故事', ' / Hachi: A Dog&#39;s Tale', '机器人总动员', ' / WALL·E', '三傻大闹宝莱坞', ' / 3 Idiots', '放牛班的春天', ' / Les choristes', '楚门的世界', ' / The Truman Show', '海上钢琴师', ' / La leggenda del pianista sull&#39;oceano', '星际穿越', ' / Interstellar', '大话西游之大圣娶亲', ' / 西游记大结局之仙履奇缘', '龙猫', ' / となりのトトロ', '熔炉', ' / 도가니', '教父', ' / The Godfather', '无间道', ' / 无间道', '疯狂动物城', ' / Zootopia', '当幸福来敲门', ' / The Pursuit of Happyness', '怦然心动', ' / Flipped', '触不可及', ' / Intouchables']
```

通过正则表达式的构建，就达到数据清洗的目的。

```
import requests
import re

headers = {
    'User-Agent': 'Mozilla/5.0 (Windows NT 10.0; WOW64) AppleWebKit/537.36 \
    (KHTML, like Gecko) Chrome/76.0.3809.132 Safari/537.36',
}
url = 'https://movie.douban.com/top250'
text = requests.get(url,headers = headers).text
title = re.findall(r'< span class = "title">(.[^SymbolYCp&] * ?)</span >', text)
                                                                    # 爬取影片名称
print(title)
print(len(title))                                  # 获取爬取影片名称的数量
```

输出：

```
['肖申克的救赎', '霸王别姬', '阿甘正传', '这个杀手不太冷', '美丽人生', '泰坦尼克号', '千与千寻', '辛德勒的名单', '盗梦空间', '忠犬八公的故事', '机器人总动员', '三傻大闹宝莱坞', '放牛班的春天', '楚门的世界', '海上钢琴师', '星际穿越', '大话西游之大圣娶亲', '龙猫', '熔炉', '教父', '无间道','疯狂动物城', '当幸福来敲门', '怦然心动', '触不可及']
25
```

在之前的章节内还有很多清洗示例，这里不再赘述。

7.8.2 数据的整理

数据的整理是对获取的数据进行检验、分组和汇总的过程。它可以使得数据更加条理化和系统化，能够反映数据的总体综合特征。对于大数据量的无序数据而言，通过数据的整理能够使这些原始的无序数据状态转换成能总体反映数据特征的、有一定规律性的数据。

对于本项目而言，通过 request.get().text 方法直接获取到的数据即是一种无序的数据状态。示例代码如下。

```
import requests
headers = {
    'User-Agent': 'Mozilla/5.0 (Windows NT 10.0; WOW64) AppleWebKit/537.36 \
    (KHTML, like Gecko) Chrome/76.0.3809.132 Safari/537.36',
}
url = 'https://movie.douban.com/top250'
text = requests.get(url,headers = headers)
print(r.text)   #以 Unicode 格式返回
```

输出：

```
<!DOCTYPE html>
<html lang = "zh-cmn-Hans" class = "">
<head>
    <meta http-equiv = "Content-Type" content = "text/html; charset = utf-8">
    <meta name = "renderer" content = "webkit">
    ...
```

而通过有效的数据处理，如下例所示的方法，获取到的数据即是整理后的数据状态。

```
import requests
import re
headers = {
    'User-Agent': 'Mozilla/5.0 (Windows NT 10.0; WOW64) AppleWebKit/537.36 \
    (KHTML, like Gecko) Chrome/76.0.3809.132 Safari/537.36',
}
url = 'https://movie.douban.com/top250'
text = requests.get(url,headers = headers).text
title = re.findall(r'<span class = "title">(.[^SymbolYCp&]*?)</span>', text)
                                                                    #爬取影片名称
print(title)
```

输出：

```
['肖申克的救赎', '霸王别姬', '阿甘正传', '这个杀手不太冷', '美丽人生', '泰坦尼克号', '千与千寻', '辛德勒的名单', '盗梦空间', '忠犬八公的故事', '机器人总动员', '三傻大闹宝莱坞', '放牛班的春天', '楚门的世界', '海上钢琴师', '星际穿越', '大话西游之大圣娶亲', '龙猫', '熔炉', '教父', '无间道', '疯狂动物城', '当幸福来敲门', '怦然心动', '触不可及']
```

从广义上来说，数据的整理过程也是上述网站数据的采集过程。当然针对不同的项目，数据清洗和整理的过程会有各自的特点。但清洗和整理的目的是为了让数据能够总体反映出统计综合特征的一种工作过程。

7.9 数据分析与图表的绘制

7.9.1 Python扩展库——Matplotlib

Matplotlib是Python的一种二维绘图库，它不仅可以用于各类的Python脚本，还可以应用于Web的应用程序，是一种被广泛应用的图形界面工具库。

通常在分析结果后只需要几行简单的代码就可以生成各类的直方图、饼图、散点图、功率谱等。它的图形种类众多，相关出图实例可以参考官网https://www.matplotlib.org.cn/home.html所载的详细内容。

1. Matplotlib的安装

安装Matplotlib扩展库的方法也与其他库的安装方法类似。只需要选择File→Settings菜单命令就可以进入Settings界面，然后再单击左侧下拉菜单中的Project Interpreter项目解释器，就可以看到图7-22所示界面。

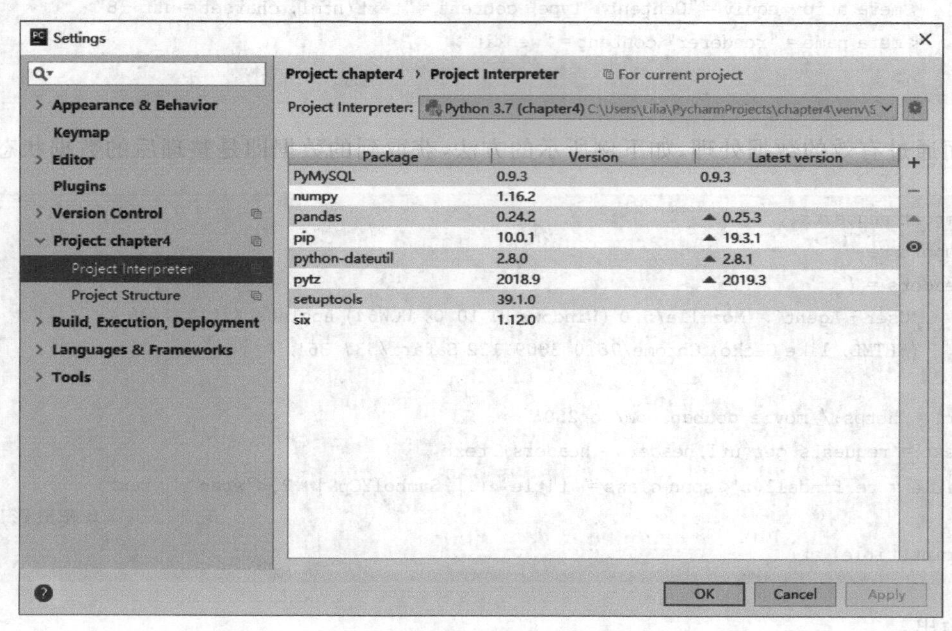

图7-22　Project Interpreter项目解释器设置界面

单击右侧的+按钮，在弹出界面的查询框中写入matplotlib库的名称进行查询和下载即可，如图7-23所示。

下面的示例就是官网中所载的几种常用图形绘制方法。

2. 堆积条形图

图7-24所示为以性别分组的各项指标G1～G5的打分，用深色线条表示男性，浅色线条表示女性。它是使用带有误差线的堆积条形图示例(yerr用于误差条的参数)。

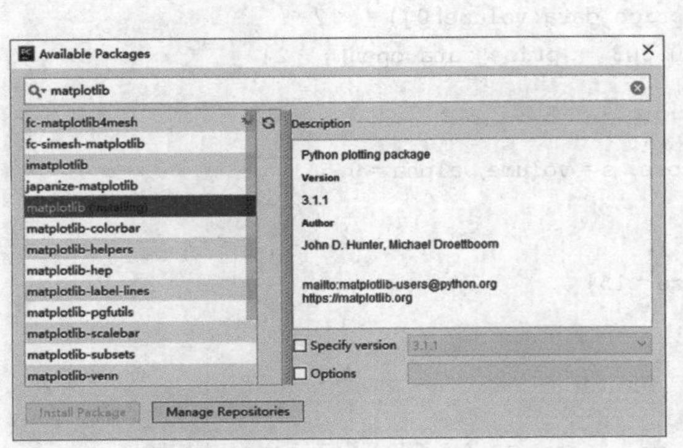

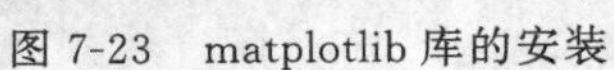
图 7-23　matplotlib 库的安装

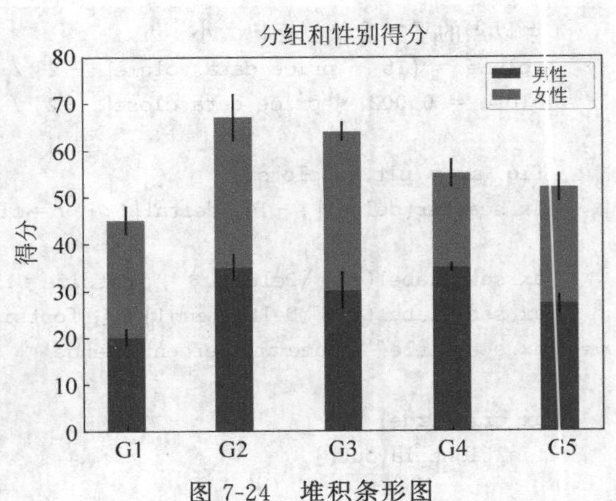

图 7-24　堆积条形图

```
N = 5
menMeans = (20, 35, 30, 35, 27)
womenMeans = (25, 32, 34, 20, 25)
menStd = (2, 3, 4, 1, 2)
womenStd = (3, 5, 2, 3, 3)
ind = np.arange(N)          # the x locations for the groups
width = 0.35                # the width of the bars: can also be len(x) sequence

p1 = plt.bar(ind, menMeans, width, yerr = menStd)
p2 = plt.bar(ind, womenMeans, width,
             bottom = menMeans, yerr = womenStd)

plt.ylabel('Scores')
plt.title('Scores by group and gender')
plt.xticks(ind, ('G1', 'G2', 'G3', 'G4', 'G5'))
plt.yticks(np.arange(0, 81, 10))
plt.legend((p1[0], p2[0]), ('Men', 'Women'))

plt.show()
```

3. 散点图

图 7-25 是表示百分比与量值集中趋势的散点图(不同的标记颜色和大小)。

```
import numpy as np
import matplotlib.pyplot as plt
import matplotlib.cbook as cbook

#从 yahoo csv 数据中加载一个 numpy 记录数组,其字段为 date、open、close、volume、adj。记录数组
#将日期存储为 np.datetime 64,日期列中有一个日期单位(D)
with cbook.get_sample_data('goog.npz') as datafile:
    price_data = np.load(datafile)['price_data'].view(np.recarray)
price_data = price_data[ - 250:]                    #获得最近 250 个交易日

delta1 = np.diff(price_data.adj_close) / price_data.adj_close[: - 1]
```

```
#以点的平方为单位标记大小
volume = (15 * price_data.volume[:-2] / price_data.volume[0]) * * 2
close = 0.003 * price_data.close[:-2] / 0.003 * price_data.open[:-2]

fig, ax = plt.subplots()
ax.scatter(delta1[:-1], delta1[1:], c = close, s = volume, alpha = 0.5)

ax.set_xlabel(r'$\Delta_i$', fontsize = 15)
ax.set_ylabel(r'$\Delta_{i+1}$', fontsize = 15)
ax.set_title('Volume and percent change')

ax.grid(True)
fig.tight_layout()

plt.show()
```

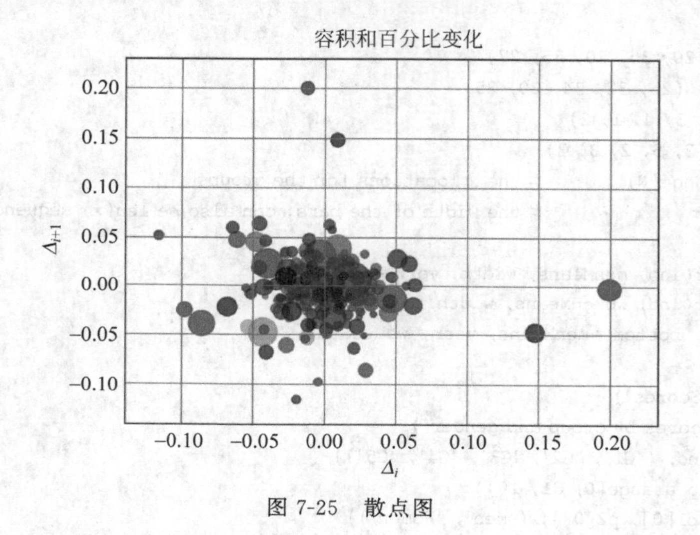

图 7-25　散点图

4. 堆栈图

下面是一个将不同的数据集垂直绘制在彼此之上(而不是彼此重叠)的堆积图(图 7-26)。

```
import numpy as np
import matplotlib.pyplot as plt

x = [1, 2, 3, 4, 5]
y1 = [1, 1, 2, 3, 5]
y2 = [0, 4, 2, 6, 8]
y3 = [1, 3, 5, 7, 9]

y = np.vstack([y1, y2, y3])

labels = ["Fibonacci ", "Evens", "Odds"]
```

```
fig, ax = plt.subplots()
ax.stackplot(x, y1, y2, y3, labels = labels)
ax.legend(loc = 'upper left')
plt.show()
```

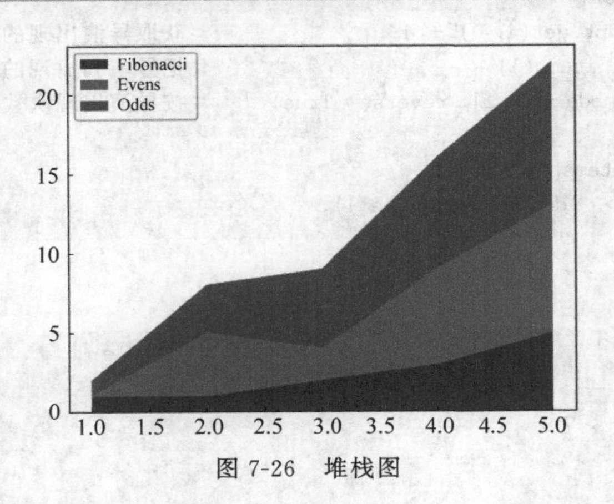

图 7-26 堆栈图

7.9.2 数据分析与可视化

在本项目中要求分析以下几项内容，然后用图表显示出来。

(1) 在这些影片中最受观众欢迎的前 10 位导演。

(2) 在这些影片中最受观众欢迎的前 10 位演员。

(3) 哪些影片类型最受观众欢迎，请选取前 10 位最受观众欢迎的影片类型显示出来。

1. 最受欢迎的导演

1) 分析过程

对于要统计分析出这些优秀影片中最受观众欢迎的前 10 位导演，可以有多种角度进行统计分析。

可能有些人会认为观众评分最高的影片可以是最佳导演，也许有人会认为评论数最多的影片说明看过的人最多，也可以认为是最受欢迎的导演。分析的角度和切入点不同会导致分析结果的极大不同。作者就以在这些年沉淀出的优秀影片中出现次数最多的导演作为最受欢迎的导演来统计出前 10 位作为最受欢迎的导演。

为了使分析结果无缺失值，下面以"7.7 编程实例 3：通过子页面爬取数据"的结果 movie.csv 为例来讲解统计最受欢迎导演的分析过程。

```
import pandas as pd
import matplotlib.pyplot as plt

pd.set_option('display.max_rows', 300, 'display.max_columns', 1000, \
        "display.max_colwidth", 1000, 'display.width', 1000) #设置输出结果的显示
df = pd.read_csv("movie.csv")                                 #读取采集清洗后的文档
```

```
director = df['导演']                          # 获取所有导演信息
new_director = ','.join(director).split(',') # 把导演信息的 series 转换为字符串,再用逗号
                                             # 分隔为列表
count = {}                       # 设置字典,把获取的导演及其出现的次数以字典形式存储
for i in new_director:
    count[i] = count.get(i, 0) + 1                 # 获取导演出现的次数
items = list(count.items())                        # 把导演和出现的次数组合成列表
items.sort(key = lambda x: x[1], reverse = True)   # 按导演出现次数从大到小排列
for i in range(10):
    word, freq = items[i]
    print('%s --> %d' % (word, freq))
```

输出：

```
宫崎骏 --> 7
史蒂文·斯皮尔伯格 --> 7
克里斯托弗·诺兰 --> 7
王家卫 --> 5
李安 --> 4
大卫·芬奇 --> 4
詹姆斯·卡梅隆 --> 3
朱塞佩·托纳多雷 --> 3
刘镇伟 --> 3
弗朗西斯·福特·科波拉 --> 3
```

(1) pd.set_option('display.max_rows', 300, 'display.max_columns', 1000, "display.max_colwidth", 1000, 'display.width', 1000)语句是为了让输出的结果全面显示出来,而不是以省略号的形式。在某些情况下可以更容易地查验结果的正确性。

(2) 通过 pd.read_csv("movie.csv")语句来读取采集清洗后的数据,然后再通过 director = df['导演']获取导演名称。该语句所获取的信息是 series 的数据格式。

(3) 由于每部影片可能不止一位导演,因此需要把每部影片的导演名称都罗列出来,然后累计他们出现的次数。当前通过 director = df['导演']获取到的导演名称是 series 的格式,因此要先把 series 格式通过“','.join(director)”转换为字符串,再通过“.split(',')”用逗号分隔为列表。

(4) 通过 count = {}设置一个空字典,这样可以把获取的导演及其出现的次数以改字典的形式存储。

(5) 在遍历 new_director 列表后,通过 count[i] = count.get(i, 0) + 1 语句就可以获取到每位导演出现的次数。

(6) 再通过 items = list(count.items())语句把导演名称及其出现的次数组合成列表。通过 items.sort(key=lambda x: x[1], reverse=True)语句就可以按导演出现的次数从大到小排列出来。

(7) 最后通过遍历 for i in range(10)语句获取到前 10 位导演的名称和出现的次数了。

2) 可视化图表——水平直方图

下面以 Matplotlib 的水平直方图为例来讲解可视化图表的绘制过程。具体代码如下。

```
#画图 - 水平直方图显示
plt.rcParams['font.sans-serif'] = ['SimHei'] #设置字体
plt.title("最受欢迎的导演",fontsize=20)        #设置标题及字体大小
plt.ylabel("导演名称",fontsize=14)             #设置 y 轴名称,并设定字号大小
plt.xlabel("TOP 250 部电影中出现的次数",fontsize=14, )#设置 x 轴名称,并设定字号大小

for k, v in items[:10]:                        #获取前 10 位导演和出现次数
    plt.barh(k,v)
plt.show()
```

通过该代码所显示的图例如图 7-27 所示。

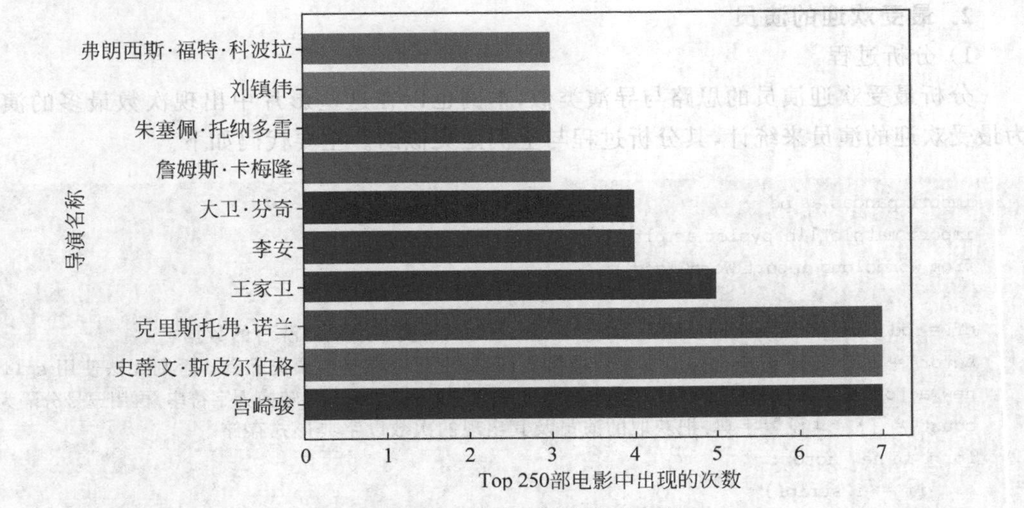

图 7-27 最受欢迎的导演水平直方图

直方图也称为条形图、柱状图。在 Matplotlib 中是通过 bar()函数实现,而水平直方图可以通过 barh()函数实现,也可以通过在 bar()函数中设置 orientation 属性(orientation="horizontal"),然后把 x 轴与 y 轴的数据交换,再添加 bottom=x 属性即可。

该水平直方图 barh()函数的使用语法格式如下。

```
matplotlib.pyplot.barh(y, width, height = 0.8, left = None, *, align = 'center', ** kwargs)
```

其常用的参数如表 7-9 所示。

表 7-9 水平直方图 barh()函数的常用参数

参 数	描 述	默 认 值
y	条形图的 y 轴坐标	0
height	条形图高度	0.8
width	条形图宽度	无
left	条形图左侧的 x 轴坐标	0
color(facecolor)	条形图填充的颜色	随机色
edgecolor	条形图边缘颜色	无

续表

参　数	描　述	默认值
alpha	条形图颜色的透明度	1
label	图像内的标签	无
align	条形图的对齐方式(center、edge)	center
linewidth(linewidths/lw)	条形图边缘/线的宽度	1
tick_label	条形图刻度标签	None

其他的参数可参考官方文档介绍,目前是以下链接:https://matplotlib.org/api/_as_gen/matplotlib.pyplot.barh.html?highlight=barh#matplotlib.pyplot.barh。

2. 最受欢迎的演员

1) 分析过程

分析最受欢迎演员的思路与导演类似,本例也以在这些影片中出现次数最多的演员作为最受欢迎的演员来统计,其分析过程与上例是类似的。主要代码如下。

```
import pandas as pd
import matplotlib.pyplot as plt
from wordcloud import WordCloud

df = pd.read_csv("movie.csv")                    #读取采集清洗后的数据
actor = df['主演'].dropna()  #获取演员信息(由于存在空值要先删除;否则无法使用 split)
new_actor = ','.join(actor).split(',') #把演员信息的 series 转换为字符串,再用逗号分隔为列表
count = {}  #设置字典,把获取的演员及其出现的次数以字典形式存储
for i in new_actor:
    ii = i.strip()
    count[ii] = count.get(ii, 0) + 1             #获取演员出现的次数
items = list(count.items())                      #把演员和出现的次数组合成列表
items.sort(key=lambda x: x[1], reverse=True) #按演员出现次数从大到小排列
for i in range(10):
    word, freq = items[i]
    print('%s --> %d' % (word, freq))
```

输出:

```
张国荣 -->8
汤姆·汉克斯 -->6
莱昂纳多·迪卡普里奥 -->6
梁朝伟 -->6
布拉德·皮特 -->6
伊桑·霍克 -->6
张曼玉 -->6
周星驰 -->5
凯拉·奈特莉 -->5
拉尔夫·费因斯 -->4
```

(1) 通过 pd. read_csv("movie. csv")语句来读取采集清洗后的数据，然后再通过 actor = df['主演'].dropna()获取演员名称，但需要使用.dropna()方法。因为有些纪录片是没有主演信息的。所以，要先删除没有主演信息的记录。

(2) 由于每部影片可能不止一位主演，因此需要把每部影片的主演名称都罗列出来，然后累计他们出现的次数。当前通过 actor= df['主演']获取到的主演名称是 series 的格式，因此要先把 series 格式通过"','.join(actor)"转换为字符串，再通过".split(',')"用逗号分隔为列表。

(3) 通过 count = {}设置一个空字典，这样可以把获取的主演及其出现的次数以字典的形式存储。

(4) 在遍历 new_actor 列表后，通过 count[i] = count. get(i, 0) + 1 语句就可以获取到每位主演出现的次数。

(5) 再通过语句 items = list(count. items())把主演名称及其出现的次数组合成列表。通过 items. sort(key=lambda x: x[1], reverse=True)语句就可以按主演出现的次数从大到小排列出来。

(6) 最后通过遍历 for i in range(10)语句获取到前 10 位主演的名称和出现的次数。

2) 可视化图表——词云图

与上例不同的是，本次可视化图表采用了"词云"的方式来展示。

词云扩展库 wordcloud 是 Python 中非常便捷的第三方扩展库，可以以词语为单位更加直观和艺术性地来显示文本内容。词云图也称为文字云，对于出现频率较高的"关键词"能以较大的彩色字体展示出来，并且可以过滤掉低频的词汇信息，主要用于对词频的统计。

要使用词云库功能，需要先安装 wordcloud 扩展库。该库的安装与本书中其他扩展库的安装方法类似，读者若不熟悉，可翻看之前章节参考，这里不再赘述。

在调用该库时，需要在代码前引入扩展库。

```
from wordcloud import WordCloud
```

其主要的词云图显示代码如下。

```
actor_wc = []                    #创建空列表放入获取的演员信息
for i in new_actor:
    i = i.replace("·","")        #由于人名中的圆点·会被词云分隔成两个部分，因此需要先删除
    actor_wc.append(i)           #把删除圆点后的名称加入列表
actor_wc = " ".join(actor_wc)   #把列表转换为字符串便于词云库统计

fontpath = "SimHei.ttf"          #设置字体
mwc = WordCloud(font_path = fontpath,
                max_words = 10,          #最多显示词汇数量
                max_font_size = 300,     #最多字数量
                min_font_size = 30,      #最少字数量
                scale = 4,               #行数
                height = 800,            #显示最大高度
                width = 1000,            #显示最大宽度
```

```
                     background_color = "white").generate(actor_wc)  # 设置背景色,generate 对
                                                                     # 文本进行自动分词
    plt.imshow(mwc)                                                  # 使用 plt 来显示
    plt.axis("off")                                                  # 不需要显示坐标轴
    plt.show()                                                       # plt 图片显示
    mwc.to_file('最受欢迎的 10 位演员.png')
```

通过该代码所显示的图例如图 7-28 所示。

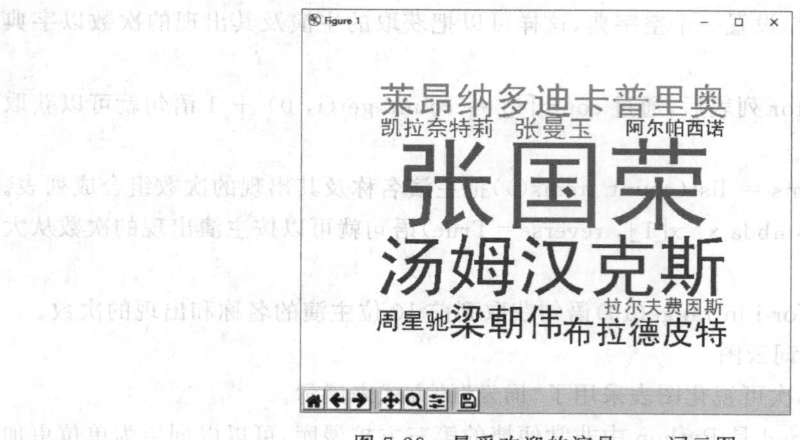

图 7-28　最受欢迎的演员——词云图

实际上,词云图还可以根据各类图片的形状生成各类有趣的图形式样,其默认的图形是长方形。读者若有兴趣可进一步参考官方文档(https://amueller.github.io/word_cloud/)中的各类参数使用说明。

3. 最受观众欢迎的影片类型

1) 分析过程

要分析最受欢迎的影片类型,与之前的分析方法类似,只要统计出这 Top 250 部电影中各个出品电影的总数再选择前 10 位通过图形展示出来即可。其具体的分析过程代码如下。

```
import pandas as pd
import matplotlib.pyplot as plt
import numpy as np

df = pd.read_csv("movie.csv")
movie_type = df["影片类型"]                              # 获取采集清洗后的影片数据
new_type = ','.join(movie_type).split(',')             # 把影片类型连成字符串,再用逗号分成列表
types = [i.strip() for i in new_type]                  # 遍历电影类型列表,前后字符串去空
# 下面组建矩阵: 行为电影数量(250 部),列为去重后的电影类型
new_df = pd.DataFrame(np.zeros((len(df), len(set(types)))), columns = set(types))
for i, j in enumerate(types):          # 遍历影片类型(未去重)数据: i 是行,j 是列(影片类型)
    new_df.loc[i, j] = 1               # 在影片类型出现的地方标注 1
type_num = new_df.sum()                # 统计各种影片类型出现的次数
type_num.sort_values(inplace = True, ascending = False) # 结果排序
print(type_num[:10])                   # 输出排序中前 10 位的影片类型
```

输出：

```
剧情    186.0
爱情    56.0
喜剧    49.0
冒险    46.0
犯罪    45.0
奇幻    39.0
惊悚    36.0
动画    35.0
动作    33.0
悬疑    31.0
dtype: float64
```

(1) 在本例中，先通过读取 pd.read_csv("movie.csv")采集清洗后的电影信息来获取影片类型的数据 movie_type = df["影片类型"]。

(2) 通过代码 new_type = ','.join(movie_type).split(',')把获取到的影片类型连成字符串再用逗号分隔为列表形式。

(3) 为了统计准确，通过 types=[i.strip() for i in new_type]语句来遍历电影类型列表，把电影类型的前后字符串去空。

(4) 通过 new_df = pd.DataFrame(np.zeros((len(df), len(set(types)))), columns=set(types))语句组建矩阵格式，行为电影数量，列为去重后的电影类型。

(5) 语句 for i, j in enumerate(types)是为了遍历之前未去重的电影类型数据。其中，参数 i 代表未去重数据中的行(索引)，j 代表未去重数据中的电影类型数据。语句 new_df.loc[i, j]=1 可以在电影类型名称出现的地方标注 1，这样就可以通过 type_num = new_df.sum()中的 sum()函数来统计各种电影类型所出现的次数。

(6) 最后使用 sort_values()函数将结果排序，并通过 print(type_num[:10])切片操作就可以获取到前 10 位的影片类型及对应出现的次数。

2) 可视化图表——饼图

本例选择饼图对统计出的数据进行可视化展示。下面是可视化的图例代码。

```
plt.rcParams['font.sans-serif'] = ['SimHei']    #设置字体
plt.title("电影类型分布")                          #设置图形标题
plt.pie(type_num[:10], labels=type_num[:10].index,autopct='%1.2f%%')
plt.legend(loc='upper right')                     #设置图例位置
plt.axis('equal')   #为了让饼图保持圆形,需要添加 axis 保证长宽一样
plt.show()
```

通过该代码所显示的图例如图 7-29 所示。

matplotlib 中的饼图是用 pie()函数实现的。其具体的参数语法格式如下。

```
matplotlib.pyplot.pie(x, explode=None, labels=None, colors=None, autopct=None,
pctdistance=0.6, shadow=False, labeldistance=1.1, startangle=None, radius=None,
counterclock=True, wedgeprops=None, textprops=None, center=(0, 0), frame=False,
rotatelabels=False, *, data=None)
```

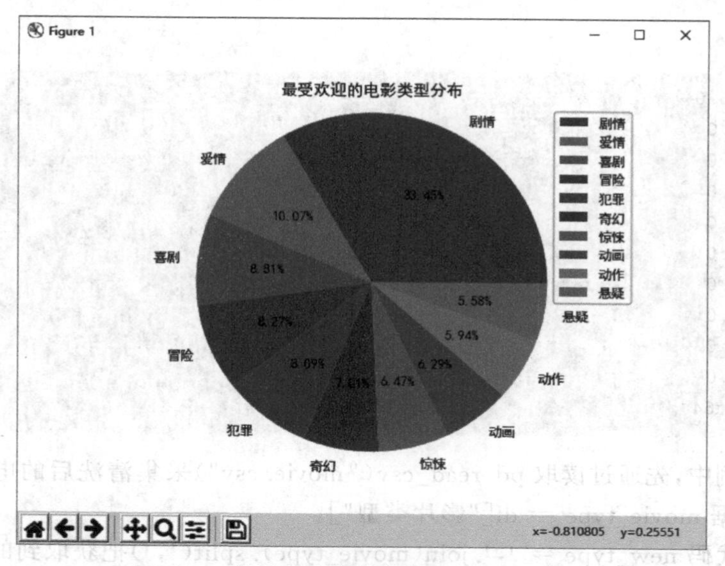

图 7-29 最受欢迎的影片类型分布——饼图

pie()函数的参数众多，但最主要的参数有以下几种。

x：饼图每个分区的比例(如果 sum(x) ＞1 会使用 sum(x)归一化)。

explode：饼图分区距离中心点的距离。

labels：饼图分区的描述(外侧)。

shadow：绘制饼图的阴影。

labeldistance：标签的绘制位置(默认值为 1.1。若小于 1 则绘制在饼图内部)。

autopct：设置显示饼图分区的百分比(如'%1.2f%%'是指小数点后两位)。

其他参数可参考官方文档介绍，目前是 https://matplotlib.org/api/_as_gen/matplotlib.pyplot.pie.html?highlight=barh#matplotlib.pyplot.pie 链接。

本章小结

本章是一个围绕着 Python 综合技能提升的项目实战章节。围绕着对网站“豆瓣电影 Top 250”的电影数据的采集、处理过程，讲解了正则表达式筛选词汇的技巧和 requests 扩展库获取互联网数据的使用方式。通过爬取网页编程实例的讲解，了解爬取网页数据的步骤过程、xpath 工具的使用技巧及多种爬取方式的程序设计。在数据分析阶段，通过对获取数据的分析和可视化过程，了解 matplotlib 扩展库的各种常规图形的绘制办法及相关参数的使用方式。通过这个完整的互联网数据的采集、处理、分析及可视化项目流程，可以较为全面地掌握 Python 语言在该领域的处理方法，凸显出该语言在数据分析领域的使用优势。

习题

7-1 常用的互联网数据获取工具除了 Requests 库外还有哪些？

7-2 获取互联网数据时有哪些常见的分析步骤？

7-3 通常使用哪些浏览器可以获取到 xpath 工具?

7-4 请综合运用 Python 所学知识,爬取 qq 音乐的相关歌名、歌手信息。

7-5 请综合运用 Python 所学知识,爬取招聘网站如前程无忧(http://www.51job.com)中相关 IT 岗位的招聘信息(包括岗位名称、薪资、工作地点、工作经验及学历要求等)。把获取到的信息清洗后组合成列表显示,并通过合适的图表分析出工作地点在江苏省内的薪资最高前 5 种 IT 岗位及相关工作经验要求。

参 考 文 献

[1] Python tutorial（Python 入门指南）Release：3.6.3［EB/OL］. http://www. Pythondoc. com/Pythontutorial3/，Dec. 10，2017.

[2] Python 3.7.3 官网中文文档［EB/OL］. https://docs. Python. org/zh-cn/3/，Mar. 18，2019.

[3] PyCharm 产品官网文档［EB/OL］. https://www. jetbrains. com/PyCharm/documentation/.

[4] 邓英，夏帮贵. Python 3 基础教程[M]. 北京：人民邮电出版社，2016.

[5] 嵩天，礼欣，黄太. Python 语言程序设计基础[M]. 北京：高等教育出版社，2018.

[6] Python-docx 官方英文文档[EB/OL]. https://Python-docx. readthedocs. io/en/latest/index. html.

[7] Python 2.7 官网英文文档［EB/OL］. https://docs. Python. org/2.7/library/operator. html.

[8] 廖雪峰. 廖雪峰的官方网站[EB/OL]. https://www. liaoxuefeng. com/wiki/0014316089557264a6b348958f449949df42a6d3a2e542c000.

[9] Python 3 教程. 菜鸟教程［EB/OL］. https://www. runoob. com/Python3/Python3-tutorial. html，2013-2019.

[10] Matplotlib 中文文档[EB/OL]. https://www. matplotlib. org. cn/，2018.

[11] 飞翔的大马哈鱼. Python 3 中的 bytes 和 str 类型[EB/OL]. https://blog. csdn. net/lyb3b3b/article/details/74993327，Feb. 3，2019.

[12] 陈世琼，黎华. 浅析面向对象程序设计[J]. 科技信息：学术研究，2007(27)：530＋532.

[13] MySQL 用户手册[EB/OL]. https://dev. mysql. com/doc/.

[14] Matplotlib［EB/OL］. https://matplotlib. org/.